LES
PLUS BELLES ROSES

AU

DÉBUT DU XX' SIÈCLE

CHARLES AMAT, ÉDITEUR, PARIS

LES PLUS BELLES ROSES

AU DÉBUT DU XXe SIÈCLE

SOCIÉTÉ NATIONALE D'HORTICULTURE DE FRANCE

SECTION DES ROSES

LES
PLUS BELLES ROSES
AU DÉBUT DU XXe SIÈCLE

Ouvrage honoré
du prix JOUBERT DE L'HIBERDERIE

PARIS

CHARLES AMAT, Libraire-Éditeur
11, Rue de Mézières, 11

SECTION DES ROSES

BUREAU

Présidents d'honneur	MM. Louis-Léon SIMON.
	Pierre-Louis LÉVÊQUE.
	Jules GRAVEREAUX.
Président	Maurice LÉVÊQUE DE VILMORIN.
Premier Vice-Président	Adolphe ROTHBERG.
Deuxième Vice-Président	Pierre COCHET.
Secrétaire	Albert BERNARDIN.
Vice-Secrétaire	LHOSTE.
Délégué au Conseil	PIRON.
Délégué à la Commission de Rédaction .	LHOSTE.
Délégués à la Commission des Engrais .	COCHET-COCHET.
	Gaston VILIN.
Conservateur des Collections	A.-E. CONGY.

MEMBRES

ANDRÉ (Alf.), ARNOUX-PÉLERIN, AUSSEUR-SERTIER, BARBIER, BARBIER (A.), BARON (Louis), BEAU (E.), BEDOCH (Mme), BERTHAULT (J.-R.), BILLIARD, BODIER, BOHN, BOUCHER (G.), BOULAND, BOULANGER (F.), BRAULT (A.), BROCHET, BRUANT, BUISSON, CÉLERIER, CHATENAY (Abel), CHATENAY (Louis), CHAURÉ (L.), CHAUSSÉ, CHOISEUL (Comte de), CLÉMENT (A.-L.), CLÉMENT (G.), COCTEAU (A.), COQUELET, CORDIER (J.), CORMIER, COUTURIER (jeune), COUTURIER-MENTION, CROUX, DAUTHENAY, DAVID (E.), DAYEZ, DEBEAUVE, DEBRIE (Ed.), DEBRIE (G.), DÉFENTE (Mme), DEFRESNE (C.), DEFRESNE (H.), DELACOUR, DENY (E.), DENY (L.), DESEINE (P.), DORANGE, DUFOUR (Mme), DUVAL (Th.), EVE (Émile), FABRE (A.), FILDIER, FLICOTAUX (Mme), FORESTIER (J.-C.-N.), FOURNAISE, GEIBEL, GODDE, GODIN, GRAVEREAUX (Henri), GROGNET (J.), GUÉRIN (A.), GUÉRIN (H.), GUÉRIN (H. fils), GUYENNET, HENRY (Louis), HOT, ICHAC, JAMIN, JARLES, JEULIN, JOST, JOUAS, JUPEAU, KETTEN, KIEFFER, LALE, LASSEAUX (E.), LAURENT (N.), LEDÉCHAUX, LEROY (Louis), LÉVÊQUE (G.), LOIZEAU (A.), MARGOTTIN (J.), MARTIN (G.), MARTIN (M.), MESLÉ, MILLET (A.), MONNIER, MOSER (Marcel), NEUVILLE, NICKLAUS, NOMBLOT (A.), NONIN, OPOIX, PERNOT, PINGUET-GUINDON, POUPON-PROST, RAMEAU (fils), RENARD, ROBICHON, RODRIGUES, SAINTIER (Clément), SCHMITT (Albert), SOUPERT, TENTON, THIÉBAUT (père), THIONNAIRE, TOURET, TRICAUD, TRUFFAUT (Georges), TURBAT, VERMONT, VERRIER, VIGNERON, VILLADIER, VILMORIN (Jacques Lévêque de), WHIR.

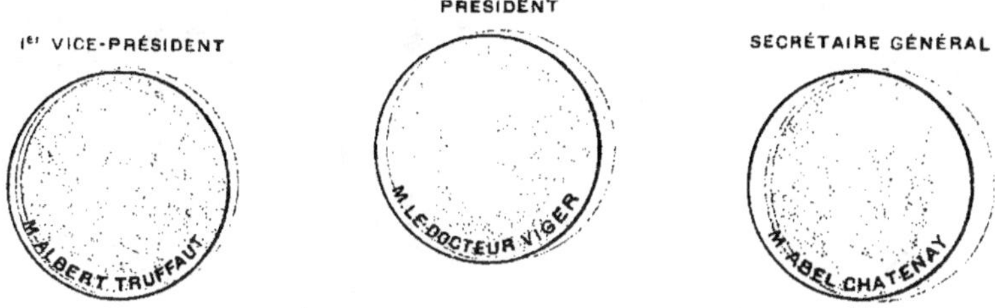

SOCIÉTÉ NATIONALE D'HORTICULTURE DE FRANCE

PRÉSIDENT
1er VICE-PRÉSIDENT
SECRÉTAIRE GÉNÉRAL
M. ALBERT TRUFFAUT
M. LE DOCTEUR VIGER
M. ABEL CHATENAY

SECTION DES ROSES

Commission de Rédaction

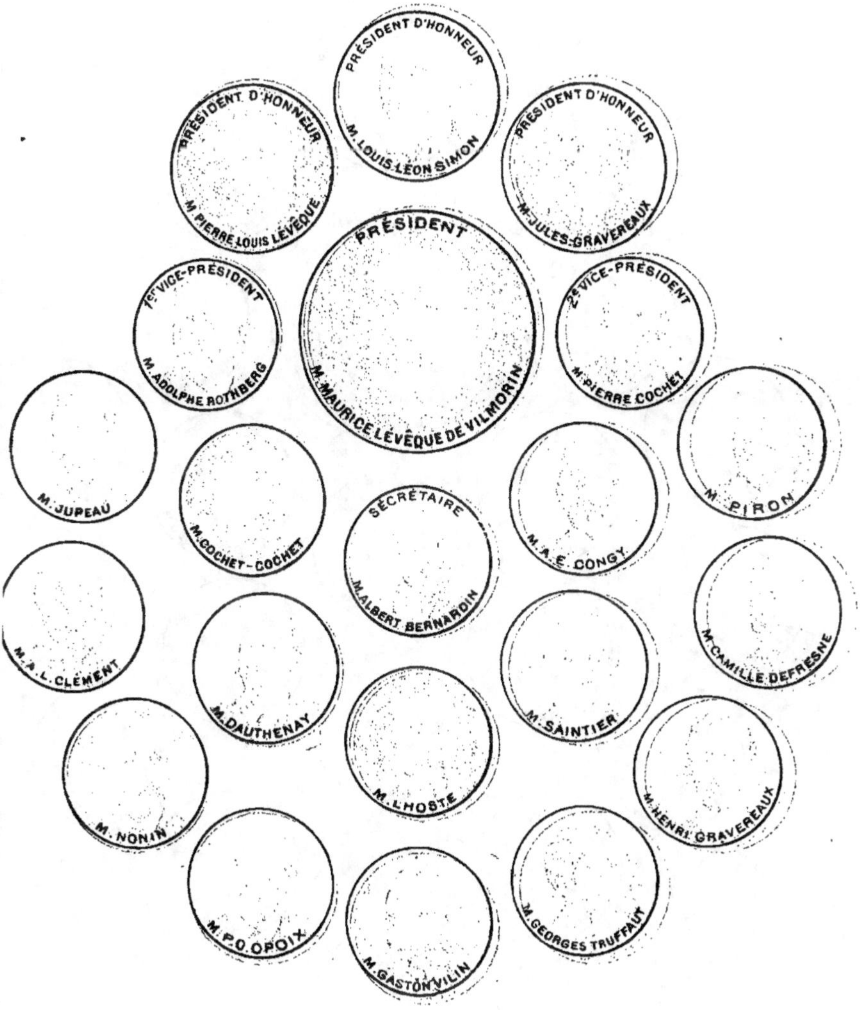
PRÉSIDENT D'HONNEUR
M. LOUIS LÉON SIMON
PRÉSIDENT D'HONNEUR
M. PIERRE LOUIS LÉVÊQUE
PRÉSIDENT D'HONNEUR
M. JULES GRAVEREAUX
PRÉSIDENT
M. MAURICE LÉVÊQUE DE VILMORIN
1er VICE-PRÉSIDENT
M. ADOLPHE ROTHBERG
2e VICE-PRÉSIDENT
M. PIERRE COCHET
M. JUPEAU
M. COCHET-COCHET
SECRÉTAIRE
M. ALBERT BERNARDIN
M. A. E. CONGY
M. PIRON
M. A. L. CLÉMENT
M. DAUTHENAY
M. SAINTIER
M. CAMILLE DEFRESNE
M. LHOSTE
M. NONIN
M. HENRI GRAVEREAUX
M. P. O. OPOIX
M. GASTON VILIN
M. GEORGES TRUFFAUT

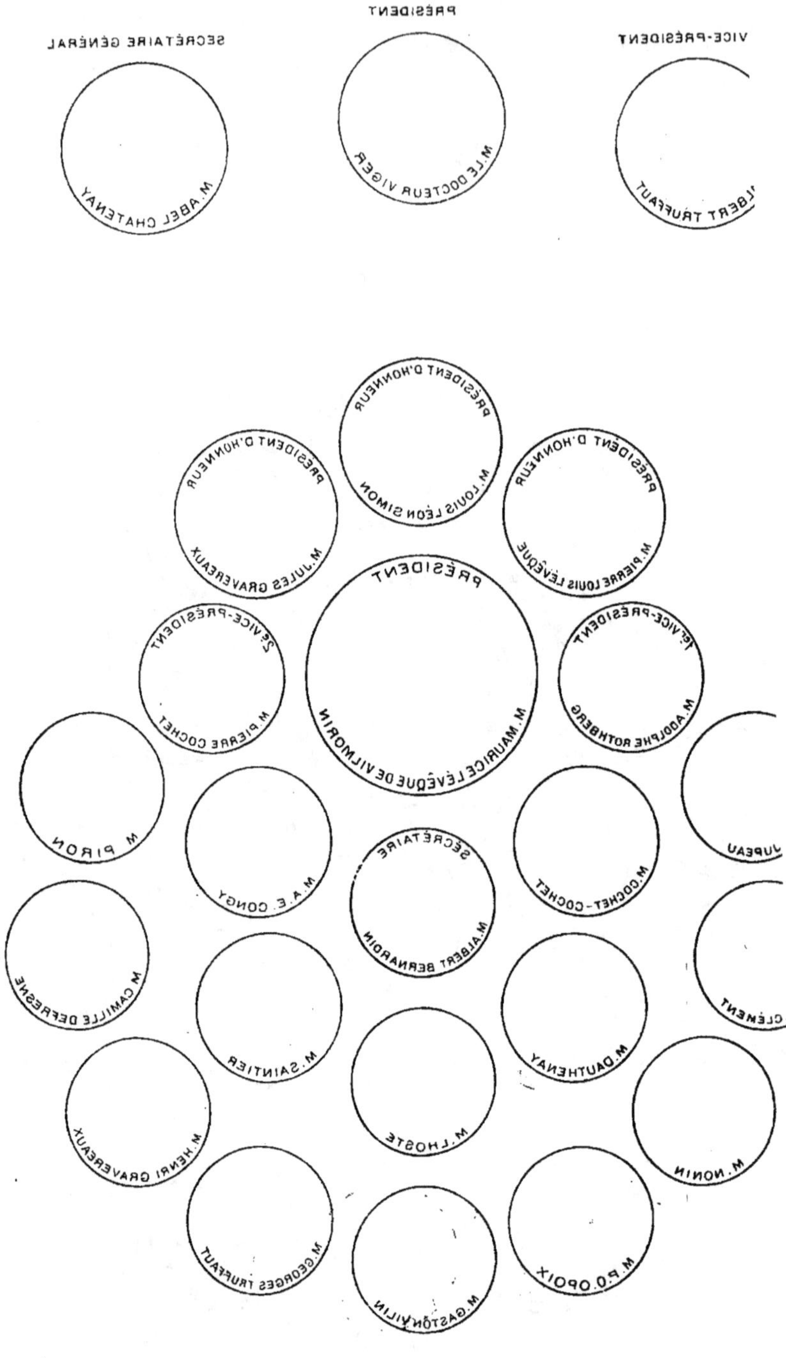

SECRÉTAIRE GÉNÉRAL
M. ABEL CHATENAY
PRÉSIDENT
M. LE DOCTEUR VIGER
VICE-PRÉSIDENT
M. ALBERT TRUFFAUT
PRÉSIDENT D'HONNEUR
M. LOUIS LÉON SIMON
PRÉSIDENT D'HONNEUR
M. JULES GRAVEREAUX
PRÉSIDENT D'HONNEUR
M. PIERRE LOUIS LÉVÊQUE
2e VICE-PRÉSIDENT
M. PIERRE COCHET
1er VICE-PRÉSIDENT
M. ADOLPHE ROTHBERG
PRÉSIDENT
M. MAURICE LÉVÊQUE DE VILMORIN
SECRÉTAIRE
M. ALBERT BERNARDIN
M. PIRON
M. A. E. GONGY
M. COCHET-COCHET
M. JUPEAU
M. CAMILLE DEFRESNE
M. SAINTIER
M. DAUTHENAY
M. CLÉMENT
M. HENRI GRAVEREAUX
M. LHOSTE
M. NONIN
M. GEORGES TRUFFAUT
M. GASTON YLIN
M. P. O. OPOIX

SOCIÉTÉ NATIONALE D'HORTICULTURE DE FRANCE

SECTION DES ROSES

Commission de Rédaction

PRÉFACE

L'ouvrage que la Section des Roses de la Société Nationale d'Horticulture vient de terminer et que le bureau de la Société distribue à ses membres et offre au public recevra, nous l'espérons, un bon accueil.

Un livre écrit avec l'amour du sujet traité et par des hommes très compétents ne saurait manquer de valeur s'il est établi sur un plan judicieux, méthodique, et si les diverses parties du sujet traité sont soigneusement coordonnées et harmonisées.

C'est en ce dernier point que réside la tâche la plus délicate d'un travail collectif de rédacteurs séparés par des distances appréciables et qui doivent, en fait, travailler isolément, au moins pour la rédaction initiale de la partie de l'ouvrage dont ils sont particulièrement chargés.

Les réunions en commun, si fréquentes qu'elles soient, suffisent à peine au travail d'harmonisation de toutes les parties, car une modification dans un chapitre entraîne forcément des modifications en d'autres parties de l'ouvrage.

Nous espérons avoir résolu, comme les autres, cette condition du bon établissement du livre dont nous nous étions fixé les grandes lignes depuis plusieurs années.

C'est en effet un très grand travail que la prise de notes sur l'immense quantité de variétés nouvelles, qui sont offertes de plus en plus nombreuses au choix des amateurs. La progression du nombre des nouveautés s'accroît rapidement; il faut les suivre, les comparer, non seulement comme beauté, générosité de fleur, mais encore comme vigueur individuelle et résistance aux influences défavorables.

Pour ce travail, non seulement les grands établissements commerciaux, mais les riches collections comme les roseraies de L'Haÿ et de Bagatelle nous ont fourni de grandes facilités de travail, et nous ne pouvons trop remercier ceux qui nous en ont rendu l'accès fréquent et facile.

Nous avons donc entrepris notre travail avec l'espoir de faire un ouvrage apprécié du lecteur : la rédaction est devenue très active, surtout en 1910 et 1911, et le désir de mieux faire nous incitant, nous avons ajouté à notre texte et surtout à nos illustrations, même après le jour où notre travail fut soumis à la Commission du prix Joubert de l'Hiberderie et jugé par elle digne de ce prix.

Nous avons toute confiance dans les soins de M. Charles AMAT, éditeur de l'ouvrage, connaissant sa capacité, pour tirer le meilleur parti du texte et des illustrations que nous avons remis entre ses mains.

Nombreux ont été les participants du travail de rédaction du présent ouvrage. A tous sera due une part du succès que nous espérons pour lui. Les rédacteurs qui assisteront à l'apparition de l'ouvrage envoient un souvenir ému à trois des ouvriers de la première heure que la mort nous a ravis, au cours de la préparation de l'ouvrage : MM. Pierre COCHET [1] et Adolphe ROTHBERG [2], vice-présidents de la Section des Roses, et M. Henri-Louis DAUTHENAY [3], son secrétaire pendant plusieurs années. Leur nom seul indique la perte que nous avons faite.

[1] Né en 1858 à Suisnes (Seine-et-Marne), M. Pierre Cochet devint en 1884 rédacteur en chef du *Journal des Roses,* dont il était seul propriétaire depuis 1905. En association avec son père, Scipion Cochet ou seul, il créa et mit au commerce un certain nombre de nouveautés méritantes et obtint des récompenses élevées dans les expositions. Il était président du Syndicat des Rosiéristes Briards et membre de plus de vingt Sociétés horticoles françaises et étrangères.

[2] Alsacien de naissance ayant opté pour la France, M. Adolphe Rothberg avait créé à Gennevilliers un important établissement d'horticulture où le rosier tenait une place prépondérante. Excellent cultivateur, connaisseur émérite, estimé de tous, il venait d'être nommé chevalier de la Légion d'honneur quand la mort nous l'a enlevé.

[3] M. Henri-Louis Dauthenay, attaché pendant plusieurs années au Service

Puisse notre modeste effort étendre encore le renom de la grande Société dont nous sommes les membres et répandre de plus en plus le culte de la Rose, l'une des pures gloires de notre pays.

des cultures de la Maison Vilmorin-Andrieux et Cie, donna, par la suite, un concours très effectif à la rédaction du *Tableau des coloris appliqués à l'horticulture,* édité par la Maison Oberthür, et fut, en dernier lieu, attaché à la Roseraie de L'Haÿ pour la rédaction des observations et notes.

RAPPORT

de la Commission du Prix Joubert de l'Hiberderie

La Commission du Prix Joubert de l'Hiberderie a été saisie, en 1911, d'une demande de la Section des Roses, demande que le Bureau de la Société lui transmettait avec avis favorable.

La Section des Roses s'est consacrée depuis plusieurs années à l'étude et à la recherche des plus belles variétés de roses ; elle publie aujourd'hui sous le titre de : « *Les plus belles roses au début du XXe siècle* » un ouvrage de vulgarisation qui sera des mieux accueilli. Ce travail, d'une réelle utilité, ne pouvait manquer d'être encouragé par la Société Nationale d'Horticulture.

L'ouvrage que fait paraître la Section des Roses se divise en cinq parties, dont les trois premières sont d'ordre scientifique, et les deux autres ont plutôt un intérêt pratique. Les trois premières parties s'adressent, en effet, aux caractères de la rose, description des organes ; abrégé de l'histoire de la Rose ; roses botaniques.

Il est indispensable de connaître, ne serait-ce qu'en gros, les organes qui composent un Rosier : l'étude des feuilles avec leurs folioles, des aiguillons et des glandes des tiges, de la fleur et surtout du fruit si variable de forme, constitue la base de la Classification des roses et de la détermination des espèces. Elle est d'un haut intérêt pour l'hybridateur.

Tout le monde lira avec plaisir un abrégé de l'histoire de la Rose. Cette histoire forme, de nos jours, une véritable littérature ; les anciens se sont occupés de la rose, de façon peut-être un peu confuse et forcément rudimentaire, les pères de la Botanique, à l'époque de la Renaissance, en ont fait l'objet de leurs études et de leurs observations. Les rhodologues du XIXe siècle se sont tellement attachés à la Rose qu'on pourrait croire qu'il n'y a plus rien à faire et qu'elle est complètement

"

et exactement connue. Ils l'ont serrée de tellement près qu'ils l'ont presque maltraitée.

Quant aux Roses botaniques, il y a là un chapitre du plus haut intérêt pour le botaniste qui se rend compte des difficultés inouies qu'on éprouve à les classer et à les déterminer et pour le praticien qui peut trouver en elles et y a déjà trouvé des nouveautés de mérite en même temps que de précieux sujets pour le croisement. Linné reconnaissait déjà, au milieu du xviiiᵉ siècle, que les espèces de roses étaient difficiles à délimiter, et il se demandait si la nature avait réellement établi des limites entre elles : *Species Rosarum difficillime limitibus circumscribuntur et forte natura vix eos proscrit.* Et pourtant Linné ne connaisssait qu'un bien petit nombre des espèces d'Amérique et d'Extrême-Asie. Que dirait-il, s'il revenait?

Les deux autres parties d'ordre pratique sont consacrées : 1ᵒ à un Catalogue par sections des meilleures roses à cultiver dans la région parisienne, avec description sommaire, nom de l'obtenteur, date de la mise au commerce, synonymie, etc.; 2ᵒ à la culture, multiplication, taille, engrais, fécondation artificielle, lutte contre les ennemis, emploi en groupes, emplois dans la maison, etc.

Ces deux dernières parties seront les bien venues et s'adressent aux nombreux amateurs de la Reine des Fleurs. Car tout le monde aime la Rose, même ceux à qui les autres fleurs ne disent rien.

On comprend que la présentation d'un tel ouvrage ne pouvait être accueilli qu'avec faveur. La besogne considérable qu'il nécessitait avait été partagée entre tous les membres de la Section et chacun dans la mesure de ses forces et de ses moyens a apporté sa pierre à l'édifice.

La Section des Roses demandait à la Commission du Prix Joubert de l'Hiberderie de bien vouloir mettre à sa disposition une partie des arrérages disponibles de la fondation. Chacun des membres de la Société recevrait de droit un exemplaire de l'ouvrage qui serait tiré à 6.000 exemplaires.

La Commission du Prix Joubert de l'Hiberderie, à l'unanimité de ses membres, a admis la demande de la Section des Roses à laquelle elle adresse ses plus vives félicitations.

Le Rapporteur de la Commission :

P. HARIOT.

Abrégé de l'Histoire de la Rose

MADAME HONORÉ DEFRESNE

Thé

Bien que le titre même de notre ouvrage indique les limites du cadre que nous nous sommes tracé, nous pensons qu'il présenterait une lacune appréciable si nous ne disions quelques mots sur les étapes parcourues par la Rose avant d'être parvenue à la date où nous la considérons.

Des ouvrages plus techniques que le nôtre, *La Monographie des roses* de Lindley et bien d'autres, sont précédés d'un avant-propos qui est une histoire abrégée, ou plus exactement un éloge de la reine des fleurs. On y consigne et considère son rôle dans la plus ancienne des littératures, dans la Bible, les ouvrages grecs, les poèmes latins, et les ouvrages des orientaux et enfin des littérateurs modernes. Sa représentation graphique est aussi quelquefois analysée et parfois soumise à l'examen critique, mais cela est plus rare.

D'ordinaire, les recherches sur la rose dans les auteurs anciens ont plutôt pour objet son rôle de thème littéraire ou ses rapports avec traditions et croyances, usages et coutumes. Associée surtout chez les Romains aux festins apprêtés, la rose devenue un symbole de plaisir et de volupté n'était point vue favorablement par l'austérité des premiers chrétiens. Il semble que ce sentiment se soit modifié vers le temps où les croisades amenèrent l'Occident en contact avec l'Orient, patrie des roses; et Rome devait peu après prendre l'usage d'envoyer aux princes de la chrétienté la rose d'or bénie considérée comme une insigne faveur et donner le nom de rosaire au triple chapelet consacré au culte de la Vierge.

Ces recherches littéraires et philosophiques ne manquent pas d'attraits. Un ouvrage leur a été spécialement consacré en 1830 [1]. Le texte en pourrait être facilement doublé par de nouveaux extraits. Serait-ce bien utile? Et si l'on voulait faire l'histoire de la Rose dans les lettres, les usages et les arts, ne pourrait-on pas y ajouter de nouveaux et intéressants chapitres en joignant à ce que nous apprennent les auteurs

---

[1] *Histoire de la Rose chez les Peuples de l'antiquité et chez les modernes,* par le marquis DE CHESNEL. Toulouse, Imprimerie F. Vieusseux, 1830.

et artistes, déjà cités, et qui sont tous européens ou arabes, ce que nous apprendrait la littérature ou les arts de l'Inde et surtout de l'Extrême-Orient. Cette riche mine est à peu près inexplorée, et cependant le rosier est plus asiatique encore que méditerranéen, et des documents graphiques de haute antiquité peuvent se trouver au sud et à l'orient de la vieille Asie.

Mais ce ne sont pas des chapitres seulement, mais des sections des plus essentielles de l'histoire de la rose qui pourront sans doute s'écrire un jour. Sous quelle forme la rose s'est-elle manifestée pour la première fois sur notre globe, comment les types ou espèces actuels procèdent-ils d'un ou plusieurs types antérieurs, par quelles modifications ont-ils passé au cours des âges, quelles modifications peut-on prévoir par le jeu seul des forces naturelles? Ces forces brutes peuvent-elles avoir aujourd'hui une action de quelque importance au regard des changements de milieu, des moyens d'action sur la plante que peuvent provoquer la culture et la volonté raisonnée de l'homme? Ce sont là de très intéressantes questions, mais il faut avouer que nous ne sommes pas assez documentés aujourd'hui pour citer des constatations intéressantes ni même pour étayer des hypothèses sur des bases un peu solides.

Pour plusieurs familles végétales, la botanique paléontologique fournit des matériaux de grande importance et de grande richesse. Il n'en est pas ainsi pour le rosier, et peut-être ne faut-il pas s'en étonner outre mesure. Il n'est pas douteux que le rosier soit une plante amie de la grande lumière, plusieurs de ses espèces surtout en Asie et en Amérique habitent des régions presque désertiques, au climat aride avec des alternatives de chaleur et de froid.

Il semble acquis que les végétaux aptes, au contraire, à végéter dans une atmosphère stagnante, chargée d'humidité, et dans une lumière atténuée et une température peu variable, soient les premiers-nés du règne végétal. Fougères, cycadées, certains groupes de conifères couvraient la surface de la terre quand la condensation des vapeurs atmosphériques n'avait pas encore eu lieu et que le globe solaire beaucoup moins contracté qu'aujourd'hui éclairait et échauffait simultanément toutes ou presque toutes les latitudes de la terre.

Le rosier, s'il était en puissance dans quelque végétal antérieur, n'existait pas alors sous les traits précis sous lesquels nous le connaissons aujourd'hui. Il est donc vraisemblable que le rosier est une création postérieure à celle des végétaux cités plus haut, et s'il est admissible qu'il ait été un type distinct et original et que toutes les plantes comme tous les animaux ne soient pas sortis du premier germe vivant

2

différencié ensuite jusqu'aux derniers rameaux de tous les ordres d'organismes vivants, pourquoi ne pas admettre aussi que plusieurs types de rosiers peuvent avoir été créés individuellement en divers lieux et en divers temps? Que gagnons-nous à l'hypothèse d'un rosier primitif d'où les autres espèces seraient sorties par divergence?

Que nous apprend l'étude des fossiles, moulages et empreintes? Rien actuellement ou presque rien. Une assez belle empreinte fossile a été trouvée dans le département de l'Ardèche et a fait l'objet d'une communication de M. le Dr Mangin à l'Académie des Sciences. L'empreinte est celle d'une feuille composée de parties de folioles; les caractères ne sont pas éloignés du type du Rosa canina et semblent correspondre à une des sous-espèces actuellement vivantes de ce type important. D'autres fossiles, au nombre de trois ou quatre, ont été trouvés en Europe, trois autres ont été observés dans l'Amérique du Nord; ils sont ou trop imparfaits pour une étude critique sérieuse ou assez voisins des types existant encore dans la contrée où ils ont été découverts et en tous cas moins différents de ceux-ci que certains types asiatiques ne le sont les uns des autres ou ne sont différents des types européens ou américains.

Notons dès maintenant un point curieux. Le rosier ne semble originaire que de l'hémisphère nord de notre globe. Ne pourrait-on pas tirer de ce fait quelques présomptions en faveur de l'apparition tardive et localisée du rosier sur la surface de la terre?

Mais laissons de côté les parties encore obscures de l'histoire de la rose, la question de l'évolution des types dans l'hypothèse d'un déplacement vers des climats plus ou moins favorisés en tant que le déplacement a pu être l'effet des forces naturelles. Ces questions pourront être et ont déjà commencé à être l'objet de fort belles études : la modestie de notre présent travail nous les interdit.

Il est plus intéressant pour nous d'examiner quelles espèces de roses étaient à la disposition de nos ancêtres occidentaux, quel parti ils ont su en tirer et quels éléments nouveaux ont été apportés à la culture européenne par des types venus d'autres régions.

Un de nos principaux écrivains de la rose nous dit que celle-ci comme la plus belle race humaine est originaire des montagnes du Caucase. Entendons seulement par là que l'Asie Mineure, avec son extension vers les montagnes du Liban, est une des régions les plus fertiles en espèces de rosiers propres à la culture et susceptibles de perfectionnement.

Parmi les roses connues des Hébreux et des anciens auteurs grecs,

il faut admettre la rose jaune (*R. sulfurea*) et peut-être la rose capucine,
la rose de Damas, et les formes simple et double du Rosa moschata, le
Rosa sempervirens et peut-être d'autres.

« Nous ne pouvions supposer, dit Lindley, que les anciens n'aient
pas connu et cultivé de roses doubles. Elles sont mentionnées particulièrement par Hérodote, Athénée et Théophraste, et plus particulièrement par Pline qui en énumère plusieurs sortes parmi lesquelles
est la rose Cent-feuilles. »

Mais, laissant de côté les roses connues des Romains, donnons
encore un moment d'attention aux roses orientales. Il est probable
que la rose jaune des Hébreux ait été sous sa forme simple la rose jaune
double que l'on retrouve encore, notamment dans les cimetières de
Constantinople et un peu partout dans les jardins méditerranéens,
c'est la forme double du Rosa sulfurea ou hemispherica qui est originaire de l'Asie Mineure. Le Rosa lutea de l'Europe méridionale peut
cependant se trouver en Caucasie et même en Perse. Le nom de Persian
Yellow, par lequel est connue la variété double, s'il n'est pas le fait
d'une confusion, indiquerait la présence du rosier jaune à l'état de
duplicature en Perse, et cela peut-être depuis des siècles. Elle aurait
alors figuré au nombre des roses anciennement connues en Orient.

Qu'est la rose de Damas en son type original? Probablement une
plante caucasienne; Lindley la suppose syrienne. Le Rosa gallica de
Linné, qui semble bien être l'origine de nos Provins, assez commun
en France, Suisse et Autriche, s'étend jusqu'en Asie, au témoignage
de Bieberstein. Elle a pu être l'origine du Rosa sancta, transportée de
Palestine en Abyssinie lors de l'évangélisation de ce dernier pays.

Les Romains, au témoignage de Pline, connaissaient un certain nombre de roses simples et doubles; les plus estimées, dit-il, sont les Prénes-
tines, puis les Coronéoles; quelques-uns ajoutent les Milésiennes, qui sont
les plus fortes en couleur, et qui n'ont que douze feuilles (pétales). La
Trachinéenne, moins rouge, vient après. La rose dont on fait le moins
de cas est l'Alabande, dont les pétales sont blancs. La Spinéole, qui
offre plusieurs feuilles très petites, n'est pas non plus fort recherchée.
Nous possédons aussi l'espèce à cent feuilles, la Grecque, que les Grecs
nomment Lychmis, qui est inodore à cinq feuilles grandes comme celles
du violier, et qui ne se plaît que dans les lieux humides; la Grécule, dont
les pétales toujours entortillés ne s'épanouissent jamais, à moins qu'on
ne les ouvre avec la main; ils sont cependant très grands. Vient enfin
l'espèce appelée Mosceuton, qui a des feuilles comme l'olivier, une
tige comme la mauve.

De Chesnel, à qui nous empruntons cette citation, assimile la Coronéole à la variété rampante du Moschata; la Milésienne à la rose de Provins, ce qui est assez plausible; la Trachinéenne à l'Incarnate, variété de Provins, la Spinéole à la rose pimprenelle; il ajoute : « La rose du mont Pauzée, estimée des Grecs, est notre rose cannelle; les roses de Campanie étaient des plus recherchées; les Romains s'en servaient pour la composition de leurs parfums les plus délicats; il ne paraît pas que les anciens aient connu notre rose jaune. »

Ces assimilations ne correspondent pas absolument à celle qu'a faite M. Gravereaux sur des documents sans doute plus récents; on pourrait penser que la rose blanche inodore surnommée grecque est le rosier à feuillage toujours vert (sempervirens), et la Coronéole serait alors plutôt une forme du Moschata. On ne peut douter que le rosier à cent feuilles (pétales) des Romains n'ait été, sous une forme peut-être un peu moins parfaite, la plante que nous connaissons encore sous le nom de cent-feuilles des peintres, cent-feuilles de Hollande. Quelle en est alors la véritable origine? Bieberstein lui assigne les parties boisées du Caucase oriental. Elle aurait gagné de là la Syrie et le monde latin.

Plusieurs de ces roses étaient simples, d'autres probablement demi-doubles; ce devait être le cas le plus fréquent. Horace, parlant à son serviteur, dit : « Là, tu feras porter des vins, des parfums et les fleurs trop peu durables de l'agréable rose! » On peut en déduire qu'il n'était pas généralement employé de son temps des roses doubles qui eussent eu plus grande durée.

« Autant, dit Virgile, l'humble valériane le cède aux massifs de roses ponceau... » Puniceus est l'épithète désignant la couleur de la fleur du grenadier. Nous ne devons pas nous laisser dérouter par le nom de Rosa punicea donné pour les descriptions modernes à la variété cuivrée du rosier à fleur jaune (R. lutea *Miller* var. punicea). Ces punicea roseta étaient sans doute des massifs de roses Milésiennes issues des Provins, mais la rose jaune elle-même était-elle inconnue des Romains? Cela ne semble pas admissible; les régions où elle croît étaient toutes proches et déjà conquises au temps d'Auguste.

Une question plus intéressante, mais qui reste obscure, est celle de savoir quelle était la rose remontante cultivée à Pœstum. Virgile cite *biferi roseta Pœsti* et Lindley observe que les voyageurs modernes n'ont trouvé aux environs de Pœstum que du Rosa sempervirens, espèce qui n'a aucune propension à remonter et que les Romains eussent dédaignée pour ses fleurs blanches, sans odeur. Le rosier de Damas, indiqué par quelques auteurs comme pouvant être la rose de Pæstum, n'est pas davantage remontant.

Les Romains savaient-ils obtenir des roses à différentes saisons? Cet art, d'après le poète Martial, était connu de son temps. « Pendant l'hiver, dit-il, on respirait l'odeur du printemps que répandaient les fleurs fraîchement tressées en couronnes; envoyez-nous du blé, Égyptiens, nous vous donnerons des roses! » Mais, est-ce par chaleur artificielle, artifice de taille, emploi de nouvelles espèces, que ce résultat était obtenu?

L'invasion de l'empire romain par la barbarie vient interrompre les progrès dans la connaissance et la culture de la rose. Les Arabes. dès le XIIᵉ siècle, reprennent cette étude. Ha el Houam, de Séville, cite au XIIIᵉ siècle dans son *Livre de l'Agriculture* celles assez nombreuses dont il a connaissance.

Au retour des Croisades, une rose déjà célèbre réapparaît dans les cultures, c'est la rose de Damas oubliée depuis l'époque romaine. De province, elle gagne Paris, en compagnie de variétés choisies de la rose de Provins [1].

Les siècles suivants devaient voir en France, surtout, en Italie, Angleterre et Hollande, la création de variétés nombreuses issues des types canina, gallica, centifolia, et parfois damascena.

C'est une période certainement très féconde de l'amélioration de la rose, mais les éléments sur lesquels portait le travail des horticulteurs étaient trop restreints; les introductions d'espèces de la Chine et du Japon devaient rendre celui de leurs successeurs singulièrement fructueux.

La rénovation de la rose dans les jardins date essentiellement de l'hybridation des roses anciennes avec le rosier de Chine et avec le Bengale, tous deux fort remontants. Ces deux espèces ne parvinrent probablement en Europe qu'après un premier croisement au voisinage de Saint-Pierre, Ile Bourbon.

Le rosier du Bengale, plus probablement que le rosier de Chine, s'hybrida avec quelque espèce d'Europe, probablement un Provins, et une plante intermédiaire entre ces deux espèces trouvée dans une haie de l'Ile fut introduite en France à la fin du XVIIIᵉ siècle sous le nom de rosier de l'Ile Bourbon.

D'ailleurs, dès 1768, le rosier de Chine (R. Chinensis *Jacquin*) et le rosier du Bengale (R. Semperflorens *Curtis*), en 1789: étaient introduits

---

[1] GRAVEREAUX : *Guide de l'Exposition rétrospective de la rose.* Paris, 1910.

en Angleterre; quant au rosier thé ou R. indica fragrans *Red.*, il
fut introduit en Europe en 1809 et 1824, la dernière fois sous la forme
d'un rosier à fleurs jaunes : ni l'une ni l'autre introduction n'étant
d'ailleurs probablement le type de l'espèce, si cette espèce est
légitime. Ajoutons que le nom de Bengale ne doit pas être pris à la
lettre; la plante provient du sud-est de la Chine.

On voit combien d'incertitude règne sur des points presque contem-
porains de l'histoire de la rose.

Croisées avec les roses de Provins horticoles (qui n'étaient sans
doute plus entièrement des variétés du Rosa gallica, mais des plantes hybridées de canina et peut-être de centifolia), les roses Bengale
et de Chine ont donné les premiers hybrides remontants. Le Bengale
croisé en Amérique avec le Rosa moschata a donné le type des
rosiers Noisette. Un croisement peut-être très ancien fait en Perse
avec le même Moschata a produit le Rosa Pissardi *Carr.* très remontant. Les rosiers Ile Bourbon proviennent très probablement plutôt
du rosier Bengale et du gallica que du gallica et chinensis; les rosiers
Thé sont la descendance du Rosa indica fragrans ou de ses consti-
tuants s'il est lui-même un hybride, comme il est fort probable. Si le
fait peut être reconnu, on trouvera sans doute que le rosier du Bengale
(R. sempervirens) est un des parents de ce type.

D'autres espèces intéressantes venues au commencement du
XIXe siècle ou dès la fin du XVIIIe de la Chine et du Japon sont elles-
mêmes importantes pour l'histoire de la rose contemporaine, qu'elles
soient ou non remontantes.

Il convient de citer le rosier à feuilles luisantes (R. lævigata
Mich.), le rosier de Banks, le rosier microphylle, le rosier Macartney,
(R. bracteata), le rosier multiflore, la rose de Wichura et, enfin, le rosier
à feuilles rugueuses, *R. rugosa*.

L'un des premiers introduits, le rosier multiflore, plus connu sous
le nom de polyantha, a donné, comme nous le dirons plus loin, de très
intéressants hybrides : les polyantha nains multiflores, le Crimson
Rambler si connus de tous.

Le rosier Banks et le rosier à feuilles lisses (R. lævigata *Mich.*,
rosier camellia du Midi) ont produit par leur croisement la rose blanche
double de Fortune si répandue en Italie et dans la France méridionale.
La rose à bractées ou rose Macartney est un des parents de la charmante rose Maria Leonida, qui lui doit son beau feuillage glacé. La
rose de Wichura (R. Wichuraiana) a donné récemment une belle série de
charmantes variétés grimpantes.

Malgré le grand intérêt de ces espèces et de quelques autres, aucune peut-être des introductions postérieures à celle du Bengale n'a la valeur d'un dernier type : le Rosa rugosa du Japon. La forme japonaise de cette espèce en est l'expression la plus complète. La rose du Kamtchatka provenant d'une région inclémente en paraît un type diminué n'ayant ni l'ampleur ni le beau coloris de feuillage de la plante japonaise. Remontant par lui-même et très rustique, le rosier à feuilles rugueuses a été croisé avec presque toutes les espèces principales de l'Europe et de l'Amérique et presque toujours avec les résultats les plus intéressants.

Et maintenant, pouvons-nous espérer que le siècle qui s'ouvre soit aussi fécond en progrès dans la connaissance et la culture de la rose que celui qui vient de finir? Bien que les sources de nouveautés comme types spécifiques commencent à se raréfier par suite de la connaissance plus complète des régions du nord de l'Inde et de la Chine centrale et occidentale, on peut encore espérer de belles découvertes, et, en tout cas, de beaux résultats par la combinaison heureuse des riches matériaux que nous ont mis en mains les botanistes et les explorateurs.

Description du Rosier

Description du Rosier

N. B. — Pour décrire les Rosiers, l'ordre qui nous a paru le plus naturel est celui qui envisage d'abord l'aspect général de la plante, ensuite sa végétation, et enfin sa floraison et sa fructification. Nous croyons utile de tenir compte successivement de tous ces genres de caractères, non seulement dans la description des espèces ou des variétés qui sortent de l'ordinaire, mais de toutes les variétés horticoles. Ce n'est, en effet, qu'à l'examen des diverses particularités qu'elles présentent qu'on peut discerner leur origine et leur place dans la classification.

Les variétés portent le nom sous lequel elles ont été mises au commerce pour la première fois. Lorsque nous constatons qu'une même variété se retrouve sous des noms différents, le premier en date fait seul foi, et les autres ne sont plus considérés que comme des synonymes. Enfin, l'ordre des mots dans le nom, ainsi que son orthographe, sont toujours maintenus, de même que la langue dans laquelle la variété a été dénommée.

◌ ◌ ◌

CARACTÈRES GÉNÉRAUX DE L'ARBUSTE

Aspect général.

A l'état sauvage, les Rosiers sont presque toujours des arbrisseaux. A l'état cultivé, nous ne les considérons plus que comme des arbustes.

Les Rosiers sont rangés en deux grandes catégories : les *Sarmenteux* et les *Buissons.*

Les Rosiers *Sarmenteux* sont ceux qui produisent de très longs rameaux pouvant être palissés pour garnir des arceaux, colonnes, pylones, tonnelles, murailles, etc. Nous comprenons, dans cette catégorie, aussi bien les Rosiers rampants à l'état sauvage que ceux dont les sarments sont plus ou moins rigides naturellement, leur utilisation pouvant être la même au point de vue horticole.

Les Rosiers sont dits en *Buissons* dans tous les autres cas.

Les différences de hauteur et de végétation des Rosiers en *Buissons* sont plutôt conventionnelles que réelles, à cause de la taille annuelle qu'on est obligé de leur donner. Aussi ces Rosiers ne sont-ils comparés entre eux, sous ce rapport, qu'en tenant compte de la taille normale reconnue bonne à appliquer à chacune de leurs races.

Sous cette réserve, nous classons les Rosiers en *Buissons* dans les trois catégories suivantes :

Nains, tels que les Lawrenceana, les Chinensis, les Polyantha nains.

Buissons ordinaires, tels que les Thé, les Bengales, les Ile Bourbon, les Noisette, les Hybrides remontants, Cent-feuilles, Provins.

Grands Buissons, tels que les Pimprenelles, les Rugosa et leurs hybrides.

Au point de vue de la vigueur, les Rosiers peuvent être, dans chacune de ces trois catégories :

De faible végétation ;

De végétation moyenne ;

De végétation vigoureuse ;

par rapport à l'ensemble de la végétation de la catégorie.

●

DIRECTION ET CONSISTANCE DES RAMEAUX.

En outre de ces divers caractères d'aspect général, le port de l'arbuste est déterminé par la direction de ses rameaux qui sont :

Primaires, lorsqu'ils partent directement du bas de l'arbuste.
Secondaires, lorsqu'ils sont des embranchements des précédents.

Les expressions qui suivent se rapportent à la fois aux uns et aux autres. Les rameaux sont :

Droits, lorsqu'ils s'élèvent verticalement ou à peu près. Ex. : Les Hybrides remontants du groupe Géant des Batailles, etc.
Diffus, lorsqu'ils sortent de tous côtés, sans ordre apparent. Ex. : Les Lutea, les Rugosa, etc.
Divergents, lorsqu'ils s'éloignent du centre de l'arbuste en formant des angles aigus plus ou moins ouverts. Ex. : Les Hybrides remontants du groupe Baronne Prévost, etc.

Arqués, lorsqu'ils s'éloignent en formant des courbes plus ou moins pro-
noncées. Ex. : Les Noisette.

Au point de vue de leur consistance, nous disons que les rameaux
sont :

Grêles, lorsqu'ils ont le bois mince, comme dans les Lawrenceana,
quelques Bengales, plusieurs Polyantha et Thé.
Effilés, lorsqu'ils sont amincis à leur extrémité, comme dans Soleil d'Or
et Général Jacqueminot.
Robustes, lorsqu'ils ont le bois gros comme dans les Rugosa.
Rigides, lorsque le bois est gros, droit, et que l'intervalle entre les yeux
(mérithalle) est court, comme dans Baronne de Rothschild.

Lorsque les rameaux d'un Rosier sont très nombreux, ce Rosier est :

Buissonnant, si tous les rameaux restent assez courts pour donner à
l'arbuste un contour plus ou moins régulier. Ex. : Beaucoup de
Rosiers Thé.
Trapu, si ces rameaux sont en même temps courts et rigides. Ex. : Parvifolia, Baronne de Rothschild.
Touffu, s'ils sont en même temps allongés et diffus. Ex. : Les Rugosa,
les Pimprenelles, etc.

ROSIERS GREFFÉS SUR TIGES.

Les Rosiers greffés sur tiges revêtent un aspect spécial, plus artificiel que ceux greffés sur collet de racines. Nous les rangeons en cinq
catégories :

Demi-tiges, dont la hauteur habituelle ne dépasse pas 80 centimètres.
Tiges, ne dépassant pas 1ᵐ,20 de hauteur.
Hautes tiges, dont la hauteur varie entre 1ᵐ,20 et 1ᵐ,60.
Standards ou *Très Hautes tiges*, dont la hauteur dépasse 1ᵐ,60, greffés
de variétés vigoureuses, presque sarmenteuses ou sarmenteuses,
mais à rameaux non pleureurs, telles que Aglaïa, Duarte de Oliviera,
Malton, Madame Isaac Péreire, etc., et donnant une végétation de
grande envergure, analogue à celle des arbres fruitiers de plein
vent.

11

Pleureurs, pouvant être des tiges, des hautes tiges ou des standards, mais greffés avec des variétés sarmenteuses dont les rameaux retombent naturellement.

Degrés de résistance.

Au point de vue de la résistance aux intempéries, nous disons d'un Rosier qu'il est :

Frileux, lorsqu'il gèle facilement. Les Rosiers les plus frileux sont les Thé, les Banks, les Moschata, les Noisette, les Hybrides de Thé et les Microphylla. Un simple verglas ou faux-dégel par 4 ou 5 degrés au-dessous de zéro peut détruire ces Rosiers, alors que deux ou trois semaines de froid ininterrompu à 7 ou 8 degrés peuvent ne pas les geler. Mais un froid subit, de 10 à 12 degrés, peut les anéantir en une nuit.

Rustique, lorsqu'il supporte bien les hivers ordinaires, pendant lesquels il peut néanmoins geler plus ou moins partiellement. Ex. : la plupart des Ile Bourbon, Hybrides de Noisette, Hybrides remontants, Multiflores, etc.

Très Rustique, lorsqu'il est à l'épreuve des gelées, fortes et prolongées. Ex. : les Rugosa, Arvensis, Sempervirens, Provins, Cent-feuilles, Lutea, Pimprenelles et Wichuraiana.

Coloration du bois.

La coloration du bois d'un an, ou de celui de l'année lorsqu'on l'observe à l'arrière-saison, nous sert d'indice en certains cas. Le bois de la plupart des Rosiers est généralement vert, et fréquemment teinté de pourpre brunâtre du côté de l'insolation. Il y a cependant des nuances dont le caractère est permanent. Ce sont les suivantes :

Vert glauque, bois du Rosa moschata et du R. glauca.

Vert vif, bois des Rosa banksiæ, arvensis, sempervirens et Wichuraiana.

Vert terne, bois des Provins, Cent-feuilles, Hybrides remontants des groupes Jules Margottin et Charles Lefebvre.

Vert bronzé, bois de beaucoup de Noisette, Hybrides de Noisette, et de certains Hybrides de Rugosa.

Vert grisâtre, bois des Rugosa.

Vert brunâlre, bois des Portland et des Hybrides remontants du groupe
    Géant des Batailles.
Vert pourpré, bois des Thé, Bengale et Ile Bourbon; cette teinte plus
    ou moins atténuée chez leurs hybrides.
Brun rougeâlre, bois des Lutea et de leurs hybrides.
Violacé, bois du Rosa ferruginea et de ses sous-espèces.

DIMORPHISMES ET DICHROISMES.

Il arrive parfois que, par suite d'un ébranlement des caractères de
la variété, survenu pour une cause quelconque, comme par un jeu de
la nature, certains rameaux ou fleurs présentent une végétation ou une
couleur différentes de leur variété. La plupart du temps, avec le changement de couleur de la fleur, se constatent aussi des changements de formes sur le rameau qui les porte. Nous appelons ce genre de végétation
Dimorphisme. On propage quelquefois par la greffe certains de ces
dimorphismes, nous appelons « accidents fixés » les nouvelles variétés
ainsi obtenues. Nous ne réservons le terme *Dichroïsme* qu'au changement
de couleur de la fleur, non accompagné de modifications de formes
d'aucune sorte, pas plus dans la fleur que sur le rameau.

✧ ✧ ✧

LES AIGUILLONS ET PRODUCTIONS SIMILAIRES

LES AIGUILLONS.

La surface du bois peut être *inerme*, c'est-à-dire dépourvue de toute
espèce d'aiguillons ou saillies analogues. La plupart des Rosiers Banks
et de certains dérivés du Rosa alpina (Les Boursault) sont presque
complètement inermes par suite de la chute précoce de rares aiguillons
très faibles. Les Rosiers du Bengale sont presque inermes. Dans beaucoup de races, on rencontre çà et là une variété pour ainsi dire
dépourvue d'aiguillons, telle Zéphirine Drouhin dans les Ile Bourbon
sarmenteux.

✧ 13.

En dehors de ces cas, les Rosiers sont armés d'aiguillons gros, moyens ou petits, courts ou longs.

Quant à leurs formes, nous distinguons les aiguillons :

Droits (fig. 1), comme dans les R. lutea, rugosa et pimprenelles.

Arqués (fig. 2), comme dans beaucoup de Bengales et d'Ile Bourbon.

Crochus (fig. 3), comme dans les Polyantha nains, les Multiflores sarmenteux, les Thé, etc. Ils sont quelquefois très gros et dilatés à leur base en « bec de perroquet », comme dans le R. moschata et certaines variétés horticoles qui « ont de son sang » (Polyantha grandiflora, Maréchal Niel, Reine Olga de Wurtemberg, etc.), les Rubiginosa et leurs dérivés de Lord Penzance, etc.

Sétacés (fig. 4), ténus comme des soies de porc, comme dans les Rugosa et un certain nombre de leurs hybrides, certains Provins, etc.

Subulés (fig. 6), en forme d'alène de cordonnier, comme dans les Lutea et plusieurs hybrides de Rugosa.

Ailés (fig. 5), minces, mais très dilatés à leur base, comme dans la forme décurrente du Rosa sericea.

Selon leur position sur le bois, les aiguillons sont :

Épars (fig. 1), lorsqu'ils sont disposés sans ordre apparent, comme dans les Polyantha nains, les Thé, les Noisette, les Bengales, les Hybrides remontants et les Lutea.

Ce caractère est le plus fréquent dans les Rosiers horticoles.

Alternes (fig. 3), lorsqu'ils sont alternativement situés d'un côté et de l'autre du rameau. Ce cas est rare (Ayrshires, Brunonii, gigantea).

Géminés (a. fig. 2), sous les feuilles, c'est-à-dire disposés par paires sous la naissance des pétioles, comme dans les R. bracteata, cinnamomea, etc. Ce caractère se rencontre aussi dans certains Thé.

Ternés (a. fig. 4), ou à peu près ternés, c'est-à-dire rassemblés par trois, sous les insertions des feuilles ou dans leur voisinage inférieur, comme dans la section des Lævigatæ (R. anemonenrose, camellia).

Verticillés (a. fig. 6), ou à peu près verticillés, c'est-à-dire rassemblés par plus de trois dans le voisinage inférieur des insertions des feuilles, comme dans les Sempervirens.

Dans quelques cas, les aiguillons ont leur pointe tournée vers le

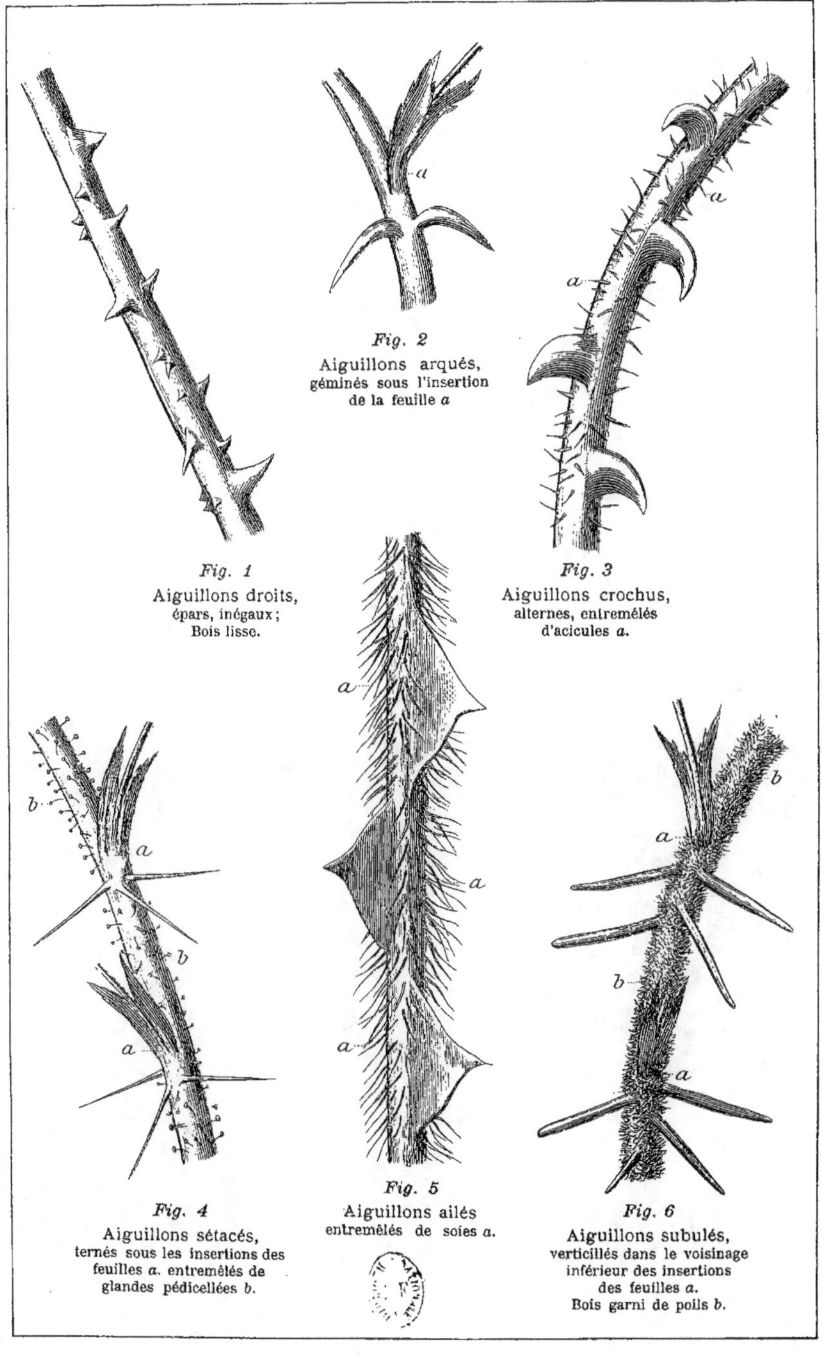

Fig. 1
Aiguillons droits,
épars, inégaux;
Bois lisse.

Fig. 2
Aiguillons arqués,
géminés sous l'insertion
de la feuille *a*

Fig. 3
Aiguillons crochus,
alternes, entremêlés
d'acicules *a*.

Fig. 4
Aiguillons sétacés,
ternés sous les insertions des
feuilles *a*. entremêlés de
glandes pédicellées *b*.

Fig. 5
Aiguillons ailés
entremêlés de soies *a*.

Fig. 6
Aiguillons subulés,
verticillés dans le voisinage
inférieur des insertions
des feuilles *a*.
Bois garni de poils *b*.

ciel. On les dit alors ascendants. Ex. : Le Rosa microphylla et ses
variétés les plus proches.

Lorsque plusieurs sortes d'aiguillons se rencontrent sur le bois de
certains Rosiers, on dit que ces Rosiers ou leurs rameaux sont hétéracanthes. C'est le caractère principal des races sortant du R. gallica
(Provins, Cent-feuilles, Hybrides remontants, etc.).

ACICULES, SOIES, GLANDES, POILS.

Les aiguillons peuvent être ou non entremêlés des productions
suivantes, plus petites, et plus ou moins grêles :

Acicules (a. fig. 3), diminutifs d'aiguillons. Elles sont courtes et effilées
    comme des pointes d'aiguilles.
Soies (a. fig. 5), diminutifs d'aiguillons sétacés, mais souvent aussi
    longs.
Glandes (b. fig. 4), petits corpuscules pédicellés ou sessiles, remplis d'un
    liquide visqueux et odorant.
Poils (b. fig. 6), productions les plus petites, les plus ténues et les plus
    molles, réduites parfois à un simple duvet.

Les acicules, soies et glandes sont associées ensemble aux aiguillons,
dans les Provins, Damas, Cent-feuilles, Cent-feuilles moussus, Portland,
Rugosa, Pimprenelles, puis, à un degré moindre, dans un certain nombre
d'Hybrides remontants. Les glandes sont particulièrement très nombreuses sur les rameaux des Cent-feuilles moussus.

Les poils sur le bois ne se rencontrent guère que dans les Rugosa.

Lorsque le bois n'est, ni garni de poils, ni hérissé de soies, de glandes
ou d'acicules, nous disons qu'il est lisse (fig. 1).

COLORATION DES AIGUILLONS.

La coloration des aiguillons, ainsi que celle des acicules, est d'une
certaine valeur au point de vue descriptif. Cette coloration est :

Pourpre, dans la généralité des Rosiers Thé, et principalement au
    début de la végétation.
Brun pourpré, dans beaucoup de Bengales, Ile Bourbon, et certains
    Noisette, principalement au début de la végétation.

Brun rouille, dans les Rubiginosa et les Pimprenelles.

Vert bronzé, dans les Banks.

Grisâtre, dans les Rugosa et plusieurs de leurs hybrides, et dans les Lutea.

◇ ◇ ◇

LE FEUILLAGE

Caractères d'ensemble.

Considéré dans son ensemble, le feuillage est ample ou moyen, quelquefois fin. Il est :

Ample, en général dans les Noisette, Setigera, certains Rubiginosa, plusieurs groupes d'Hybrides remontants (Baronne Prévost, Jules Margottin, Triomphe de l'Exposition, Charles Lefebvre et Baronne de Rothschild).

Moyen, généralement dans les Rosiers Thé, notamment ceux du groupe Comtesse de Labarthe, dans les Ile Bourbon du groupe Louise Odier, les Chinensis, etc.

Fin, dans les Pimprenelles, les Wichuraiana et les Lawrenceana.

Au point de vue des écartements (mérithalles) entre les points d'insertion des feuilles, nous disons que le feuillage est :

Rapproché, lorsque les mérithalles sont courts. Ex. : Baronne de Rothschild, Madame Récamier, etc.

Espacé, lorsqu'ils sont longs. Ex. : Général Jacqueminot, Baronne Prévost, Triomphe de l'Exposition, Jules Margottin, etc.

Le feuillage peut être garni ou exempt de poils. Il est :

Velu dans le premier cas, et c'est, alors, presque toujours sur le dessous de la feuille, comme dans les Provins, Portland, Cent-feuilles, Rugosa, Lutea, Pimprenelles, Setigera. Dans les Cent-feuilles moussus et les Rubiginosa, les poils sont glanduleux. Lorsqu'on froisse le

feuillage de ces plantes, les poils se brisent et le liquide visqueux
qu'ils contiennent exhale une odeur très prononcée de Rose chez
les premières, et de Pomme Reinette chez les secondes.

Le feuillage n'est guère velu sur le dessus des feuilles que dans le
R. villosa.

Glabre, lorsqu'il est exempt de poils. Il est alors souvent luisant dans
les Banks, Noisette, Sempervirens, Microphylla, et prend même
l'aspect vernissé comme dans les Bracteata, Lævigata et Wichuraiana.

Le feuillage peut encore être :

Nervé, plus ou moins profondément, comme dans les Rugosa, Setigera,
Cent-feuilles et certains Hybrides remontants. Il est enfin quelquefois gaufré comme dans le R. centifolia bullata, et même crispé
comme dans le R. rugosa crispata.

DEGRÉS DE PERSISTANCE.

Les Rosiers perdent leurs feuilles à l'entrée de l'hiver, plus ou
moins vite selon les rigueurs de la saison, mais aussi selon les races
auxquelles ils appartiennent.

Le feuillage est :

Persistant ou à peu près, lorsqu'il reste plus ou moins complètement
sur l'arbuste en hiver. Les R. sempervirens, Banks, bracteata,
lævigata, sont ceux dont le feuillage est le plus persistant. Viennent
ensuite les R. arvensis, multiflora, microphylla, setigera et Wichuraiana.

Caduc, lorsqu'il tombe sous l'action des diverses intempéries de l'automne. C'est le cas de la grande majorité des Rosiers.

Promplement caduc, lorsqu'il tombe de lui-même, de bonne heure, en
Octobre. Ex. : Les R. alpina, cinnamomea et lutea.

DES FOLIOLES.

A l'exception d'une seule espèce dont les feuilles sont simples
(R. berberifolia), la feuille des Rosiers est composée (fig. 10), c'est-à-dire

— 17

formée de différentes pièces appelées *folioles* disposées par paires (b, c, d, d, e, f, fig. 10) sur un *pétiole commun* (h. fig. 10), que termine une foliole impaire (g. fig. 10). Ces folioles peuvent être sessiles, c'est-à-dire insérées directement sur le pétiole, mais elles sont généralement pétiolulées, c'est-à-dire reliées à ce pétiole par un pétiolule (i. fig. 10). Ordinairement, la paire de folioles la plus proche de la naissance du pétiole est la plus petite, et les dimensions des autres paires s'amplifient en raison de leur éloignement (fig. 10).

Les folioles sont, normalement, au nombre de :

Trois ou cinq dans les Banks, Lævigata et Setigera.

Cinq ou sept dans les Polyantha nains, Thés, Bengales, Chinensis, Ile Bourbon, Provins, Sempervirens, Arvensis et Hybrides de Setigera.

Sept dans les Damas, Portland et Noisette.

Sept ou neuf dans les Multiflores sarmenteux, les R. moschata et alpina.

Sept, neuf ou onze dans les Rugosa et leurs hybrides, dans les hybrides d'Alpina, dans les Wichuraiana et leurs hybrides.

Sept, neuf, onze ou treize dans les Pimprenelles.

Onze ou treize dans le R. microphylla.

Sous le rapport de la forme, les folioles sont :

Ovales-arrondies (b. fig. 10), comme dans les Polyantha nains, les Ile Bourbon, les Provins, Portland, Lutea.

Ovales-oblongues (c. fig. 10), comme dans les Pimprenelles.

Ovales-lancéolées (d. fig. 10), comme dans les Damas, les Multiflores sarmenteux, les Sempervirens.

Elliptiques (e. fig. 10), comme dans les Rugosa.

Elliptiques-lancéolées (f. fig. 10), comme dans les Thé, Bengales, Noisette et Moschata.

Lancéolées (g. fig. 10), comme dans les Lawrenceana.

Linéaires, ou réduites à la forme de lanière. Ce cas ne se trouve qu'avec le Rosa Watsoniana et le dimorphisme R. hybrida fimbriata.

Les caractères tirés de la dentelure (ou serrature) des folioles sont peu importants au point de vue horticole. Il peut arriver cependant qu'on ait à en tenir compte. Cette dentelure est généralement simple et moyenne. Exceptionnellement, nous la disons :

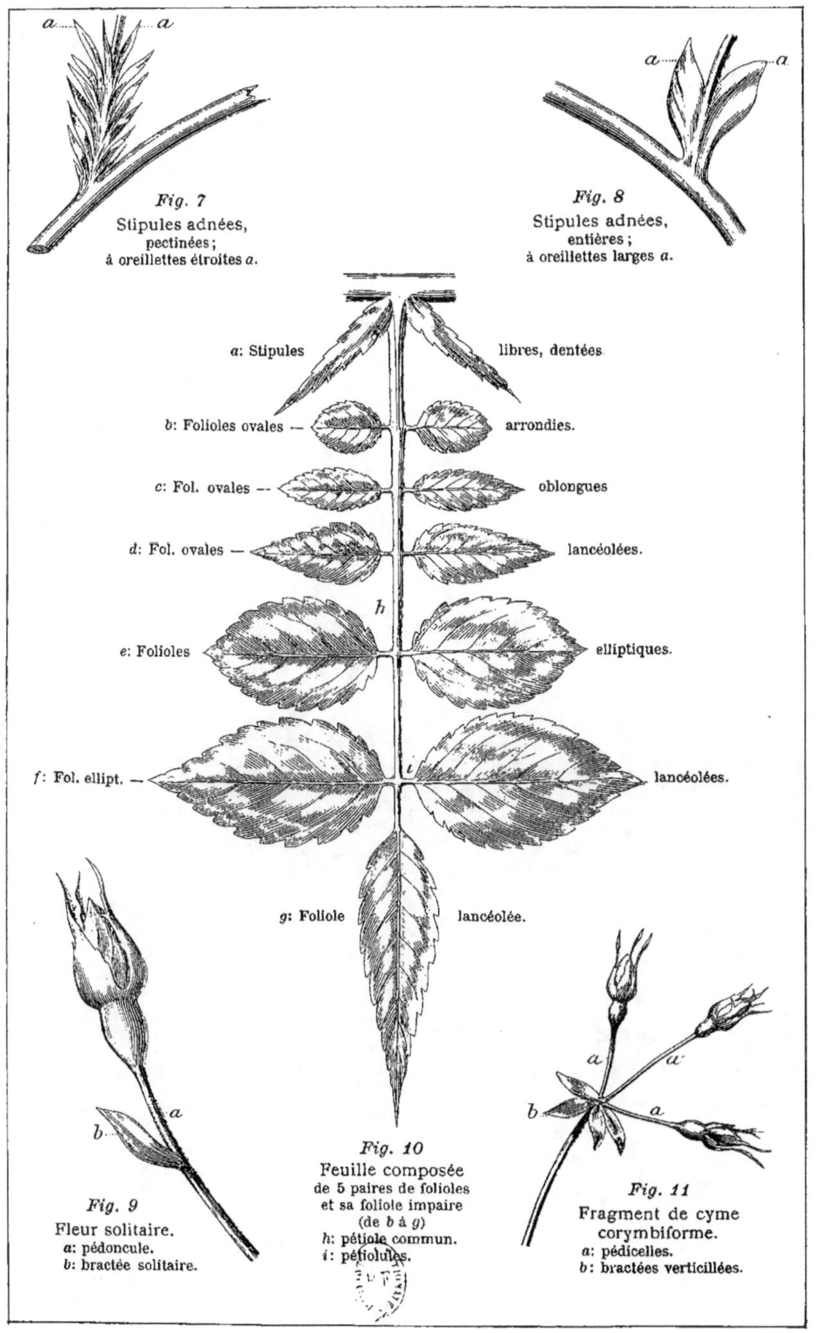
Fig. 7
Stipules adnées,
pectinées;
à oreillettes étroites a.

Fig. 8
Stipules adnées,
entières;
à oreillettes larges a.

a: Stipules   libres, dentées.
b: Folioles ovales —   arrondies.
c: Fol. ovales --   oblongues
d: Fol. ovales —   lancéolées.
h
e: Folioles   elliptiques.
f: Fol. ellipt. —   i   lancéolées.
g: Foliole   lancéolée.

Fig. 9
Fleur solitaire.
a: pédoncule.
b: bractée solitaire.

Fig. 10
Feuille composée
de 5 paires de folioles
et sa foliole impaire
(de b à g)
h: pétiole commun.
i: pétiolules.

Fig. 11
Fragment de cyme
corymbiforme.
a: pédicelles.
b: bractées verticillées.

Profonde, comme dans les Ile Bourbon du groupe Louise Odier, les Chinensis, les Multiflores sarmenteux, les Boursault.

Peu profonde, comme dans les Rugosa.

Fine, comme dans les Banks.

A peine visible, comme dans le R. bracteata.

Velue-glanduleuse, comme dans les Provins.

COLORATION DU FEUILLAGE.

Si nous examinons les diverses races de Rosiers à côté les unes des autres, dans le même terrain, à culture égale et à santé parfaite, nous pouvons distinguer entre les colorations suivantes du feuillage :

Vert glauque, dans les R. moschata et glauca.

Vert glauque bleulé, dans les R. ferruginea.

Vert gai, dans les Damas et les Hybrides remontants des groupes La Reine et Madame Victor Verdier.

Vert tendre, dans les Bengales et Noisette.

Vert vif, dans les Banks et Rugosa.

Vert intense, dans les Arvensis, Sempervirens, et Wichuraiana.

Vert cendré, dans le R. villosa et dans les Pimprenelles.

Vert sombre, dans les Provins, Portland, Hybrides remontants du groupe Géant des Batailles, et Multiflores sarmenteux.

Pourpre : 1º sur le jeune feuillage des Rosiers Thés; 2º sur le pétiole, la dentelure et les nervures principales du jeune feuillage des Bengales, de plusieurs Ile Bourbon, des Hybrides remontants du groupe Géant des Batailles, et, en plus atténué, de quelques Provins, Damas, Cent-feuilles, etc. Dans beaucoup de cas, les aiguillons et aciculés sont en même temps pourprés; 3º sur le revers des feuilles des Chinensis.

◦ ◦ ◦

LES STIPULES

Les *stipules* (fig. 7 et 8, et a. fig. 10) sont des expansions foliacées, de la même nature et de la même coloration que le feuillage, qui naissent

◦ 19

avec le pétiole commun des feuilles et l'accompagnent sur une certaine longueur. Leurs caractères sont importants pour la détermination des espèces et des races. Elles sont toujours par deux, et sont :

Libres, lorsqu'elles sont indépendantes l'une de l'autre, ainsi que du pétiole (a. fig. 10), comme dans la section des *Banksiæ*. Dans ce cas, elles sont caduques, c'est-à-dire qu'elles tombent après la floraison.

Adnées, c'est-à-dire, « nées ensemble » et soudées toutes deux au pétiole sur la plus grande partie de leur longueur (fig. 7 et 8); leurs extrémités libres sont dites oreillettes (a. fig. 7 et 8). Les oreillettes peuvent être étroites comme dans les Multiflores (a. fig. 7), ou larges comme dans les Rugosa (a. fig. 8).

Pectinées, quelquefois profondément, c'est-à-dire dentées en forme de peigne (fig. 7), comme dans les Multiflores sarmenteux, les Polyantha nains, les Moschata.

Dentées plus ou moins (a. fig. 10); c'est le cas le plus général.

Entières, c'est-à-dire sans aucune segmentation apparente (fig. 8), comme dans les Rugosa.

Ciliées de glandes, comme dans les R. multiflora, arvensis et sempervirens.

✧ ✧ ✧

CARACTÈRES GÉNÉRAUX DE LA FLORAISON

DE L'INFLORESCENCE.

Le bel effet produit par la floraison en masses de certains Rosiers est dû à leur *inflorescence,* qui est :

Multiflore, lorsqu'elle comprend un très grand nombre de fleurs, comme dans les Polyantha nains, les Noisettes, les Multiflores sarmenteux, les Sempervirens et les Arvensis.

Pluriflore, lorsqu'elle n'en comprend qu'un petit nombre, qu'on peut évaluer entre cinq et quinze, comme dans les Banks, Setigera, Wichuraiana, Rugosa, Damas, Ile Bourbon.

Pauciflore, lorsqu'elle n'en compte que de deux à cinq, comme dans les Bengales, Provins, Hybrides remontants, les Rosa rubiginosa, microphylla, laxa, alpina, cinnamomea, etc.

Uniflore, lorsque le rameau se termine par une seule fleur. Ce caractère est très variable. Aussi dit-on plutôt, le plus souvent, que les fleurs sont solitaires (fig. 9), ou réunies par deux à cinq comme dans les Thés et dans Baronne de Rothschild.

Les inflorescences multiflores et pluriflores peuvent être en :

Cyme corymbiforme (fig. 11), c'est-à-dire en têtes arrondies, comme dans les Banks, Ile Bourbon, Damas, Rugosa, Moschata, Semper-virens, Arvensis; ou en :

Cyme pyramidale, c'est-à-dire étagées par rameaux secondaires de plus en plus courts, comme dans les Polyantha nains, Noisette, Multi-flores sarmenteux, Setigera et Wichuraiana.

PÉDONCULES, PÉDICELLES, BRACTÉES.

Le support de la fleur, ce qu'on appelle vulgairement sa « queue », est :

Un pédoncule (a. fig. 9), quand cette fleur est solitaire;
Un pédicelle (a. fig. 11), quand elle fait partie d'une cyme.

Il est quelquefois besoin de relever certaines particularités relatives à ces supports. Ils sont :

Rigides, comme dans Baronne de Rothschild.
Fermes, comme dans la plupart des Hybrides remontants et quelques Hybrides de Thé.
Flexibles, comme dans les Thé. La plupart du temps, ces sortes de pédoncules sont dits articulés, c'est-à-dire que leur base, étant plus grosse que le rameau qui les porte, ils s'en « décollent » très faci-lement.

Dans chacune de ces catégories, les pédoncules peuvent être lisses ou velus.

Les *bractées* (b. fig. 9 et 11) sont de petites feuilles modifiées qui se trouvent dans l'inflorescence à l'aisselle de ses ramifications, ou parfois sur le pédoncule des fleurs solitaires. Dans le premier cas, elles peuvent être verticillées (b. fig. 11), dans le second, solitaires (b. fig. 9).

Les bractées sont :

Étroites, comme dans la section des *Indicæ* (Thé, Bengales, Ile Bourbon, etc.), et celle des *Banksiæ* (Banks).

Dilatées, comme dans la section des *Cinnamomeæ* (Alpina, Rugosa, etc.), et celle des *Caninæ* (Églantiers communs).

Petites, comme dans celle des *Microphyllæ,* où elles sont, en même temps, caduques.

Incisées, comme dans celle des *Bracteatæ.*

Dans cette section, huit ou dix bractées amples, foliacées, profondément incisées, se trouvent sous chaque fleur, d'où son nom.

Les bractées manquent dans les sections : *Luteæ, Lævigatæ, Pimpinellifoliæ, Sericeæ, Minutifoliæ.* Elles sont de carcatères variables ou peu tranchés dans les autres sections.

ÉPOQUES DE FLORAISON.

La floraison du Rosier peut être précoce, d'époque normale, ou tardive. Dans chacun de ces cas, elle peut être remontante ou non. Elle est :

Précoce dans les Rugosa et leurs variétés les plus proches, les Alpina et leurs Hybrides, les Polyantha nains, les Lutea, les Pimprenelle, la plupart des Multiflores sarmenteux, et certains Thé et Noisette.

D'époque normale dans les Thé, Noisette, Provins, Cent-feuilles, Damas, et Hybrides remontants.

Tardive dans les R. moschata, setigera, bracteata et Wichuraiana. Dans les Multiflores sarmenteux, Turner's Crimson Rambler est de floraison tardive. Le Rosier le plus tardif est le R. Wichuraiana type.

Remontante dans les Rugosa, les Thé, les Polyantha nains, Bengales, Ile Bourbon, Chinensis, Noisette, et, à un degré moindre, dans les Hybrides remontants.

22 ∽

Du bouton.

Les boutons floraux peuvent être classés en trois catégories. Le bouton est :

Allongé, lorsqu'il est beaucoup plus haut que large, et que sa pointe est sensiblement conique.

Arrondi, lorsque sa hauteur est encore plus grande que sa largeur, mais que sa pointe est obtuse ou obconique.

Écrasé, lorsqu'il est au moins aussi large que haut, et que son assise est ventrue.

◇ ◇ ◇

DE LA FLEUR

Dispositif général.

Si l'on examine la figure 13, qui représente la coupe longitudinale d'une Rose simple, on voit que le pédoncule *a* se dilate en une bourse charnue *b* qui, elle-même, se termine en feuilles plus ou moins modifiées *c*. Cette sorte d'expansion du pédoncule s'appelle *réceptacle.* Sur sa partie culminante sont insérés la *corolle d* et les organes mâles ou *étamines e*. Le long de sa paroi interne, et principalement dans le fond, sont insérés les organes femelles ou *carpelles f*.

Du réceptacle.

Le *réceptacle* (b. fig. 13), est vulgairement appelé calice, mais cette expression est inexacte, celle de « réceptacle » étant réservée aux dilatations pédonculaires sur lesquelles sont directement insérés des ovaires distincts, comme c'est le cas dans le Rosier.

Le *réceptacle* se compose de trois parties : le *tube* (a. fig. 12 et 14), le *disque* (b. fig. 12 et 14), et les *sépales* (c. fig. 13; a. fig. 18 et a. fig. 23).

A l'automne, pendant la maturation des ovaires, le réceptacle se

◇ 23

colore et prend l'apparence d'un *fruit*. Ses formes sont alors plus nettement accusées. On le dit :

Déprimé (fig. 18), dans les Rugosa et leurs hybrides affins.
Arrondi (fig. 19), dans les Banks, Multiflores, Sempervirens, Lutea,
    quelques Provins et Hybrides remontants du groupe Triomphe
    de l'Exposition.
Ovoïde (fig. 20), dans les R. arvensis, moschata, rubiginosa, la plupart
    des Provins et des Noisette.
Pyriforme (fig. 21), dans quelques Cent-feuilles et Hybrides remontants.
En entonnoir (fig. 22), dans les Rosiers de Damas, les Hybrides remontants
    du groupe Jules Margottin et quelques Thés sarmenteux.
En carafe (fig. 23), dans le R. cinnamomea et la plupart des espèces
    de sa section (Cinnamomeæ).

Les groupements de Rosiers non précités ont leur fruits de formes
variables, entre la forme arrondie et celle en entonnoir.

A maturité, la couleur des fruits est généralement rouge vermillon.
Elle est noir pourpré dans les Pimprenelles, jaune orangé dans une
forme de R. sericea, et brun rouge dans les R. arvensis, sempervirens
et moschata.

Le *disque* (b. fig. 12 et 14) est la partie supérieure du réceptacle
sur laquelle sont insérées la *corolle* et les *étamines*. Il laisse passer, par
un *orifice* central, le prolongement des *carpelles* (styles et stigmates).
Il est très large dans le R. bracteata, large dans les R. microphylla et
rugosa. Hormis ces cas, sa dimension n'offre plus d'intérêt.

Les *sépales* (c. fig. 13 ; a. fig. 18 et a. fig. 23) entourent le disque
et protègent le bouton avant son éclosion. Ils sont au nombre de cinq,
excepté dans le R. sericea, où l'on n'en compte que quatre. Ils sont :

Entiers (a. fig. 18 et 23), dans les R. alpina, laxa, cinnamomea, rugosa,
    sericea, bracteata ; dans les Rosiers banks et les pimprenelles.
Appendiculés, c'est-à-dire plus ou moins prolongés sur leurs bords et
    à leur extrémité par des rudiments de folioles, appelés appendices
    (k. fig. 13).

        Ils le sont peu ou très peu dans les Thé, Noisette, Bengales,
    Ile Bourbon et Lutea.

        Ils le sont modérément dans toute la section des *Synstylæ*
    (R. arvensis, sempervirens, multiflora, moschata, setigera, Wichu-
    raiana).

24

Ils le sont fortement dans toute la section des *Gallicæ* (Provins,
Cent-feuilles, Cent-feuilles moussus, alba, etc.), et dans celles des
Microphyllæ.

Les *sépales* peuvent être caducs ou persistants :

Caducs et, en même temps, réfléchis après l'anthèse (c. fig. 13), c'est-à-
dire que, lorsque la fleur commence à décliner, les sépales commencent à retomber en dehors; ce mouvement se continue jusqu'à
défloraison complète. Ils se dessèchent plus tard et finissent par
tomber avant la maturité du réceptacle.

Persistants et, en même temps, redressés après l'anthèse et couronnant
le réceptacle (a. fig. 18 et 23). En raison de leur grande stabilité,
ces deux positions si différentes des sépales ont été considérées
comme des caractères importants pour la classification.

SÉPALES :

CADUCS RÉFLÉCHIS APRÈS L'ANTHÈSE (c. fig. 13)		PERSISTANTS REDRESSÉS APRÈS L'ANTHÈSE (a. fig. 18 et 23).	
R. arvensis moschata. multiflora sempervirens setigera Wichuraiana	Section des *Synstylæ*	R. alpina cinnamomea rugosa	Section des *Cinnamomeæ*
		Pimprenelles	Section des *Pimpinellifoliæ*
Thé Noisette Ile Bourbon. Bengale	Section des *Indicæ*	lutea. Capucines Harrissonii	Section des *Luteæ*
canina	Section des *Caninæ*	sericea	Section des *Sericeæ*
Provins. parvifolia Damas. Portland Cent-feuilles	Section des *Gallicæ*	lævigata Anemonenrose. Camellia	Section des *Lævigatæ*
Banks	Section des *Banksiæ*	microphylla et variétés les plus proches : Jardin de la Croix, etc.	Section des *Microphyllæ*

Le Rosa rubiginosa, qui appartient à la Section des *Caninæ*, a, contrairement à elle, les sépales persistants, mais ses hybrides de Lord Penzance les ont caducs.

Le R. bracteata ne peut être classé avec certitude ici, à cause du défaut permanent de maturité de ses fruits.

De la corolle.

La *corolle* d'une Rose simple se compose de cinq pétales, excepté dans le R. sericea où elle n'en comprend que quatre. Le *pétale* non déformé par suite de culture est généralement cordiforme, c'est-à-dire, qu'il offre à peu près l'image d'un cœur (d. g. fig. 13). On y distingue la lame *g* et l'onglet *h*. Les pétales sont insérés alternativement avec les sépales. Leur degré de consistance a de l'intérêt; plus ils sont épais, plus la fleur paraît solide et de bonne tenue.

◇ ◇ ◇

DES ORGANES SEXUELS

Les étamines.

Les étamines de la Rose (e. fig. 13) sont en nombre indéfini; elles sont insérées par rangées successives immédiatement en avant des pétales. L'espèce qui possède le plus d'étamines (300 à 400) est le Rosa bracteata.

L'*étamine* (fig. 17) se compose de l'*anthère a* et du *filet b*.

L'anthère est biloculaire, c'est-à-dire à deux loges, c. c. et introrse, c'est-à-dire ayant sa face tournée vers le centre de la fleur. Elle est le logement du *pollen*, qui s'en échappe, lorsqu'il est mûr, par la fente longitudinale de chaque loge.

Les carpelles.

Les *carpelles* (f. fig. 13) sont également en nombre indéfini. Ils sont insérés directement, ou par un petit support, sur le fond et sur les côtés

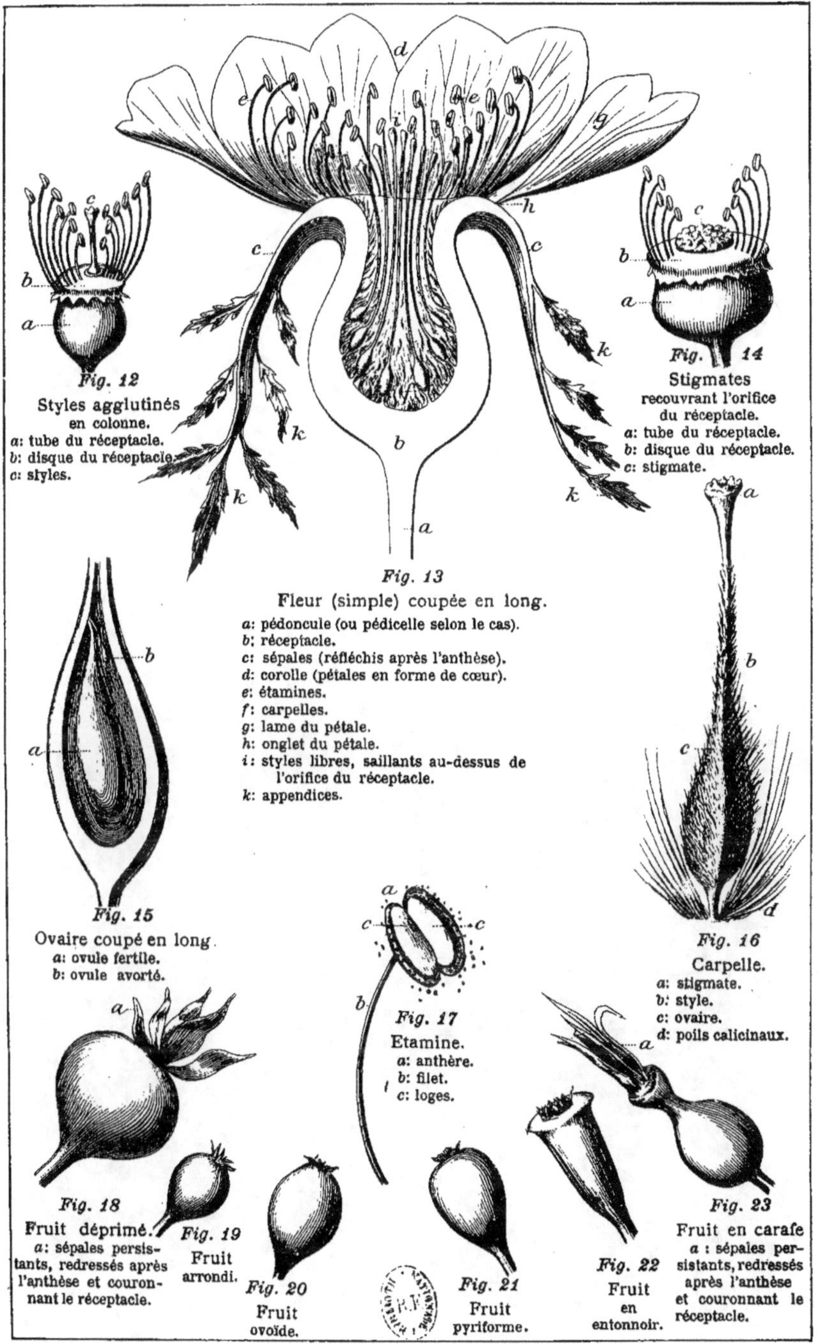

Fig. 12
Styles agglutinés
en colonne.
a: tube du réceptacle.
b: disque du réceptacle.
c: styles.

Fig. 14
Stigmates
recouvrant l'orifice
du réceptacle.
a: tube du réceptacle.
b: disque du réceptacle.
c: stigmate.

Fig. 13
Fleur (simple) coupée en long.
a: pédoncule (ou pédicelle selon le cas).
b: réceptacle.
c: sépales (réfléchis après l'anthèse).
d: corolle (pétales en forme de cœur).
e: étamines.
f: carpelles.
g: lame du pétale.
h: onglet du pétale.
i: styles libres, saillants au-dessus de
   l'orifice du réceptacle.
k: appendices.

Fig. 15
Ovaire coupé en long.
a: ovule fertile.
b: ovule avorté.

Fig. 16
Carpelle.
a: stigmate.
b: style.
c: ovaire.
d: poils calicinaux.

Fig. 17
Etamine.
a: anthère.
b: filet.
c: loges.

Fig. 18
Fruit déprimé.
a: sépales persis-
tants, redressés après
l'anthèse et couron-
nant le réceptacle.

Fig. 19
Fruit
arrondi.

Fig. 20
Fruit
ovoïde.

Fig. 21
Fruit
pyriforme.

Fig. 22
Fruit
en
entonnoir.

Fig. 23
Fruit en carafe
a : sépales per-
sistants, redressés
après l'anthèse
et couronnant le
réceptacle.

de la paroi interne du réceptacle. Le carpelle (fig. 16) se compose du *stigmate* (a. fig. 16), du *style* (b. fig. 16), et de l'*ovaire* (fig. 15 et c. 16). Le dessus du stigmate est garni de *papilles*, destinées à recevoir le pollen.

DISPOSITION DES STYLES. — La disposition des styles, dans les fleurs du genre Rosa, a servi de base principale au groupement de ses nombreuses espèces en sections. La raison en est qu'aux différents arrangements des styles correspondent des caractères généraux d'aspect, de végétation et de floraison qui rendent naturelle la classification ainsi établie. Les styles peuvent être :

Agglutinés en une colonne saillante (c. fig. 12);
Libres et saillants (i. fig. 13);
Libres et inclus dans le réceptacle, leurs stigmates dépassant seuls son orifice (c. fig. 14).

STYLES AGGLUTINÉS. — Ce caractère est le signe distinctif de la section des *Synstylæ* de M. Baker, dans laquelle M. Crépin a fait deux sections : *Synstylæ*, quand la colonne stylaire est à peu près aussi haute que les étamines, et *Stylosæ*, lorsqu'elle est très basse. Toutefois, cette dernière ne comprenant qu'une seule espèce dépourvue d'intérêt (Rosa stylosa), nous ne nous occupons, dans cet ouvrage, que de la Section des *Synstylæ*.

Cette Section ne comprend guère que des espèces sarmenteuses, plus ou moins rampantes à l'état sauvage (Rosa arvensis, multiflora, sempervirens, setigera, Wichuraiana, etc.), une race de Rosiers nains dérivés du R. multiflora; les Polyantha nains, et une curieuse espèce américaine, naine sous notre climat, le R. Watsoniana.

STYLES LIBRES, SAILLANTS. — Ce caractère est un des signes distinctifs de la Section des *Indicæ* (R. indica, d'où sont sorties les races des Thé, Hybrides de Thé, Ile Bourbon, Noisette; R. semperflorens, d'où sont sorties les races de Bengales, Chinensis, Lawrenceana; R. gigantea).

La Section des *Sericeæ* présente aussi ce caractère, mais ses fleurs n'ont que quatre pétales.

STYLES INCLUS. — Ce troisième caractère est général aux autres Sections. Dans celle des *Gallicæ* (Provins, Parvifolia, Damas, Cent-feuilles, Portland), des poils soyeux sortent de l'orifice du réceptacle en même temps que les stigmates. Dans celle des *Luteæ*, l'orifice du réceptacle est entouré d'une épaisse collerette de ces poils.

DES OVAIRES.

La surface externe des *ovaires* est plus ou moins *velue* ou *hérissée de poils*. Leur point d'attache est également accompagné de faisceaux de poils dits *calicinaux* (d. fig. 16), parce qu'ils font office de calice à chaque ovaire. Ce sont ces poils qu'on appelle vulgairement le « poil à gratter ».

Chaque ovaire contient deux *ovules* (a. et b. fig. 15) dont un, *b*, avorte toujours. Dans le Rosa lutea et ses variétés les plus directes, les ovaires avortent souvent tous, ou bien un ovaire seulement est fertile avec un seul ovule.

⌒ ⌒ ⌒

DE LA DUPLICATURE

La fleur du Rosier est naturellement simple. Elle passe de l'état sauvage à l'état horticole par suite de transformations successives de ses étamines en pétales, le filet devenant pétaloïde le premier. Il n'est pas rare de remarquer, dans l'intérieur des Roses pleines, des pétales du centre portant encore une anthère sur leur bord. Ce phénomène de la *Duplicature* est provoqué par la culture. Aussi, avant de juger de la plus ou moins grande duplicature d'une Rose, nous tenons compte de la vigueur de l'arbuste, de son état de santé, des accidents de température, du greffage, et de la saison pendant laquelle l'observation est faite.

Une Rose est dite :

Simple (fig. 13), lorsque sa corolle ne comprend que cinq pétales (ou quatre dans le R. sericea), comme dans la presque totalité des roses sauvages.

Semi-double (fig. 24 et 25), quand elle contient de deux à cinq rangs de pétales ; à cet état, tous les organes de la génération sont parfaitement visibles.

Double (fig. 26), lorsqu'elle comprend un plus grand nombre de rangées

de pétales, mais qu'en ouvrant la fleur on voit encore beaucoup
d'étamines.

Semi-pleine (fig. 27), lorsque son centre creuse encore un peu et qu'en
écartant les pétales, on aperçoit encore des étamines.

Pleine (fig. 28 et 29), lorsqu'elle présente une masse compacte de pétales
aussi bien à son centre qu'à son pourtour, et que les organes de la
génération semblent totalement absents.

LES FORMES DES ROSES

Plus le nombre des variétés augmente, plus nous rencontrons de
formes indécises. Nous pouvons ramener ces formes aux suivantes :

Plate (fig. 24), lorsque les pétales ne se développent que d'une manière
à donner au-dessus de la fleur l'apparence d'une surface plane ou
à peine creusée. Ex. : Aimée Vibert, Céline Forestier, Baronne
Prévost, etc.

En coupe (fig. 25), lorsque la fleur est plus ou moins creuse, avec les pétales extérieurs très grands, concaves dans le bas, mais retroussés
en dehors dans le haut, ce qui rappelle la forme d'une coupe. Ex. :
La Reine, Baronne de Rothschild, Mildred Grant, etc.

Réflexe (fig. 26), lorsque le bouton est lent à terminer son épanouissement, les pétales ouverts retombant successivement en dehors
d'une façon plus ou moins irrégulière (en hélice, en cactus, en ailes
de moulin), comme dans la plupart des Thés, etc.

Globuleuse (fig. 27), lorsque l'apparence des fleurs est plus ou moins
sphérique, les pétales extérieurs très grands et concaves, embras-
sant l'ensemble des pétales intérieurs. Ex. : La France, Charles
Lefebvre, Madame Victor Verdier, etc.

A quartiers (fig. 28), lorsque, dans le centre, les pétales sont distinc-
tement partagés en quatre (quelquefois cinq) paquets dans lesquels
ils s'encapuchonnent les uns sur les autres. Ces paquets sont d'une
nuance plus ou moins différente de celle du reste de la fleur. Ex. :
Gloire de Dijon, Souvenir de la Malmaison, Soleil d'Or, etc.

Imbriquée (fig. 29), lorsque la fleur est formée d'une superposition de pétales dont toutes les extrémités sont retroussées en dehors et se recouvrent à la façon des tuiles d'un toit, ce qui donne au-dessus de la fleur un aspect bombé. Ex. : Général Jacqueminot, Jules Margottin, etc.

La *duplicature* et la *forme* des Roses sont toujours notées au moment où la fleur vient de s'épanouir. En général, dans la forme plate, se rencontrent beaucoup de Roses semi-doubles; dans la forme en coupe, beaucoup de semi-doubles et de doubles; dans la forme réflexe, beaucoup de doubles et de semi-pleines; dans la forme globuleuse, beaucoup de semi-pleines et de pleines; dans les formes à quartiers et imbriquée, surtout des pleines.

La grosseur des Roses dépend le plus souvent d'une foule d'influences locales, telles que la nature du sol, les engrais, l'exposition, le genre de culture, la vigueur de l'arbuste, etc. Nous ne notons, en conséquence, les *dimensions* des Roses que toutes choses égales entre elles, et seulement lorsque ce caractère nous paraît réellement permanent.

La *dimension* est :

Petite dans les Polyantha nains, les variétés Pompon de diverses races, les Parvifolia, Chinensis, Lawrenceana, Wichuraiana.

Ordinaire dans la grande majorité des cas.

Grande dans certains Hybrides de Thé tels que Belle Siebrecht, Captain Christy, Madame Jules Gravereaux, Mademoiselle de Kerjégu; Hybrides d'Ile Bourbon tels que Madame Isaac Péreire; Hybrides remontants tels que Paul Neyron, Schneekönigin, etc.

❧ ❧ ❧

LES COULEURS DES ROSES

N. B. — La rose est la fleur dont les nuances sont les plus difficiles à saisir. Des milliers de variétés, cueillies à égale éclosion, ont été placées les unes à côté des autres pour former une gamme de leurs couleurs. L'opération a été répétée, et, chaque fois, on pouvait disposer la gamme autrement avec autant de raison, et y ranger bien des roses d'une tout autre façon qu'elles l'avaient

Fig. 24
Forme plate
(fleur semi-double).

Fig. 25
Forme en coupe
(fleur semi-double).

Fig. 26
Forme reflexe
(fleur double).

Fig. 27
Forme globuleuse
(fleur semi-pleine).

Fig. 28
Forme a quartiers
(fleur pleine).

Fig. 29
Forme imbriquée
(fleur pleine).

été précédemment. On peut dire que leurs tons sont innombrables. Ils sont tellement variés qu'il est très difficile d'en représenter le classement. Mais cette infinité de tons est plus apparente que réelle. Nous avons pu les ramener à un certain nombre de couleurs types auxquelles il ne restera plus qu'à ajouter des qualificatifs pour en exprimer les variantes et les écarts.

D'autre part, on sait que les couleurs des roses sont très instables. Une rose peut changer de couleur du matin au soir. Toutes voient leurs nuances modifiées : selon la saison où elles sont observées; selon le climat, l'altitude et le terrain où elles sont cultivées; la culture à laquelle elles sont soumises; les engrais, les maladies, etc.

Notions générales sur les couleurs.

Telles que nous les voyons, les couleurs sont *simples* ou *composées*. Les couleurs simples sont celles qui ne résultent d'aucun mélange de couleurs : on ne peut pas les décomposer. Ce sont, par ordre de clarté :

1º Le *blanc;* 2º Le *jaune;* 3º Le *rouge;* 4º Le *bleu.*

Toutes les autres couleurs sont composées. Les principales sont :

1º L'*orangé* (rouge + jaune);

2º Le *vert* (bleu + jaune);

3º Le *violet* (bleu + rouge);

4º Le *noir* (rouge + jaune + bleu ou orangé + vert + violet).

A l'exception du blanc et du noir, toutes ces couleurs sont, en physique, dites *primitives*, parce que, en décomposant la lumière solaire, on les trouve successivement sous forme de rayons lumineux distincts.

En physique, on appelle couleurs *complémentaires* l'une de l'autre celles dont les rayonnements lumineux fusionnés reproduisent la lumière blanche. Ces couleurs sont celles qui « vont » le mieux ensemble.

Principales couleurs complémentaires : *Violet* et *jaune* — *orangé* et *bleu* — *vert* et *rouge.*

Les mélanges de couleurs complémentaires entre elles donnent, selon les diverses proportions employées, des séries de nuances de plus en plus foncées, jusqu'au noir. C'est ce qu'on appelle les couleurs *rompues.* Ex. : *ocre, grenat, rouille, marron,* etc. Par la manière dont ils se comportent, dans leurs effets et dans leur mélange, on peut dire que le *blanc* et le *noir* sont complémentaires l'un de l'autre. Leur mélange donne du *gris.*

Des contrastes.

On appelle *contraste* l'effet qui est obtenu par l'accolement de deux couleurs. Le contraste est :

Nul ou à peu près nul, lorsque les couleurs accolées sont presque de la
même composition. Ex. : rouge vermillon contre rouge minium.

Original ou même *désagréable,* lorsque ces couleurs, bien que différant
sensiblement, ne sont pas complémentaires l'une de l'autre. Ex. :
vert contre bleu.

Dur ou *criard,* lorsque l'accolement a lieu entre deux couleurs primitives. Ex. : jaune contre bleu.

Agréable ou *heureux,* lorsque les deux couleurs accolées sont bien les
complémentaires l'une de l'autre. Exemples de contrastes agréables :
Jaune soufre et grenat, saumon et vert olive, rose et vert sombre,
jaune capucine et bleu turquoise, vert tilleul et pourpre.

Le contraste est d'autant plus vif entre deux couleurs, que l'une
est de ton pâle, et l'autre de ton foncé.

Il ne faut pas confondre *contraste* avec *opposition.* Ce dernier terme
s'applique aux effets produits par l'accolement de l'ombre et de la
lumière, de quelque couleur ou de quelque intensité qu'elles soient.

DES TONS.

On appelle *tons* les degrés d'intensité d'une couleur, renforcée *par
sa propre composition.* Ex. : pourpre clair, pourpre vif, pourpre foncé.

REMARQUES. — Le blanc pur (très rare) n'a qu'un ton unique. On
ne saurait dire « blanc pâle », « blanc foncé », mais dès que ce blanc est
teinté, on peut dire par exemple, blanc jaunâtre clair, blanc jaunâtre
vif. Les expressions « blanc de lait » « blanc de neige », « blanc d'argent »,
« blanc porcelaine », ne font pas allusion à la composition de la couleur,
mais à son degré d'opacité ou de transparence, à son éclat, ou encore à
la consistance des pétales.

Les couleurs les plus lumineuses après le blanc, les jaunes, n'ont
pas de tons sombres. Il en est de même des couleurs crème, chair, saumon et roses, qui ne sont autre chose que des dégradations des couleurs
orangées, rouges et pourpres, atténuées vers le blanc. Il serait impropre
de dire « crème foncé », « chair foncé », ou « rose tendre sombre ».

DES NUANCES.

Une nuance est une couleur plus ou moins modifiée par une autre
couleur mélangée avec elle.

PRINCE DE BULGARIE

Hybride de Thé

Exemple de nuances : *rose saumoné* (rose + saumon); *rose carminé* (rose + carmin); *rose carné* (rose + chair).

Le mélange ne se voit pas. Il est intime. On devine seulement que tel rose « tire » au chair, au saumon, au carmin, etc., tout en méritant néanmoins d'être encore appelé rose.

Lorsque le mélange n'est plus intime, les couleurs composantes se distinguent les unes des autres sur certaines régions de la fleur. La couleur *dominante* peut alors être affectée de quatre façons différentes. Elle peut être :

Éclairée d'une couleur plus lumineuse. Ex. : jaune d'or éclairé de jaune soufre.

Nuancée d'une couleur de même éclat. Ex. : abricot nuancé de saumon.

Lavée d'une couleur plus transparente, et qui semble superposée. Ex. : carmin lavé de jaune soufre.

Ombrée d'une couleur moins lumineuse. Ex. : rose tendre ombré de pourpre.

Les panachures.

Beaucoup de termes employés pour définir les panachures nous ont paru être des doubles emplois, du moins pour les Roses. Nous n'avons constaté que trois genres de panachures, chacun d'eux divisé en deux sortes :

1° *en bords* :

Liseré : ligne d'une couleur très tranchée sur l'extrême bord du pétale.
Marginé : large bande le long du bord.

2° *en raies* :

Veiné : raies peu apparentes et situées dans la chair du pétale.
Strié : raies de couleurs très tranchées.

3° *en taches* :

Pointillé : petites taches, comme de gros points, éparses sur le pétale.
Maculé : une ou plusieurs et larges taches, généralement à l'onglet.

Lorsque la disposition des panachures est confuse ou ne se rapporte pas avec les dispositions précédentes, nous disons simplement *panaché*.

33

Les reflets d'une Rose trompent souvent sur sa couleur réelle, surtout lorsqu'on la regarde au soleil. Les expressions qui suivent ne doivent pas servir d'indications de couleur, mais de reflets :

Laqué, dont la couleur paraît à la fois épaisse et transparente, *mais sans reflet d'une autre couleur* (dans beaucoup de coloris carminés et rouges vifs).

Reflété, qui présente un reflet semblant être d'une autre couleur que celle de la fleur. Ex. : saumon reflété de feu.

Satiné, reproduisant, pour l'œil, la sensation du satin luisant ou brillant (dans beaucoup de coloris roses).

Velouté, reproduisant, pour l'œil, la sensation du velours (dans beaucoup de coloris pourpres, grenats et violacés).

Mat, sans reflets ni laques (cas très rare).

Nous n'employons pas les expressions argenté ni nacré, l'argent étant en réalité d'un gris blanchâtre bien que brillant, et la nacre reflétant toutes les couleurs de l'arc-en-ciel (ou du spectre solaire), effets qui n'existent pas dans les Roses.

LES GAMMES.

Le mot *gamme* s'emploie de trois manières différentes :

1º Pour désigner l'échelle des tons d'une même couleur. Ex. : jaune paille clair, vif et foncé sont trois tons de la *gamme du jaune paille.*

2º Pour désigner l'ensemble des nuances d'un même genre de couleur. Ex. : vermillon, ponceau et cerise sont des couleurs de la *gamme des rouges.*

3º Pour décrire un assortiment de couleurs très différentes mais s'harmonisant entre elles. Ex. : la *gamme d'un bouquet* peut aller du blanc au violet en passant par le rose.

LA TONALITÉ.

La *tonalité* est la coloration générale qui semble se dégager de l'ensemble d'une gamme lorsqu'on regarde cette gamme d'un peu loin.

C'est ainsi qu'un grand nombre de Roses, en réalité polychromes, peuvent être, par convention, considérées comme monochromes, ou unicolores. D'ailleurs, la plupart des Roses polychromes possèdent une couleur *dominante*. Si les couleurs qui accompagnent celle-ci tranchent peu sur elles, la tonalité correspond évidemment à la couleur dominante. Dans ce cas, *il suffit de constater cette tonalité pour désigner la couleur de la fleur.*

Nous avons pris pour principe de nous baser sur les tonalités pour désigner les couleurs, devant l'impossibilité de délimiter les multiples nuances des roses.

De l'observation des couleurs.

La couleur d'une Rose doit être observée lorsqu'elle vient d'éclore, et avant que les étamines se flétrissent, ce qui est l'indice certain que la fleur décline, c'est-à-dire commence à se faner.

On ne pourrait cependant attendre cette courte période pour déterminer la couleur de certains Rosiers Thés. Ainsi une fleur de Madame Jules Gravereaux peut être épanouie sur une largeur de sept à huit centimètres, présenter ainsi une quinzaine de rangées de pétales, et que le reste du bouton soit encore fermé. Nous croyons cependant pouvoir en déterminer la couleur ainsi.

Dans le cas où une Rose présente des couleurs bien différentes sur des parties très distinctes, il peut y avoir à déterminer la couleur particulière :

1º Du cœur de la fleur;

2º De son pourtour;

3º De l'onglet des pétales;

4º De leur retroussis;

5º De leur revers.

Ainsi, la couleur de la Rose Les Rosati est carmin vif reflété de cerise au cœur, avec pétales à onglet jaune d'or, et à revers saumon clair.

La seule saison où la couleur d'une Rose doive être observée est le printemps, époque normale de la floraison des Roses. Les floraisons remontantes donnent souvent des coloris altérés et même modifiés.

Le moment le plus favorable pour l'observation est le matin. Les fleurs doivent être cueillies et apportées dans un endroit bien éclairé, mais où les rayons solaires ne pénètrent pas, c'est-à-dire *à la lumière diffuse*, et cela pour deux raisons :

1º La lumière solaire directe, en donnant une très grande intensité

⌐ 35

aux couleurs, provoque en même temps des ombres plus violentes qu'à la lumière diffuse; ces ombres produisent des *oppositions* qui donnent aux tons éclairés une valeur factice. En outre, la matière des pétales est vivante, tandis que celle du papier coloré avec lequel la fleur doit être comparée est inerte. Aussi la première projette-t-elle un éclat plus intense que la seconde, et cet éclat, continu, se renouvelle sans cesse. En soustrayant à la lumière solaire les deux objets à comparer, et en les plaçant à la lumière diffuse, on diminuera beaucoup la différence entre leur éclat. Les comparaisons n'en seront que plus faciles à faire.

2º Les couleurs employées dans l'industrie s'altèrent avec le temps, sous l'action de l'air et de la lumière, plus ou moins vite selon les matières qui les composent.

◇ ◇ ◇

LA CLASSIFICATION DES ROSIERS

Les Rosiers sont classés en *sections, espèces, races* et *groupes*.

La *section* est un groupement d'espèces reliées entre elles par un caractère ou un ensemble de caractères botaniques particuliers. Ex. : Section des *Synstylæ*, des *Indicæ*, des *Gallicæ*, etc.

L'*espèce* est un type distinct, d'origine inconnue, trouvé à l'état sauvage. Ex. : *Rosa multiflora, R. sempervirens*, etc., de la section des *Synstylæ; Rosa indica, R. semperflorens*, etc., de la section des *Indicæ*, etc.

La *race* est un ensemble de variétés nées de l'espèce, ayant des caractères communs, sans cependant se reproduire exactement par le semis. Ex. : *Race des Thé; race des Hybrides de Thé*, dans l'espèce *Rosa indica; race des Cent-feuilles* moussus, *race des Hybrides* remontants dans l'espèce *Rosa gallica*, etc.

Le *groupe* est pris dans la race. Il est formé de variétés semblant descendre du même Rosier mère, ou père. Ex. : groupe *Safrano*, l'un de ceux de la race des *Thé*; groupe *Louise Odier*, l'un de ceux de la race de l'*Ile Bourbon*; groupe *Victor Verdier*, l'un de ceux de la race des *Hybrides remontants*, etc.

Nous avons suivi, pour ce travail, la classification de F. Crépin.

36 ◇

Cet éminent botaniste a divisé le genre Rosa en seize sections qui
sont les suivantes :

<pre>
Section I.   — Synstylæ. . . . .   de Candolle.
         II. — Stylosæ. . . . .   Crépin.
        III. — Indicæ . . . .   Thory.
         IV. — Banksiæ. . . . . . — .   Crépin.
          V. — Gallicæ. . . . .   Crépin.
         VI. — Caninæ. . . . .   Crépin.
        VII. — Carolinæ. . . . .   Crépin.
       VIII. — Cinnamomeæ . . . .   Crépin.
         IX. — Pimpinellifoliæ . . .   de Candolle.
          X. — Luteæ . . . .   Crépin.
         XI. — Sericeæ. . . . .   Crépin.
        XII. — Minutifoliæ . . . . .   Crépin.
       XIII. — Bracteatæ. . . . . . .   Thory.
        XIV. — Lævigatæ . . . .   Thory.
         XV. — Microphyllæ . . . . .   Crépin.
        XVI. — Simplicifoliæ. . . . .   Lindley.
</pre>

Notre travail ayant pour principal but l'utilisation des Rosiers dans
l'Ornementation des Jardins, nous avons cru devoir, tout en respectant
leur classification botanique, les diviser en deux grandes parties :

Première partie : *Les Rosiers en buissons.* — Deuxième partie : *Les
Rosiers sarmenteux.*

Rosa mycrophylla

Roses botaniques

◊ ◊ ◊

Roses botaniques

L'étude des Roses botaniques aujourd'hui connues — l'on en découvre encore fréquemment des espèces — pourrait être utilement précédée d'un résumé de nos connaissances sur les Roses des périodes géologiques antérieures. Ces connaissances sont résumées notamment dans des notes de M. Jules Gravereaux [1], à qui les rosiéristes doivent une grande reconnaissance pour ses patientes recherches. Mais la paléontologie ne nous offre pas encore des documents assez nombreux et suivis pour qu'on puisse établir un système d'origine et filiation basé sur des données certaines !

Contentons-nous de mentionner les types les plus intéressants des espèces actuellement existantes d'une façon spontanée à la surface du globe, où les espèces sont réparties inégalement, les contrées les plus riches en espèces étant la Chine, le Thibet, le Japon, puis l'Europe et l'Amérique du Nord ; — l'hémisphère sud en est presque dépourvu.

Première Section : SYNSTYLÉES [2].   L'espèce la plus intéressante peut-être de ce groupe est le *Rosa multiflora* Thunberg ou *Rosa polyantha* S. et Z. Elle est originaire de Chine et du Japon. Tous les amateurs de Roses sont familiers avec cette espèce reconnaissable à ses styles agglomérés et à ses stipules pectinées. Elle n'est pas remontante, mais ses hybrides peuvent l'être. Son hybridation avec d'autres espèces est très facile : il y en a de nombreux exemples. La Rose *La Grifferaie*, qui fut longtemps employée comme porte-greffe, est un des plus anciens hybrides du *multiflora ;* de nombreux croisements avec *l'indica* et le *canina* présentent les caractères généraux du *multiflora*, avec des fleurs un peu plus grandes ou plus colorées. Cette espèce craint les grands froids dans l'Est.

Une charmante synstylée japonaise est le *Rosa Wichuraiana* Cré-

---

[1] *La Rose dans les Sciences, dans les Lettres et dans les Arts.* Roseraie de l'Hay, 1906.

[2] Les divisions adoptées ici sont celles de Crépin.

pin. Longuement sarmenteuse, avec un joli feuillage luisant, cette
espèce donne une floraison tardive (fin juin et juillet). Elle a été hybridée avec plusieurs espèces. Une jolie variété à rameaux et feuilles
panachés de blanc et de rose existe, mais elle est un peu délicate. L'espèce est de même rusticité que le *multiflora*. Par ses longs rameaux
pendants, elle est très propre à garnir des rocailles et talus.

Le *Rosa anemonæ flora* de Fortune est-il une espèce?... La chose est
douteuse. La plante rapportée de Chine à l'état de duplicature a bien

Rosa multiflora de semis.

les apparences d'un hybride. Un de ses parents serait la Rose muscate.
Elle est assez décorative pour mériter la culture.

Une autre espèce à feuilles composées également de folioles rétré-
cies et allongées, irrégulières, le *Rosa Watsoniana* de Crépin, présente
les fleurs les plus petites du genre. Ces fleurs, peu brillantes d'ailleurs,
semblent constamment infertiles. C'est une curiosité plutôt qu'une
plante décorative. Elle vient du Japon. Nous la citons en raison de son
feuillage si curieux.

La Rose des *prairies*. *R. seligera* Michaux, *R. rubifolia* R. Brown, est américaine. Elle est tardive et possède des fleurs relativement grandes et bien colorées. Son bois souple et arqué, son beau feuillage ajoutent à ses qualités décoratives. Elle a été hybridée assez souvent autrefois.

Très proche d'apparence générale est le *Rosa phœnicia* Boissier, originaire d'Asie-Mineure et de Syrie. La fleur est un peu moins grande que dans l'espèce précédente et blanche. Ces deux espèces sont très rustiques.

La Rose muscate, *R. moschata* Herrm. est originaire de l'Asie orientale et méridionale, de la Syrie et du bassin de la Méditerranée, au moins orientale. Elle est très anciennement connue, et les Indous et les Persans cultivaient, il y a long-temps, une variété à fleur double. Le type de l'espèce est à fleur blanche.

Rosa seligera Michaux.

Le bouton, avant l'épanouissement, est blanc jaunâtre, et la fleur conserve une nuance dorée au début de son épanouissement. C'est alors qu'elle répand le plus doucement sa fine odeur de cannelle. Les variétés chinoises de la Rose muscate sont surtout belles par un feuillage plus consistant, vert foncé, brillant, et une fleur un peu plus grande.

La Rose de Pissard, *Rosa Pissardi* Carrière, est assurément très proche de la Rose muscate. Très probablement, c'est un hybride.

Rosa Soulicana Crépin.

La Rose de Soulié, *R. Soulieana* Crépin, est une belle espèce chinoise à floraison tardive et très abondante. L'espèce, très vigoureuse, s'élève à trois mètres et plus. Le bois est fort et très épineux. C'est une plante à isoler ou à planter dans les grands massifs. Elle est très rustique.

La série des *Rosa sempervirens* est connue d'ancienne date, l'espèce est surtout fréquente dans le bassin ouest de la Méditerranée. Com-

Rosa Soulieana Crépin.

mune en Provence et en Algérie, elle offre au Maroc quelques variétés à rameaux encore plus sarmenteux. Tardive, à fleur blanc pur, grande, elle a été souvent croisée. C'est un des parents de *Félicilé-Perpélue* et de pas mal de variétés.

La Rose des champs, *Rosa arvensis* Hudson, qui est plutôt une Rose des bois clairs et des haies, est abondante en France, où elle se distingue à première vue de nos autres espèces sauvages du Centre par ses tiges vertes, rondes et fines, très souples, peu épineuses, et ses fleurs toujours blanches. C'est la souche de toute une série de Rosiers grimpants, non remontants, au premier rang desquels se placent les *Ayrshire,* dont les variétés colorées procèdent des *indica* et *gallica.*

Deuxième Section : STYLOSÉES. — Cette section, moins riche que la précédente, comprend surtout le *Rosa stylosa* Devaux, originaire de l'Europe sud-ouest et de l'Algérie. Il a l'apparence générale de l'Églantier, avec des fleurs à styles rapprochés.

Troisième Section : BENGALES (*Indicæ*). — La fixation des types, dans cette section, est encore assez douteuse. Le Bengale double ancien semble manifestement

Rosa sempervirens.

Rosa arvensis Hudson.

représenté à l'état simple par le *Rosa semperflorens* Curtis. Mais les plantes cultivées sous ce nom dans les collections botaniques ne seraient-elles pas un semis à fleurs simples d'un Bengale hybride au lieu d'en être l'origine? De même le Rosier à fleur simple, rouge carmin, connu comme le *Rosa indica* de Kew, ne serait-il pas un semis du Bengale cramoisi supérieur? Il n'est pas douteux que les variétés cramoisi supérieur et quelques autres ne proviennent d'un

43

type spécifique autre que les *indica major* de Provence. Ce type, à bois fin, diffus, et à feuillage foncé, serait la descendance d'un *Rosa chinensis* un peu hypothétique, qui serait voisin du *Rosa Manelli*, très connu comme porte-greffe, mais pourtant certainement différent des précédents.

La même section comprend aussi le *Rosa gigantea* Collett, originaire de Birmanie et qui ne se cultive bien en pleine terre que dans quelques coins spécialement favorisés de la Provence. Ses grandes fleurs blanches, son fruit gros, élargi en forme de petite pomme, lui donnent des caractères très distincts. M. Cayeux, de Lisbonne, a heureusement hybridé cette espèce avec des hybrides remontants, entre autres *Reine Marie Henriette*. Ces hybrides sont propres à des régions plus chaudes que la région parisienne.

Quatrième Section : ROSIERS DE BANKS. — Cette section ne comporte qu'une espèce, *R. Banksiæ* R. Br. ou Rosier de lady Banks, belle espèce dont les rameaux sarmenteux peuvent atteindre dix mètres et plus. Elle fut découverte en Chine et retrouvée par le Dr Henry en sujets à fleurs simples, parfois blanches. On connaît le bel hybride que donne ce Rosier avec la Rose Camellia (*lævigata*) et qui porte le nom de Rose Banks de Fortune, à grandes fleurs blanches doubles. Les Rosiers Banks ne sont pas absolument rustiques à Paris. En Italie, on greffe parfois leurs rameaux palissés en Roses diverses : thé, hybrides remontants, etc.

Cinquième Section : GALLICÆ (Provins, Damas). — D'après Crépin, cette section ne comprend que le *Rosa Gallica*, dont le type le plus achevé est la « Cent-feuilles »; le Damas, la Rose de Provence ou *Rosa alba* de Linné, n'en sont que des hybrides, qu'on n'a point trouvés à l'état sauvage. Le *Rosa gallica* est originaire de l'Europe, de l'Asie-Mineure, Syrie, Caucase et Transcaucasie occidentale. Dans quelques-unes de nos forêts, il est assez abondant et particulièrement dans le Lyonnais, où M. Viviand-Morel en a distingué un certain nombre de variétés. Le rose carminé en est la nuance à peu près constante. On sait le rôle considérable joué par cette espèce dans la formation des Rosiers horticoles.

Sixième Section : CANINÉES. — L'Églantier commun est l'espèce principale du groupe. Sa fleur, moins grande que celle du Provins, est généralement blanche, lavée d'un peu de rose. L'arbuste peut vivre

ROSA GALLICA × RUGOSA

AMAT éditeur PARIS.

Chromolith. J.L. GOFFART Bruxelles.

fort longtemps. Il a joué un rôle important dans la création des Rosiers des jardins.

Voisin de l'Églantier est le Rosier à feuilles brunes (Rosa ferruginea *Villars* ou R. rubrifolia du même auteur). Il croît dans nos montagnes, Alpes et Massif central. Ses tiges, plus minces et plus souples que celles de l'Églantier, lui donnent plus de grâce. Sa fleur est bien plus petite et rose. Son fruit, d'abord brun, prend à la maturité un beau coloris rouge. Sa feuille est ou vert glauque, ou au contraire franchement brune, et contraste alors nettement avec le feuillage des autres Rosiers.

Le Rosier *rubigineux*, *Églantier à feuilles odorantes*, *Sweetbriar* des Anglais, est une jolie espèce indigène, plus basse, plus compacte que l'Églantier commun. Elle ouvre, dix ou douze jours plus tard que celui-ci, ses fleurs assez petites, mais d'un joli

Rosa gallica.

rose pâle. Son feuillage, légèrement froissé, répand une odeur de Pomme Reinette.

Le Rosier velu, *Rosa villosa* L., *R. pomifera* Herrm., est un beau Rosier plus commun à l'orient qu'à l'occident de l'Europe. Il a un beau feuillage, composé de folioles assez peu nombreuses, mais fort grandes; des fleurs un peu plus grandes, mais à pétales plus étroits que l'Églantier, et enfin un fruit très gros, ovale, garni de pointes nombreuses, mais inoffensives. Quelques autres espèces moins importantes : *R. glutinosa* Sibth. et Sm., *tomentosa* Sm., *Jundzilli* Bess., sont aussi classées dans cette section, mais n'ont jusqu'ici point d'intérêt horticole.

Septième Section : CAROLINÆ. — Les espèces de cette section sont toutes américaines, alors que celles des précédentes sections sont toutes indigènes du vieux continent. La plus intéressante est le Rosier à feuilles luisantes, *R. lucida* Ehrh. Cette espèce, très rustique, se nomme aussi Rosier bas, *R. humilis* Marsh. Elle forme de belles touffes atteignant un mètre, bien fournies de rameaux et de feuillage. Celui-ci prend à l'automne de beaux coloris brun foncé, puis rouge ou vert et rouge. Le feuillage est lisse et très élégant. Le fruit, globulaire, rouge, persiste longtemps. La plante a donné plusieurs hybrides avec d'autres types botaniques; un de ceux-ci, *humilis* × *rugosa*, présente une floraison très soutenue.

Le Rosier à feuilles brillantes, *Rosa nitida* Willdenow, originaire de l'est des États-Unis, est une petite espèce très jolie. La feuille présente des folioles petites, luisantes; la fleur est petite,

Rosa foliolosa Nutt.

rose, le bois généralement rouge, lisse, sauf quelques aiguillons droits.

Très curieuse et distincte est une dernière espèce, le *Rosa foliolosa* Nutt., originaire du Texas. Très traçant, il présente des tiges dont la grosseur ne dépasse guère celle d'un jonc, et la hauteur n'est que de 30 à 40 centimètres. Ses feuilles comprennent un grand nombre de toutes petites folioles. La fleur tardive, rosée, est relativement grande et se produit jusqu'à l'automne, accompagnant parfois des fruits déjà colorés sur les gracieux rameaux. Greffée naine sur un sujet de vigueur modérée, la plante gagne beaucoup en port et en vigueur. Elle mérite l'attention des amateurs. M. Maurice L. de Vilmorin en a obtenu, avec le *R. rugosa*, un hybride intéressant, très remontant.

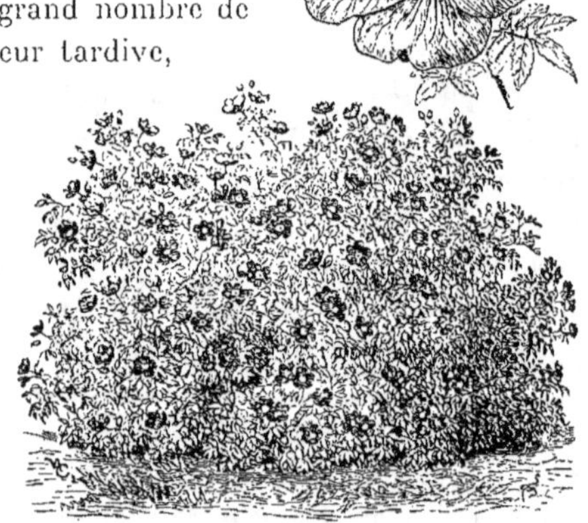

Rosa foliolosa × *rugosa*.

Huitième Section : CINNAMOMÉES. — La Rose à odeur de cannelle
est bien connue. Son bois droit, fin, rouge; son feuillage à folioles allongées; ses fleurs grandes, rose un peu terne, lui ont assuré depuis longtemps une place dans les jardins. Sa variété double, *Rose du « Saint-
Sacrement »*, est d'origine fort ancienne.

Le *Rosa blanda* Ait. est une espèce à floraison précoce et à grand
feuillage, de l'est des États-Unis. Le *Rosa californica* Cham. et Schlecht.
et le *Rosa pisocarpa*, fort proche, habitent la côte pacifique du même
continent. Ce sont de gracieux arbustes à feuillage abondant, fleurs
en bouquets, petites, roses, produites sur des rameaux remontants, et
à fruit persistant, décoratif
par son abondance. Le Rosier
à fruits nus, *Rosa gymnocar-
pa,* est des mêmes régions.
Le *R. pisocarpa* régulièrement, le *R. californica,* un
peu moins, perdent aussi
leurs sépales à la maturité de
la baie. Le *Rosa californica*
possède une variété à fleurs
doubles.

Une espèce du Turkes-
tan, le *Rosa Beggeriana*
Schrenk, à petits fruits rouges ou noirs, présente aussi
nettement ce caractère de
caducité des sépales. Elle
forme de hautes touffes de
tiges serrées, assez droites ;
feuillage un peu cendré; fleurs
blanches, d'une odeur *sui ge-*

Rosa Californica Cham. et Schlecht.

neris. La vigueur de ces touffes permet de les placer en bordure de
grands massifs.

La Rose des Alpes, *Rosa alpina* L., est une des plus anciennement connues. Sa fleur, grande, rose, son fruit allongé, la distinguent
facilement. Elle a donné des variations nombreuses. Sa forme, à fleurs
doubles, sans épines, se trouve avec raison dans tous les jardins d'amateurs. Elle a été croisée avec plusieurs autres espèces botaniques.

Assez proche de la Rose des Alpes est le Rosier aciculé, *Rosa acicularis* Lindl., du nord de l'hémisphère boréal entier, plante assez grêle,
mais élégante et très rustique.

Le Rosier de Webb, *R. Webbiana* Wall., plante himalayenne et chinoise, présente un feuillage assez léger, un peu grisâtre, et des fleurs ordinairement rosées, de deux à deux centimètres et demi. Mais l'espèce est très polymorphe. Elle peut présenter des plantes naines, à fleurs presque rouges ou parfois des fleurs blanches de 4 à 5 centimètres. Très souvent, le jeune bois présente une teinte mauve bien marquée.

Encore plus polymorphe est le *Rosa macrophylla* Lindl., espèce principalement chinoise, mais qui se rencontre aussi dans l'Himalaya. Son

Rosa Beggeriana Schrenk.

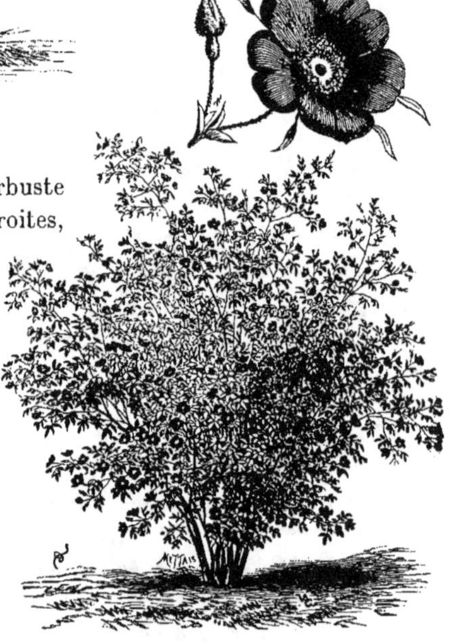

Rosa macrophylla Lindl.

type le plus ordinaire est un arbuste de 3 mètres, à tiges plutôt droites, couvertes d'aiguillons droits, nombreux, épars, à feuillage grand, vert foncé, fleurs de 3 à 4 centimètres, rose vif ou rouges. Les sépales, très longs, se dilatent souvent en lames demi-foliacées. C'est un très beau Rosier, demi-tardif, à qui ne manque que le mérite de remonter. Il présente des variétés à grosses épines, parfois décurrentes, à fleurs blanc rosé ou rouge

vif, avec filet des étamines rouge, ou à très petits pétales, ou encore
à tiges inermes. On pourrait le mettre au premier rang de cette section
s'il n'y avait le suivant.

Rosier à feuilles rudes, Rosa Rugosa *Thunberg*. — Cette magnifique espèce, originaire du nord de la Chine, de la Corée et du Japon,
nous est parvenue, il y a quelque cinquante ans, par la voie de Péters-
bourg. Elle paraît être, sans contredit, la plus belle et la plus méritante
de toutes les espèces de Rosiers, possédant tout à la fois un superbe
feuillage, un beau port, une fleur très grande et remontante, un très
beau fruit et, enfin, une parfaite rusticité. Tant de qualités la désignant
à l'attention des horticulteurs, le *Rosa rugosa* a été croisé avec presque
toutes les espèces botaniques et avec les races hybrides, telles que Thé,
Hybrides remontants, etc. De ces croisements sont issus de très intéressants hybrides, qui seront mentionnés au cours du présent ouvrage.

Neuvième Section : Pimpinellifoliées. — Plantes assez basses,
très trapues, abondamment feuillées.

La Rose à feuille de pimprenelle, *R. pimpinellifolia* L., *R. spinosissima* L., habite l'ouest de la France et nos montagnes. Elle se reconnaît à sa taille réduite, ses tiges très garnies de petits aiguillons, à ses
fleurs blanches et ses fruits noirs, relativement gros. Elle a donné une
belle variété double et des hybrides nombreux qui gardent son apparence
générale avec des fleurs roses ou jaunâtres.

Le *Rosa xanthina*, du Turkestan et du nord de la Chine, présente
à peu près les mêmes caractères, avec une fleur jaune (de coucou). Elle
est rare dans les cultures.

Dixième Section : Luteæ. — Le *Rosa lutea* Miller, d'Asie-Mineure,
Arménie, Perse, est une espèce très rustique et fort belle, à feuille
assez petite, d'un vert franc; la fleur, grande, est jaune d'or, parfois
double (*Persian yellow*), ou rouge cuivré. Certains pieds présentent des
rameaux à fleur jaune, d'autres à fleur cuivrée ou même des fleurs portant les deux couleurs sur les pétales.

Au *Rosa lutea* se rattachent d'intéressants hybrides, la série *Per-
neliana*, obtenue par croisement avec des hybrides remontants, et
probablement le *Jaune de Fortune*, dont l'autre parent pourrait être
un *Indica*. Cette dernière Rose a été introduite de Chine telle que nous
la connaissons, demi-double.

Le Rosier soufré, *R. sulphurea* Aiton, d'Asie-Mineure, a donné la

belle Rose jaune double dite parfois *Cent-feuilles jaune,* mais qui ne
prospère vraiment que dans le sud de la France et le bassin méditerranéen.

Onzième Section : SERICEÆ. — Pourquoi ce nom de Rose soyeuse?
Cette section, à espèce unique jusqu'ici, présente un caractère très
curieux : la fleur est tétramère, présentant ordinairement quatre sépales, quatre pétales, etc. Les styles, saillants, égalent presque la longueur des étamines intérieures; les aiguillons, régulièrement géminés,
sont parfois décurrents en lames longues de 4 à 5 centimètres.

Rosa sericea.

L'espèce est chinoise et se trouve généralement dans les bois
clairs, où ses branches peuvent atteindre sept à huit mètres. Elle est
à fruits jaunes dans la Chine centrale et à fruits rouges dans la Chine
du Sud. Elle fleurit de fort bonne heure et ses fruits sont déjà rouges
parfois dès la fin de juin. Elle forme, dans un bon terrain, une superbe
touffe pouvant atteindre 3 mètres de hauteur et autant de diamètre.

Douzième Section : Minutifoliées. — On ne connaît, dans cette section, que deux petites espèces du sud-ouest des États-Unis, *R. minutifolia* Engelm., plante de la Californie méridionale, à très petites folioles dentées et fruits étroits épineux, elle n'existe peut-être plus en Europe. Le *Rosa stellata* Watson, de l'Arizona, n'est pas introduit, que nous sachions.

Treizième Section : Bracteatæ. — *R. bracteata* Wendland, *Rose de lady Macartney.* Ce magnifique Rosier, à fruit curieusement enveloppé de bractées vertes, forme dans le Midi de superbes touffes portant tout l'été de grandes fleurs d'un blanc éclatant. On en fait parfois des haies très défensives. Aux environs de Paris, la plante mérite encore la plantation, quoique exposée à perdre une partie de son bois dans les grands hivers.

Elle a donné des hybrides, au premier rang desquels la délicieuse *Maria-Léonida,* aussi remarquable par son feuillage que par sa fleur

Rosa minutifolia
Engelm.

blanche double, très remontante.

Le *Rosa clinophylla* Thor. de l'Inde a donné, par son croisement avec le *Rosa berberifolia,* le curieux hybride *Rosa Hardyi,* à feuillage très léger et pétales jaunes marqués d'on onglet rouge.

Quatorzième Section : Lævigatæ. — Le type de cette section, le *Rosa lævigata* Michaux, espèce de la Chine septentrionale et du Japon, a été nommé pour la première fois par Michaux qui, l'ayant vue au sud des États-Unis, a cru avoir affaire à

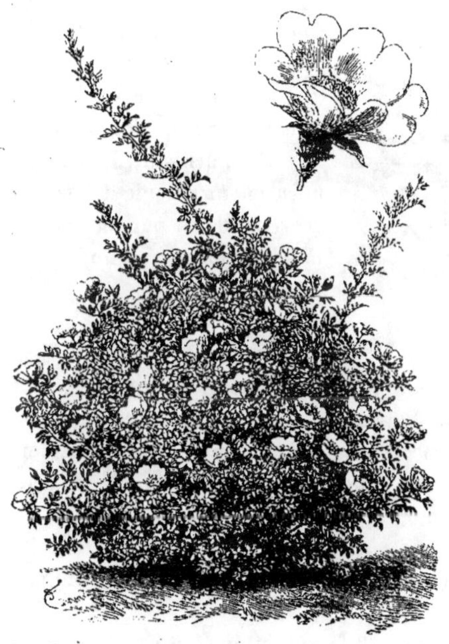

Rosa bracteata Wendland.

une espèce indigène. Son beau feuillage luisant, sa fleur blanche, son beau fruit hispide, en font une espèce favorite dans nos provinces du Midi ou de l'Ouest.

Un superbe hybride à grandes fleurs roses nommé *Anemonen rose*, dérive de cette espèce, de même que le *Rosa Fortuneana* et peut-être d'autres.

Quinzième Section : MICROPHYLLÉES. — Le *Rosa microphylla* Roxb. est encore une remarquable espèce de la Chine centrale, probablement introduite au Japon. Son feuillage abondant, d'un beau vert blond délicat, en ferait un très bel arbuste, même sans sa fleur rose et assez grande. Le fruit, encore plus aiguillonné que celui des espèces précédentes, lui a fait donner, ou du moins à un de ses hybrides, le nom de Rose *Châlaigne*. Ces hybrides que Crépin semble avoir ignorés, sont nombreux et intéressants : microphylla « *Ma surprise* », *Triomphe de la Guillotière*, Rose *Fourreau de Châtaigne*, enfin une superbe plante *microphylla* × *rugosa*, qui devrait se trouver dans tous les jardins d'amateurs.

En mûrissant, le fruit du *microphylla* devient orangé et répand un parfum rappelant la Pomme Reinette ou l'Ananas.

Rosa microphylla Roxb.

Seizième Section : SIMPLICIFOLIÆ. — Le *Rosa berberifolia* Pallas à foliole unique ou feuille entière, originaire du nord de la Perse et du Turkestan, difficile à cultiver si ce n'est peut-être en rocailles et sous verre; il est considéré par quelques botanistes comme en dehors du genre des vrais Rosiers. Le fait qu'il a donné des hybrides doit pourtant l'y faire rattacher. C'est à cette occasion que nous le mentionnons, et pour ne pas omettre cette curieuse espèce par laquelle nous terminons cette rapide énumération.

Voici quelques classements qui pourront intéresser les amateurs

MADAME SEGOND-WEBER
Hybride de Thé

I. — Rosiers botaniques les plus propres a isoler, comme spéci-
mens décoratifs :

Rosa setigera, *R. moschata* et sa variété *chinensis*, *R. Soulieana*,
R. ferruginea, *R. rubiginosa*, *R. villosa*, *R. californica*, *R. rugosa* et
ses variétés, *R. beggeriana*, *R. macrophylla* et ses variétés, *R. alpina*
et ses variétés, *R. lutea*, *R. sericea*, *R. bracteata*, *R. microphylla*.

II. — Rosiers botaniques, propres a garnir des supports, tonnelles ou propres au palissage :

Rosa multiflora, *R. Wichuraiana*, *R. sempervirens*; *R. arvensis*,
R. banksiæ et son hybride *R. Fortuneana*, *R. bracteata*, *R. lævigata*,
R. microphylla (hybrides), Rose *Jaune de Fortune*.

III. — Rosiers botaniques de dimension restreinte, pour plates-
bandes, rocailles :

Rosa anemonæflora, *R. Watsoniana*, *R. indica*, *R. semperflorens*,
R. gallica, *R. glutinosa*, *R. humilis* et ses variétés, *R. nitida*, *R. foliolosa*, *R. acicularis*, *R. pimpinellifolia*, *R. xanthina*, *R. berberifolia*.

Puissent ces indications donner à de nombreuses personnes le
désir d'essayer la culture généralement très facile de ces Rosiers. Elles
y trouveraient à coup sûr une grande satisfaction.

Rosier multiflore nain remontant

CATALOGUE

par sections des meilleures roses à cultiver dans
le climat moyen de la France, avec les description sommaire, nom de l'obtentéur, date de la
mise au commerce, synonymie, observations, etc.

∽ ∽ ∽

PREMIÈRE PARTIE

✿ ✿

Les Rosiers en buissons

EXPLICATION DES ABRÉVIATIONS

Arb. = arbuste.
B. = rosier pour bordure.
Bout. = rose à boutonnière.
c. = centre.
Col. = rosier pour colonne.
C. = rosier pour la coupe des fleurs.
F. = pour la culture forcée.
Fh. = pour le forçage hâtif (décembre-janvier).
fl. = fleur ou fleurit.
Flor. = floraison.
florif. = florifère.
FM. = pour le forçage moyen (février-mars).
Ft. = forçage tardif (avril, etc.).
glob. = globuleux.
gr. = grand.

imb. = imbriqué.
M. = massif.
moy. = moyen.
n. = nain = basse tige.
odor. = odorant.
P. = culture en pot.
pet. = petit.
pl. = plein.
rob. = robuste.
s. = sarmenteux.
syn. = synonyme.
T. = touffe — buisson.
tr. = très.
V. = rosier pour vase.
vig. = vigoureux.

TABLE ANALYTIQUE DE LA PREMIÈRE PARTIE

✣ ✣ ✣

LES ROSIERS EN BUISSONS

✣ ✣

CINNAMOMEÆ

Espèce : *R. rugosa*, Thunb.

PIMPINELLIFOLIÆ

Première espèce : *R. pimpinellifolia*, Lin.

Deuxième espèce : *R. xanthina*, Lind.

LUTEÆ

Espèce : *R. lutea*, Mill.

SERICEÆ

BRACTEATÆ

LÆVIGATÆ

❧ ❧ ❧

PREMIÈRE PARTIE

LES ROSIERS EN BUISSONS

SYNSTYLÆ

Race des POLYANTHA NAINS

(*Syn. :* Rosiers multiflores nains).

Nous verrons à la collection spéciale des *Rosiers Sarmenteux* que le *R. polyantha*, Sieb. et Zucc. est synonyme de *R. multiflora*. Thunb. Au point de vue horticole, le terme de « polyantha nains » sert à désigner une race hybride, provenant probablement du croisement du *R. multiflora*, Thunb. avec des variétés horticoles remontantes de la section des *Indicæ*.

L'origine de cette race est assez obscure. On admet généralement qu'elle résulte de l'action spontanée du pollen de roses remontantes sur des fleurs du *R. multiflora*, introduit de graines du Japon, semées à Lyon vers 1875 (?).

Ce qui est certain, c'est que les Rosiers *Polyantha nains* ont comme souche ancestrale maternelle le *R. multiflora*. Thunb. et que cette espèce très sarmenteuse et non remontante, a donné naissance à des arbustes absolument nains, et fleurissant abondamment pendant toute la belle saison.

Les variétés de cette race atteignent au plus quelques décimètres de hauteur, et forment de minuscules buissons à rameaux grêles, divergents, portant de petits aiguillons, crochus, bruns, épars ; feuilles 5, 7-foliolées, à folioles petites, ovales arrondies, à serrature très variable, les folioles de la première paire plus petites et souvent plus profondément dentées que les autres ; ces folioles largement espacées sur le pétiole commun ; stipules profondément pectinées, couvertes de poils et de glandes ; fleurs extrêmement nombreuses, réunies en faux corymbes, très petites, semi-pleines, variant avec les variétés, du blanc pur au rouge et au jaune.

Le signe ○ représente le choix des 100 plus belles variétés.

Le signe + représente en dehors des précédentes, le choix de 200 belles variétés.

En réunissant les variétés devant lesquelles se trouvent l'un et l'autre de ces deux signes, on obtient un choix des 300 meilleures variétés.

Les ascendants connus de chaque variété sont indiqués au-dessous de son nom en petits caractères.

❧ ❧ ❧

Groupe A. — POLYANTHA NAINS REMONTANTS

❧ ❧

Variété	Obtenteur et date	Description
Amélie-Suzanne Morin Clotilde Soupert × Léonie Osterieth.	*Soupert et Notting 1899.*	Blanc jaunâtre. — fl. moy pl. tr. odor.; tr. florif. vig.
+ **Anne-Marie de Montravel** Polyantha alba × Madame de Tartas.	*Veuve Rambaux 1880.*	Blanc pur. — fl. pet. imb. demi pl. bien faite à odeur de Muguet; n. tr. florif. vig. moy.
Blanche Rebatel.	*Bernaix 1889.*	Rouge carmin vif et blanc. — fl. pet. pl. bien faite; tr. n. tr. florif. vig. moy.
Bouquet de Neige Syn. : Flocon de neige.	*R. Vilin Knapp 1900.*	Blanc pur. — fl. pet. bien faite; tr. florif. vig.
Colibri	*Lille 1898.*	Blanc cuivré. — fl. pet. vig. moy.
Comtesse Antoinette d'Oultremont Mignonnette × Luciole.	*Soupert et Notting 1900.*	Blanc centre jaune. — fl. pet. imb. à odeur de Giroflée; tr. florif. vig.
+ **Émilie Potin** Perle d'or × Marie Pavic.	*Mille Toussaint 1901.*	Jaune or. — fl. moy. pl. à odeur d'eau de Cologne; tr. florif. vig.
○ **Étoile de Mai**	*Gamon 1893.*	Blanc soufré. — fl. pet. pl. tr. odor.; tr. florif. vig.
○ **Étoile d'or**.	*Dubreuil 1890.*	Jaune nuancé. — fl. assez gr. pl.; florif. vig.
Eugénie Lamesch Aglaia × William Allen Richardson.	*P. Lambert 1900.*	Jaune nankin, nuancé rose. — fl. moy. pl. en coupe à odeur de pomme; tr. vig.
Filius Strassheim Mignonnette × Madeleine d'Aoust.	*Soupert et Notting 1892.*	Rose ombré, jaune. — fl pet. pl. imb. tr. odor.; vig.
Georges Pernet Mignonnette × ?	*Pernet-Ducher 1887.*	Rose vif nuancé rose fleur de pêcheur. — fl. gr. c. à rosette; tr. florif. vig. moy.
Gloire des Charpennes	*Lille 1898.*	Rouge foncé. — fl. moy; florif. vig. moy.
Gloire des Polyantha Mignonnette × ?	*Guillot et fils 1887.*	Rose vif fond blanc. — fl. moy. glob. imb. odor.; tr. florif. vig.
Katharina Zeimet Euphrosine × Marie Pavic.	*P. Lambert 1901.*	Blanc pur. — fl. pet. pl. odor.; tr. florif. vig. moy.
Le Bourguignon Étoile de mai × Madame Ohédane-Guinoisseau.	*Buatois 1901.*	Très beau nuancé jaune cuivré. — fl. pet. pl.; florif. vig. moy.
○ **Léonie Lamesch** Aglaia × Semis Polyantha × Shirley Hibberd.	*P. Lambert 1900.*	Très beau et distinct rouge cuivré. — fl. gr. tr. odor.; tr. florif. vig.

Variété	Obtenteur et date	Description
+ Little White Pet..............	*Henderson 1879.*	Blanc pur. — fl. moy. tr. pl.; tr. florif. vig.
Madame E. A. Nolte	*Bernaix 1892.*	Jaune chamois, puis blanc rosé. — fl. moy. pl.; tr. florif. vig.
Mademoiselle Anaïs Molin	*Molin 1895.*	Blanc presque pur. — fl. pet.; florif. vig. moy.
Mademoiselle Cécile Brunner	*Veuve Ducher 1881.*	Jaune pâle nuancé rose. — fl. gr. odor.; florif. vig.
Mademoiselle Fernande Dupuy	*Vigneron 1899.*	Rose groseille. — fl. pet.; vig. moy.
+ Ma Fillette .... Mignonnette × Luciole.	*Souperl et Notting 1895.*	Rouge carmin luisant reflet aurore sur fond jaune. — fl. pet. tr. odor.; florif. vig. moy.
Ma petite Andrée .... Étoile de Mai × ?	*Chauvry 1899.*	Rouge foncé carminé. — fl. assez gr. pl.; vig. moy.
o Marie Pavic 	*Alégatière 1888.*	Blanc rosé. — fl. gr. odor.; tr. florif. tr. vig.
+ Mignonnette .... Polyantha × ?	*Guillot fils 1881.*	Rose tendre passant au blanc. — fl. pet. demi-pl.; tr. florif. vig. moy.
Miniature................. 	*Alégatière 1885.*	Rose puis blanc jaunâtre. — fl. tr. pet. tr. pl. tr. odor.; tr. florif. vig. moy.
Pâquerette 	*Guillot 1875.*	Blanc pur. — fl. pet. tr. pl.; tr. florif. vig. moy.
+ Perle d'Or .... Polyantha × Madame Falcot.	*Dubreuil 1883.*	Jaune nankin, c. orange. — fl. moy. imb. odor.; tr. florif. vig.
Petit Constant .... Mignonnette × Luciole.	*Souperl et Notting 1899.*	Rouge capucine à reflets or. — fl. pet. pl. tr. odor.; florif. vig.
Petite Léonie .... Mignonnette × Duke of Connaught.	*Souperl et Notting. 1893.*	Blanc rosé. — fl. pet. imb.; florif. vig.
Princesse Élisabeth Lancelotti ...... Mignonnette × William Allen Richardson.	*Souperl et Notting 1893.*	Jaune clair, c. jaune canari — fl. gr. pl. plate tr. odor.; tr. florif. vig. moy.
Princesse Henriette de Flandre ..... Mignonnette × Marquise de Vivens.	*Souperl et Notting 1888.*	Jaune saumoné, c. jaune nankin. — fl. pet. pl. odor.; florif. vig. moy.
Princesse Wilhelmine des Pays-Bas.. Mignonnette × Madame Damaizin.	*Souperl et Notting. 1885.*	Blanc pur. — fl. pet. tr. pl. imb. tr. odor.; tr. florif. vig. moy.

❧ ❧ ❧

Groupe B. — HYBRIDES DE POLYANTHA NAINS REMONTANTS

❧ ❧

Groupe très voisin du précédent (Polyantha nains remontants) et provenant très certainement du métissage des variétés de cette race par d'autres variétés horticoles, appartenant soit au *R. indica,* soit à des formes voisines.

Les *rameaux* sont généralement assez forts ainsi que les aiguillons. Les *folioles* sont plus grandes, elliptiques, lancéolées; à pétiole souvent glanduleux. Enfin, les fleurs sont beaucoup plus grandes, dans la majorité des cas.

Fleurit abondamment pendant toute la belle saison.

Abelle Weber-Paté .... Thalia × Mademoiselle Eugénie Verdier.	*P. Lambert 1905.*	Blanc de neige. — fl. pet.; tr. florif. vig. trapu.
○ **Aennchen Müller** .... Crimson Rambler × Georges Pernet.	*J. C. Schmidt 1906.*	Rose luisant. — fl. gr. en étoile; tr. florif. tr. vig.
Baptiste Lafaye	*Puyravaud 1909.*	Groseille pâle, ligné de blanc, passant au rose. — fl. en coupe; hauteur et végétation de Léonie Lamesch, tr. florif.
Clara Pfitzer .... Mignonnette × Marquise de Vivens.	*Soupert et Notting 1888.*	Rose carminé fond blanc ar- genté. — fl. assez imb. odor.; tr. florif. vig.
Clotilde Soupert .... Mignonnette × Madame Damaizin.	*Soupert et Notting 1889.*	Rose nuancé, blanc laqué. — fl. gr. glob. tr. odor.; tr. florif vig.
Cyclope .... Madame Norbert Levavasseur × ?	*F. Dubreuil 1909.*	Pourpre carminé velouté rayé de blanc, étamines jaune pâle. — fl. demi-pl.; tr. florif. tr. vig.
Diamant .... Marie Pavie × Semis inédit.	*Altin Robichon 1908.*	Blanc nacré soufre reflété vert d'eau. — fl. assez gr. pl. en étoile; tr. florif.; tr. vig.
Docteur Raimont .... Général Jacqueminot × Polyantha.	*Alégatière 1888.*	Cramoisi violet velouté. — fl. gr. pl. tr. odor.; tr. florif. vig.
Georges Schwartz .... Multiflora × Aimé Vibert.	*Veuve Schwartz 1889.*	Rose carminé. — fl. gr.; tr. florif. vig.
Jeanne d'Arc .... Semis de Madame Norbert Levavasseur.	*Levavasseur 1909.*	Blanc pur. — fl. moy. pl.; florif. vig. moy.
Jeanne Drivon 	*Schwartz 1883.*	Blanc lég. rosé. — fl. vig.
○ **Louise Walter** .... Tausendschœn × Rosel Dach.	*L. Weller 1908.*	Rose argenté. — fl. tr. gr. en coupe; tr. florif., tr. vig.
Madame Alégatière .... Jules Margottin × Polyantha.	*Alégatière 1888.*	Rose vif. — fl. gr. odor.; flo- rif. vig.
+ **Madame Norbert Levavasseur** ...... Crimson Rambler × Gloire des Polyantha.	*Levavasseur 1903.*	Rose rubis clair brillant. — fl. moy. pl.; tr. florif. tr. vig.
Madame Taft .... Crimson Rambler × Madame Norbert Leva- vasseur.	*Levavasseur 1909.*	Rose rubis clair brillant. — fl. moy. pl.; tr. florif. vig.
Mademoiselle Bertha Ludi .... Mignonnette × Jules Margottin.	*Pernet-Ducher 1891.*	Blanc carné. — fl. gr.; vig. moy.
Maman Levavasseur .... Accident de Madame Norbert Levavasseur.	*Levavasseur 1907.*	Rouge carmin. — fl. pet. pl.; vig. moy. B.
Merveille des Polyantha .... Issue de variété inédite.	*Mermet 1908.*	Blanc en s'ouvrant, et rose lilacé à l'épanouissement. — fl. tr. gr. en coupe; tr. florif tr. vig.
+ **Mistress W. Cutbush** .... Accident fixé de Madame Norbert Levavasseur.	*Cutbush 1906.*	Rose clair tendre. — fl. gr. pl. tr. florif. tr. vig.
Mosella .... Shirley Hibberd × Mignonnette × Madame Falcot.	*P. Lambert et Reiter 1895*	Blanc nuancé jaune. — gr. pl. bombée; tr. florif. vig.
Orléans Rose .... Madame Norbert Levavasseur × Semis iné- dit.	*Levavasseur 1909.*	Rouge géranium, teinte de rose Neyron, c. légèrement blanc. — fl. moy. pl.; tr. florif. tr. vig.
+ **Perle des Rouges** 	*Dubreuil 1896.*	Cramoisi à reflets cerise. — fl. gr. pl. imb.; tr. florif. vig. moy. B.
Sisi Ketten .... Mignonnette × Safrano.	*Ketten frères 1901.*	Rose pêche, carmin jaune. — fl. gr. pl.; tr. florif. vig. moy. B.

1. ÉTOILE D'OR. 2. MISTRESS W. CUTBUSH. 3 TIP-TOP

Polyantha

AMAT, éditeur PARIS.

Chromolith. J. L. GOFFART, Bruxelles.

+ **Tip-Top** . . . . *P. Lambert 1910.*
   Trier × Lutea bicolor.

⌐ Cuivré, orangé au c. bords rose et blanc. — fl. tr. gr. pl. tr. florif. vig. moy. B.

+ **Zélia Bourgeois** . . . . *W. R. Vilin 1906.*
   Bouquet de neige × Miniature.

Blanc brillant. — fl. pet. pl.; tr. florif. B.

◇ ◇ ◇

INDICÆ

❧ ❧ ❧

Première Espèce : R. INDICA FRAGRANS, Red.

(Syn. : R. indica odoratissima, Lind. — Syn. : Rosiers à odeur de thé, vulg. Thé).

❧ ❧

Rameaux parfois courts, souvent longs ou même sarmenteux, dans certaines variétés probablement métissées par le R. Noisettiana, généralement glabres et lisses, sans soies ni glandes, parsemés de quelques aiguillons rouges, crochus, plus ou moins faibles, ou forts, épars, quelquefois cependant geminés sous les feuilles.

Feuilles 5, 7-foliolées; à folioles de formes variant suivant les variétés, le plus souvent elliptiques-lancéolées, d'un beau vert tendre, presque toujours pourprées, ou pourpres sur les jeunes rameaux, lesquels revêtent eux-mêmes cette teinte très caractéristique.

Pétiole parsemé souvent de glandes pédicellées, armé d'aiguillons crochus et fins.

Serrature variable, mais jamais pubescente, et très rarement glanduleuse.

Pédoncule quelquefois fort, mais le plus souvent trop faible pour maintenir la fleur droite, laquelle par suite s'incline alors vers le sol.

Fleurs doubles ou pleines, jamais simples dans les formes actuellement connues et même dans celles d'introduction. A couleurs et à formes extrêmement variées, possédant les coloris les plus riches de toutes les formes du genre Rosa.

Fruits glabres, dilatés, à base parfois ventrue même, brusquement élargie, plus rarement pyriforme. Chez cet organe encore, la forme varie beaucoup, comme celle des autres parties de la plante, avec les variétés.

Sépales réfléchis après l'épanouissement, puis se redressant généralement ensuite.

Floraison et végétation continuelles, pendant le cours de la belle saison. Les yeux portés par les jeunes rameaux se développent presque toujours avant la complète lignification de ceux-ci.

Introduit sous deux formes très affinées, en 1809 et 1824. C'est du mélange de la sève des rosiers thé avec nos rosiers européens (R. gallica et sa forme damascena) que sont nés les Hybrides Remontants.

Culture assez difficile dans les pays du Nord et même sous le climat séquanien, à cause du manque de résistance au froid, des formes dérivées de cette
espèce.

Butter les nains en couvrant préalablement le pied de feuilles mortes. Les
tiges sont plus difficiles à préserver.

Les formes introduites étaient à rameaux courts, et, comme nous le disons
au début de cette note, il est probable que les rameaux de certaines variétés
ne sont devenus sarmenteux que par hybridation.

Nota. — Pour les Rosiers Thé grimpants, se reporter à la deuxième partie
(Les Rosiers sarmenteux).

❀ ❀ ❀

Race des THÉ non sarmenteux.

Groupe A. — SAFRANO

❀ ❀

Rameaux minces, rougeâtres, à aiguillons petits et espacés; feuille petite,
feuillage maigre, fleur à bouton presque toujours solitaire, allongé, coloris
variant du jaune paille au jaune foncé. Toutefois quelques variétés sont roses
et rouge clair.

Ex. : Safrano à fleurs rouges.

+ Safrano Ressemble à Madame Damaizin.	*Beauregard 1839.*	Beurre frais, lavé de carmin. — fl. gr. imb odor.; tr. florif. vig.
Amazone Safrano × ?	*Ducher 1873.*	Jaune. — fl. gr. assez pl imb.; vig. moy.
○ **Beauté Inconstante**	*Pernet-Ducher 1893.*	Très variable quelquefois rouge et parfois jaune très foncé. — fl. gr., en coupe; tr. vig.
+ Comtesse de Frigneuse Madame Damaizin × ?	*Guillot et fils 1885.*	Beau jaune assez foncé. — fl. gr. pl. imb odor.; assez vig.
Héroïque Commandant Marchand ...	*Buatois 1899.*	Jaune nuancé rouge. — fl. gr. pl. imb. odor.; vig.
Isabelle Nabonnand	*Nabonnand 1873.*	Rose chamois c. plus foncé. — fl. moy. en coupe odor.; tr. florif. vig.
Jaune Nabonnand	*Nabonnand 1890.*	Jaune foncé. — fl. gr. pl. imb.; florif. vig. C.
Jean Pernet Devoniensis × Safrano.	*Pernet père 1867.*	Beau jaune paille. — fl. gr. pl. lég. en coupe; vig. F. C.
Luciole Safrano rouge × ?	*Guillot et fils 1886.*	Jaune nuancé carminé, onglet fond jaune et pétales lavés carmin. — fl. gr. assez double, glob. odor.; florif. vig.
Madame Agathe Nabonnand ...	*Nabonnand 1886.*	Jaune pâle. lég. saumoné. — fl. gr. pl. lég. en coupe; tr. florif. vig. C.

Madame Charles.................... Madame Damaizin × ? Safrano perfectionné.	*Damaizin 1864.*	Jaune foncé c. aumoné. — fl. assez gr. pl. imb. odor.; florif. vig. moy.
+ **Madame Chédanne-Guinoisseau**...... Safrano × ?	*Chédane - Guinoisseau 1880.*	Jaune serin. — fl. gr. pl. tr. odor.; vig. Fh.
Madame Devoucoux	*Veuve Ducher 1874.*	Jaune foncé. — fl. assez gr. pl. imbriquée.
○ **Madame Honoré Defresne**......... Madame Falcot × ?	*Levet 1886.*	Beau jaune foncé. — fl. assez gr. pl. imb. odor.; tr. vig. O.
Madame Louis Lévêque...........	*Lévêque 1892.*	Jaune lavé de rose. — fl. assez gr. pl. lég. imb.; vig. moy.
Madame Margottin	*Guillot fils 1866.*	Jaune citron c. rose pêche. — fl. gr. pl. en coupe tr. odor.; assez vig. O.
Perle de Lyon	*Ducher 1873.*	Jaune chrome foncé. — fl. gr. pl. en coupe odor.; vig Fh. O.
Perle des Jardins .... Madame Falcot ×	*Levet 1874.*	Jaune paille. — fl. pl. glob. tr. odor.; vig. O.
+ **Reine Emma des Pays-Bas**	*Nabonnand 1879.*	Jaune cuivré. — fl. tr. g en coupe; vig. O.
Safrano à fleurs rouges .... Ressemble à Madame Joséphine Mühlé.	*Oger 1867.*	Rouge cuivré. — fl. gr double; vig. F. C.
Sunset .... Accident fixé de « Perle des Jardins ».	*Henderson 1883.*	Jaune orange. — fl. gr. pl en coupe tr. odor.; vig. mov. F. O.

❧ ❧ ❧

Groupe B. — COMTESSE DE LABARTHE

❧ ❧

Rameaux minces, presque pas d'aiguillons, feuille petite; fleur petite, coloris variant du rose tendre au rouge, jamais de jaune pur. Très florifère.

○ **Comtesse de Labarthe**	*Bernède 1857.*	Beau rose tendre. — fl. gr. pl. en coupe; tr. florif. vig.
Claudius Levet....................	*Levet 1886.*	Groseille velouté liseré de pourpre. — fl. gr. pl. en coupe; vig.
Comtesse Alexandra Kinsky .... Madame O. P. Strassheim × Madame Docteur Jutté.	*Soupert et Notting 1904.*	Blanc à c. jaune abricot. — fl. gr. pl. odor.; floraison continue vig. O.
Comtesse de Breteuil..............	*Pernet-Ducher 1892.*	Jaune nuancé centre rose pêche. — fl. gr. pl. en coupe; tr. vig. O.
Comtesse Horace de Choiseul	*Lévêque 1886.*	Rose sur fond jaune. — fl. gr. pl. en coupe; vig.
Comtesse Riza du Parc .... Comtesse de Labarthe × ?	*Schwartz 1876.*	Rose de chine fond cuivré. — fl. gr. pl. en coupe, tr. odor.; tr. florif. vig. F. m.

Nom	Obtenteur	Description
Général Schablikine	*Nabonnand 1878.*	Rouge cuivré. — fl. moy. double en coupe, un peu chiffonnée odor.; vig. O.
Ingegnoli Prediletta	*Bernaix 1892.*	Rose vif carminé. — fl. moy. en coupe; vig.
L'Élégante	*Guillot 1882*	Rose de Chine reflété aurore — fl. moy. en coupe; vig. moy
Madame A. Étienne	*Bernaix 1887.*	Rose vineux passant au blanc pur au centre. — fl. gr. pl. en coupe, pétales tr. larges odor.; vig.
Madame Cusin	*Guillot fils 1881.*	Rouge nuancé. — fl. gr. pl. en coupe odor.; florif. vig. à forcer en pots.
Madame Desseilligny	*Pradel 1873.*	Rose carné saumoné. — fl. gr. pl. en coupe; vig.
o **Madame de Watteville**	*Guillot fils 1883.*	Rose tendre, bordé de rose vif. — fl. gr. en coupe, tr. odor.; tr. florif. vig. O.
Madame Émilie Charrin.	*Perrier 1895.*	Rose de Chine. — fl. gr. pl. en coupe; tr. florif. tr. vig. O.
Madame Joseph Schwartz Accident fixé de « Comtesse de Labarthe ».	*Schwartz 1871.*	Blanc lég. rosé. — fl. moy. en coupe; vig.
o **Marquise de Vivens**	*Dubreuil 1886.*	Carmin sur fond jaunâtre. — fl. gr. en coupe, odor.; tr. florif. vig. F. O.
+ **Maurice Rouvier**	*Nabonnand 1890.*	Beau rose tendre. — fl. gr. pl. en coupe; vig.
Princesse Ouroussof Paul Nabonnand x Madame Falcot.	*Soupert et Notting 1895*	Beau rose de Chine. — fl. gr. pl. en coupe; vig. moy.
Rovelli Charles	*Pernet père 1876.*	Rose tendre sur fond blanc. — fl. gr. pl. en coupe; vig.
Souvenir de S. A. Prince Accident fixé de « Souvenir d'un Ami ». *Syn. :* The Queen. Ressemble à « Souvenir de Franz Deak ».	*Prince 1889.*	Blanc lég. rosé. — fl. gr. pl. en coupe, odor.; florif. vig Fm. O.
Souvenir d'un Ami. *Syn. :* Madame Tixier. Queen Victoria.	*Belot-Desfougères 1848.*	Beau rose tendre. — fl. gr. pl. en coupe, odor.; vig. à forcer en pots.

✣ ✣ ✣

Groupe C. — THÉ divers et non encore classés.

✣ ✣

Dans ce dernier groupe, nous avons fait rentrer provisoirement tous les *Rosiers Thé nains*, n'appartenant pas aux groupes précédents et ceux que nous n'avons pu encore classer.

Nom	Obtenteur	Description
Adam Ressemble à « Président ».	*Adam 1833.*	Beau rose tendre. — fl. gr en coupe, odor.; vig moy. P. O.
Adolphe de Tarlé Accident fixé de « Comtesse Riza du Parc ».	*Tesnier 1889.*	Blanc crème satiné à centre jaune serin. — fl. gr. pl. en coupe, odor.; vig.
Adrienne Christophle	*Guillot fils 1868.*	Beau jaune foncé, intérieur ligné nuancé rouge. — fl. en coupe, odor.; Fh. appartement.

1. COMTESSE DE LABARTHE. 2. SOUVENIR DE J.B. GUILLOT

AMAT, éditeur PARIS.   Chromolith. J. L. GOFFART, Bruxelles.

Nom	Obtenteur	Description
Albert Fourès	*Bonnaire 1899.*	Rouge brique jaune d'or nuancé jaune capucine. — fl gr. pl. en coupe; tr.vig.
+ **Alix Roussel** Docteur Grill × Reine Emma des Pays-Bas.	*Gamon 1907.*	Jaune cuivré c. saumoné. — fl. gr. pl. odor.; tr. florif. vig. O
o **Alliance Franco-Russe**	*Goinard 1900.*	Jaune éclatant passant au saumoné. — fl. gr. pl. en coupe; tr. florif. tr. vig. O.
Alphonse Karr Semis Duke of Edinburgh.	*Nabonnand 1879.*	Cramoisi foncé c. plus clair. — fl. tr. gr. tr. pl. imb. odor.; tr. vig.
Amabilis Moirée × ?	*Touvais 1857.*	Beau rose brillant. — fl moy.; vig.
Ami Stecher	*Weber 1899.*	Rouge cerise vif onglet cuivré. — fl. tr. gr. en coupe; tr florif. vig.
André Nabonnand	*Nabonnand 1879.*	Rouge clair carminé. — fl gr. pl. en coupe, bouton allongé; tr. florif. tr. vig.
André Schwartz	*Schwartz 1884.*	Rouge cramoisi foncé parfois ligné de blanc. — fl. moy. en coupe, odor.; tr. florif. vig. moy
Anna Chartron Kaiserin Augusta Victoria × Luciole.	*Veuve Schwartz 1896.*	Crème teinté et liseré de carmin vif c. rose tendre. — fl. gr. pl.; tr. florif. vig.
Anna Olivier	*Ducher 1873.*	Carné jaunâtre nuancé rose. — fl. gr. pl. en coupe; vig. P. O
o **Archiduchesse Marie-Immaculata** Madame Lombard × Socrate.	*Soupert et Notting 1887.*	Brique clair chamois et vermeil. — fl. gr. pl. en coupe; tr. odor ; fl. coupe.
+ **Auguste Comte** Mademoiselle Marie Van Houtte × Madame Lombard.	*Soupert et Notting 1896.*	Rose nuancé c. rose carné et ocre. — fl. tr. gr. tr. pl. en coupe; tr. florif. tr. vig. O.
+ **Baronne Charles de Taube** Adam × Madame Caro.	*Keilen 1896.*	Blanc jaunâtre teinté de rose. — fl. tr. gr. pl. odor.; vig.
+ **Baronne Henriette de Loew** Syn. : Thérèse Welter (Welter et Rath 91).	*Nabonnand 1888.*	Blanc rose nuancé jaune d'or au c. — fl. tr. gr. imb. odor.; tr. florif. vig. O.
+ **Baronne Henriette Snoy**	*Bernaix 1897.*	Incarnat à l'intérieur, rose de Chine carminé à l'extérieur. — fl. tr. gr. pl.; tr. florif. tr.vig. O
+ **Billard et Barré** Alice Furon × Duchesse d'Auërstaedt.	*Pernet-Ducher 1898.*	Jaune d'or. — fl. gr presque pl. glob. tr. vig.
Blanche Martignat	*Gamon 1903.*	Rose saumoné nuancé d'aurore. — fl. gr. pl. odor.; tr florif vig.
Bridesmaid Accident fixé de Catherine Mermet.	*May 1893.*	Rose. — fl gr pl en coupe vig. moy. F. O.
Captain Philip Green Mademoiselle Marie Van Houtte × Devoniensis.	*Nabonnand 1900.*	Rose crème. — fl. gr pl. en coupe; tr florif. tr. vig.
+ **Catherine Mermet**	*Guillot fils 1869.*	Rose lilas, carné très tendre — fl. gr. pl. gt. imb. tr. odor vig. moy. F. O.
Château d'Ourout Perle des Jardins × Camoëns.	*Keilen frères 1896.*	Rouge carm n, pêche, extérieur rose mauve. — fl. tr. gr. pl. en coupe, odor.; florif. vig F. O.
Chevalier Angelo Ferrario	*Bernaix 1895.*	Rouge pourpre cramoisi. — fl. pl. en coupe; vig.

+ **Clémence Marchix**	*Bernaix 1900.*	Rouge cerise mat et rouge fleur de pêcher. — fl. moy. en coupe; vig.
Colonel Juffé	*Liabaud 1893.*	Cramoisi foncé passant au pourpre noir. — fl. moy. pl. plate et chiffonnée; vig. moy.
Commandant Marchand Gloire de Dijon × ?	*Puyravaud 1900.*	Jaune foncé pourtour blanc crème. — fl. tr. gr. pl. en coupe; odor.
Comte François de Thun Madame Lombard × Alphonse Karr.	*Soupert et Notting 1893.*	Amarante foncé. — fl. gr. pl. en coupe, odor.; assez vig. n.
o **Comtesse de Caraman**	*Godard 1894.*	Cerise nuancé. — fl. gr. tr. pl.; tr. vig.
Comtesse de Panisse	*Nabonnand 1878.*	Blanc nuancé aurore. — fl. gr. pl. en coupe; vig.
Comtesse Dusy Innocente Pirola × Anna Olivier.	*Soupert et Notting. 1894.*	Blanc extrémité des pétales rosé onglet jaunâtre. — fl. gr. en coupe, odor.; florif. vig. moy. C.
+ **Comtesse Emmeline de Guigne** Papa Gontier × Comtesse Festatics Hamilton.	*P. G. Nabonnand 1901.*	Rouge carmin brillant c. cuivré et feu. — fl. tr. gr. pl. odor.; tr. florif. tr. vig.
Comtesse Eugénie de Zogheb	*Lévêque 1901.*	Jaune clair. — fl. gr. pl. en coupe; assez vig.
Comtesse Eva Starhemberg Étendard de Jeanne d'Arc × Sylphide.	*Soupert et Notting 1891.*	Jaune crème centre plus foncé. — fl. gr. pl. en coupe; vig. F.
+ **Comtesse Sophie Torby** Reine Emma des Pays-Bas × Archiduc Joseph.	*P. C. Nabonnand 1901.*	Rouge pêche cuivré et feu, à l'automne jaune orange cuivré. — fl. tr. gr. tr. pl. odor.; tr. florif. tr. vig.
Devoniensis	*Forester 1838.*	Blanc crème c. plus foncé. — fl. gr. pl. en coupe, tr. odor.; florif. moy. F.
Docteur Grill	*Bonnaire 1885.*	Cuivré nuancé à reflets aurore nuancé. — fl. gr. pl. en coupe, odor.; florif. vig. moy.
Docteur Guelliot Adam × Comtesse Riza du Parc.	*Ketten frères 1901.*	Carmin foncé centre lég. cuivré. — fl. gr. pl. en coupe; florif. vig.
Docteur Valère Beaumetz Accident fixé de Docteur Favre.	*Ketten frères 1904.*	Rouge magenta c. cramoisi strié, pointillé et panaché de blanc. — fl. tr. gr. pl. tr. odor.; florif. vig. C.
Dona Sol Stuart	*Lévêque 1903.*	Blanc lég. jaunâtre passant au blanc pur. — fl. gr. pl. tr. florif.; tr. vig.
Duc de Magenta	*Margottin 1859.*	Rose saumoné et passant au carné. — fl. gr. pl. en coupe, odor.; vig. moy.
o **Duchesse d'Albe**	*Lévêque 1903.*	Varie du rouge aniliné clair au rose carminé, reflets jaunes. — fl. gr. pl. glob. tr. florif.; tr. vig. C.
+ **Duchesse de Vallombrosa**	*Nabonnand 1880.*	Rose cuivré. — fl. tr. gr. odor.; florif. vig.
Duchesse Marie Salviati Madame Lombard × Madame Maurice Kuppenheim.	*Soupert et Notting 1890.*	Chrome orange nuancé de rose très belle, donne parfois des fl. jaune safran. — fl. gr. pl. chiffonnée. odor.; vig. moy. O.
Eduard Von Lade Comte de Sembuy × Socrate.	*Soupert et Notting 1895.*	Rose cuivré c. ocre. — fl. tr. gr. pl. pétales contournés; vig.

Elaine Greffulhe..................	S. Cochet 1892.	Blanc très lég. teinté de soufre au centre. — fl. gr. pl. en coupe; vig.
Elisa Fugier .... Issue de « Niphetos ».	Bonnaire 1890.	Blanc soufré. — fl tr. gr. tr. pl. en coupe; tr. florif. vig. C.
Ella May	May 1890.	Jaune abricoté. — fl. gr. pl. glob.. vig. moy.
Emilie Gonin	P. Guillot 1896.	Blanc jaunâtre bordé rose carmin. — fl. tr. gr. pl. en coupe, odor.; vig.
Empress Alexandra of Russia	W. Paul 1897.	Rouge ombré de jaune orange. — fl. gr. pl. en coupe; vig.
Enchantress....................	W. Paul 1896.	Blanc crème teinte rose. — fl. pl. gr. en coupe; tr. florif. vig. P.
○ Ernest Metz	Guillot et fils 1888.	Rose carminé c. plus vif. — fl. tr. gr. tr. pl. en coupe, odor.; tr. florif. tr. vig. C.
+ Erzherzog Franz Ferdinand .... Syn. : Louis Lévêque.	Soupert et Notting 1893.	Rouge pêche sur fond jaune moy. — fl. gr. pl. en coupe, odor.; tr. florif. vig. C.
Esther Pradel....................	Pradel 1860.	Jaune chamois légère, cuivré. — fl. assez gr. pl. en coupe; tr. florif. vig.
Faust	Vigneron 1909.	Rouge vif, reflets feu. — fl. moy. tr. florif. nain; vig. moy.
Fiametta Nabonnand .... Papa Gontier × Niphetos. Syn. : Papa Gontier à fl. blanche.	Nabonnand 1894.	Blanc rosé. — fl. gr. en coupe; vig.
Francis Dubreuil	Dubreuil 1894.	Rouge pourpre velouté, un des plus foncés dans les Thé. — fl. gr. pl. en coupe; tr. florif. vig.
Fusion	Croibier 1901.	Jaune chamois foncé. — fl. gr. en coupe; pl. vig.
Général Galliéni .... Souvenir de Thérèse Levet × Reine Emma des Pays-Bas.	Nabonnand 1899.	Rouge ponceau sur fond blanc à reflets rose cuivré. — fl. gr. pl. en coupe; tr. florif. tr. vig.
Général Billot	Dubreuil 1896.	Amarante et pourpre. — fl. moy. pl. en coupe; florif. vig. moy.
○ G. Nabonnand	Nabonnand 1898.	Beau rose tendre. — fl. tr. gr. tr. pl. en coupe; tr. odor. tr. florif. tr. vig.
Golden Gate .... Safrano × Cornélia Cook.	Dingee Conard 1891.	Blanc crème onglet jaune d'or. — fl. tr. gr. en coupe; tr. florif. vig. F. C.
Goubault .... Ressemble à « Bon Silène ».	Goubault 1843.	Rouge clair centre aurore. — fl. assez gr. pl. en coupe, odor.; vig. Fh.
Grande Duchesse Anastasie .... Baron de Saint-Triviers × Marie Van Houtte.	P. C. Nabonnand 1899.	Rose saumoné sur fond doré; — fl. gr. pl. en coupe, odor. tr. florif. tr. vig.
Harry Kirk	Alex. Dickson 1907.	Jaune soufre passant au blanc. — fl. gr. 1/2 pl. très florifère; vig. moy.

Hatchik Effendi	*Kellen frères 1897.*	Jaune ombré de rose pêche nuancé de rouge. — fl. gr. pl. en coupe, odor.; vig.
Homère	*Robert et Moreau 1858.*	Rose centre carné nuancé blanchâtre. — fl. moy. pl. en coupe et chiffonnée, odor.; tr. florif. tr. vig.
Honorable Edith Gifford Madame Falcot × Perle des Jardins.	*Guillot et fils 1882.*	Blanc lég. carné. — fl. gr. pl. en coupe, odor.; vig. moy Ft. O.
Innocente Pirola	*Veuve Ducher 1878.*	Blanc lég. teinté de rose. — fl. gr. pl. en coupe, odor.; vig. F.
Isabelle Rivoire	*Dubreuil 1897.*	Rose pâle saumoné cuivré. — fl. gr. pl. en coupe, odeur de violette; tr. florif. vig.
Ivory Accident de « Golden Gate ».	*Dingee Conard 1901.*	Blanc ivoire. — fl. gr. pl. en coupe, odor.; vig.
J.-B. Varonne	*Guillot et fils 1889.*	Rose de Chine parfois carminé sur fond cuivré. — fl. gr. pl. en coupe; tr. odor.; vig.
Jeanne Forgeot	*Forgeot Tardey 1897.*	Jaune carné c. jaune d'or. — fl. gr. pl. en coupe; tr. florif. tr. vig.
Jeanne Proudfoot P. Nabonnand × Archiduc Joseph.	*P. C. Nabonnand 1903.*	Rose pâle saumoné. — fl. tr gr. pl. tr. florif.; vig.
J.-F. Giraud Enchantress × Madame R. Gérard.	*Kellen frères 1906.*	Jaune d'or c. safran. — fl gr. tr. pl. en coupe, odor. florif. tr. vig.
+ **Joseph Métral**	*Bernaix 1889.*	Magenta nuancé. — fl. gr tr. pl.; florif. vig.
Jules Finger Catherina Mermet × Madame de Tartas.	*Veuve Ducher 1880.*	Rouge vif passant au rouge clair. — fl. gr. pl. en coupe tr. vig. F. R. O.
+ **Lady Roberts**	*F. Cant et Cie 1902.*	Jaune abricoté rougeâtre nuancé rouge cuivré. — fl. gr. pl. tr. florif.; tr. vig. C.
La Lune	*Nabonnand 1878.*	Blanc crème. — fl. gr. pl. en coupe, de forme un peu plate; tr. vig.
Léon XIII Anna Olivier × Earl of Eldon.	*Soupert et Notting 1893.*	Blanc soufré c. ocre clair. — fl. gr. pl. en coupe; tr. vig.
Le Soleil	*Dubreuil 1891.*	Jaune chrome très pâle. — fl. tr. gr. pl. en coupe; tr. vig.
Letty Coles Accident fixé de Mélanie Willermoz.	*Keynes 1876.*	Rose tendre nuancé d'incarnat. — fl. gr. pl. en coupe; Fm. P.
Louise de Savoie	*Ducher 1854.*	Blanc crème. — fl. tr. gr pl. imb.; vig. moy.
Lucy Carnegie Triomphe du Luxembourg × ?	*P. C. Nabonnand 1898.*	Rose cuivré c. cuivré saumoné. — fl. gr. pl. imb. tr florif.; tr. vig.
Ma Capucine Ophirie × ?	*Level 1871.*	Jaune cuivré. — imb. bien faite odor.; vig. O.
+ **Madame Albert Bernardin** Comtesse de Frigneuse × Marie Van Houtte.	*Mari 1904.*	Pourtour blanc c. jaune canari nuancé cuivré. — fl. tr gr. tr. p.. en coupe; tr. florif. vig. M. O.
Madame Angèle Jacquier Madame Damaizin × ? *Syn. :* Madame Louis Lévêque.	*Guillot frères 1879.*	Rose c. jaune. — fl. gr. p imb. odor.; vig.

+ **Madame Antoine Mari**............	*Mari 1900.*	Rose fond blanc. — fl. gr. pl. en coupe; tr. florif. tr. vig.
Madame Antoine Rébé .... Alphonse Karr × Princesse de Sagan.	*Laperrière 1900.*	Rouge vif étincelant. — fl. gr. pl. en coupe, nain touffu; tr. florif. vig.
Madame Auguste Guillaud......... Princesse de Sagan × Souvenir du Docteur Passot. *Syn. :* Pré Catelan.	*Guillaud 1900.*	Rouge pourpre foncé. — fl. moy. pl. ne brûle pas au soleil tr. florif. vig.
Madame Augustine Bardiaux	*Lévêque 1893.*	Jaune teinté de rose. — fl. gr. pl. imb. ; vig.
Madame Badin .... Accident fixé de Madame Cusin.	*Croibier 1897.*	Carmin violacé. — fl. moy pl. odor.; vig.
Madame Barthélemy Levet .... *Syn. :* Professor V. Freege.	*Levet 1879.*	Jaune canari. — fl. gr. pl. imb. odor.; tr. vig. Col. C.
Madame Berkeley	*Bernaix 1899.*	Saumon lavé, rose nuancé — fl. gr. pl. imb. tr. florifère; vig. moy.
Madame Bravy.................. *Syn. :* Madame de Sertot.	*Guillot père 1846.*	Blanc rosé. — fl. moy. p . en coupe, odor.; vig.
Madame Cécile Berthod	*Guillot 1871.*	Jaune d'œuf. — fl. gr. pl. en coupe, odor.; tr florif. C.
Madame Célina Noirey	*Guillot fils 1868.*	Rosé tendre saumoné. — fl. tr. gr. pl. imb. odor.; tr. florif. vig.
Madame Chabanne	*Liabaud 1896.*	Jaune crème. — fl. gr. pl. en coupe; vig.
Madame Claire Jaubert	*Nabonnand 1887.*	Jaune saumoné nuancé rose. — fl. gr. 1/2 pl. en coupe, odor.; tr. vig.
o **Madame Constant Soupert** .... Souvenir de Pierre Notting × Duchesse Marie Salviati.	*Soupert et Notting 1905.*	Jaune d'or foncé nuancé rose pêche. — fl. gr. tr. pl. odor.; tr. florif. tr. vig. F. C.
Madame C. P. Strassheim .... Mademoiselle Adèle Jourgant × Princesse de Bassaraba.	*Soupert et Notting 1898.*	Blanc nuancé de jaune. — fl. gr. pl. imb. odor.; florif. M. C.
Madame Derepas-Matrat .... Madame Hoste × Mademoiselle Marie Van Houtte.	*Buatois 1897.*	Jaune soufré, nuancé carmin. — fl. gr. tr. pl. en coupe; vig. presque pas d'épines.
Madame de Tartas	*Bernède 1859.*	Rose vif — fl. gr. pl. en coupe; tr. vig.
Madame de Vatry.................	*Modeste Guérin 1855.*	Rose foncé nuancé. — fl. gr pl en coupe, odor.; vig. C.
Madame Edmond Sablayrolles ...... Madame Falcot × Maréchal Niel.	*Bonnaire 1907.*	Jaune orangé, pourtour jaune clair — fl. tr. gr. en coupe odor.; tr florif. tr. vig.
Madame Edward Vicard........... Anna Charton × Luciole.	*Schwartz 1907.*	Carminé vif, nuancé rose pâle. — fl. gr. pl. tr. vig.; tr. florif. M.
Madame Elie Lambert .... Anna Olivier × Souvenir de Paul Neyron.	*Elie Lambert 1890.*	Rose incarnat extérieur nuancé blanc pur. — fl. moy. pl. glob.; vig. moy.
+ **Madame Errera**................ Madame Lombard × Luciole.	*Soupert et Notting 1899.*	Jaune saumoné nuancé de rouge et de jaune clair à coloris tr. variables. — fl. gr. en coupe, tr. odor ; florif. vig.
Madame Eugène Verdier.......... Madame Barthélemy Levet × ?	*Levet 1882.*	Chamois foncé. — fl. gr pl. en coupe, tr. odor.; Fh. C.

⌐ 71

+ **Madame Gamon**	*Gamon 1905.*	Abricot nuancé d'aurore à fond jaune d'or. — fl. tr. gr. tr. pl. odor.; vig.
Madame Gévelot	*Lévêque 1897.*	Saumon foncé nuancé de jaune. — fl. gr. pl. en forme imb.; florif. vig.
Madame Gustave Henry	*Buatois 1900.*	Rose vif, onglet jaune d'or. — fl. tr. gr. pl. en coupe; vig.
Madame Henri Berger	*Bonnaire 1901.*	Rose de Chine pur. — fl. en coupe, tr. gr. pl. odor.; vig.
Madame Henry de Vilmorin	*Nabonnand 1881.*	Jaune paille. — fl. moy. imb.; vig.
o **Madame Hoste** Victor Pulliat × ?	*Guillot fils 1877.*	Blanc jaunâtre. — fl tr. gr. tr. pl. odor.; tr. vig. F. C.
o **Madame Jacques Charreton**	*Bonnaire 1898.*	Beau jaune centre cuivré. — fl. tr. gr. pl. en coupe. odor.; tr. vig.
Madame la Princesse de Radziwill Isabelle Nabonnand × ?	*Nabonnand 1886.*	Rouge cuivré. — fl. gr. pl. chiffonnée; C.
Madame Lombard Madame de Tartas × ?	*Lacharme 1877.*	Rose lég. cuivré. — fl. gr. pl. en coupe; vig. Fm. C.
Madame Louis Laurans	*Bonnaire 1894.*	Rouge foncé à reflets cuivrés. — fl. moy. en coupe; vig.
+ **Madame Louis Poncet**	*P. Guillot 1900.*	Rouge capucine. — fl. gr. pl. odor.; tr. florif. vig.
Madame Lucien Linden	*Soupert et Notting 1897.*	Jaune centre capucine. — fl. gr. pl. tr. odor.; florif. vig.
Madame Marthe du Bourg	*Bernaix 1890.*	Blanc lavé carmin nuancé jaune. — fl. gr. plate; tr. florif. vig. C.
Madame Maurice Kuppenheim	*Veuve Ducher 1877.*	Jaune saumoné cuivre. — fl. gr. imb., vig.
Madame Mélanie Villermoz	*Lacharme 1846.*	Blanc crème nuancé rose. — fl. gr. en coupe, odor.; vig. C.
Madame Ocker Ferencz	*Bernaix 1892.*	Jaune canari lavé de rose carminé. — fl. gr. pl. imb.; vig. C.
Madame Pauline Labonté	*Pradel 1852.*	Rose nuancé saumon. — fl. gr. pl. en coupe; vig.
Madame Pelisson	*Brosse 1891.*	Jaune citron clair à revers des pétales blanchâtres. — fl. moy. imb.; vig.
+ **Madame Pol Warin-Bernier** Madame C. P. Strassheim × Madame Docteur Jutté.	*Soupert et Notting 1906.*	Jaune foncé passant au blanc pur. — fl. gr. 1/2 pl. odor.; florif. vig.
Madame Scipion Cochet Anna Olivier × Comtesse de Labarthe.	*Bernaix 1887.*	Rose pâle nuancé blanc sur fond jaune c. canari. — fl. gr. pl. en coupe, odor.; tr. florif. tr. vig.
Madame Vermorel	*Mari 1901.*	Rose et jaune cuivré nuancé liseré rouge à l'intérieur. — fl. gr. en coupe, odor.; tr. vig. M. C.
Mademoiselle Anna Chartron Kaiserin Augusta Victoria × Luciole.	*Veuve Schwartz 1896.*	Blanc lég. carminé c. rose tendre. — fl. gr. en coupe; tr. florif. vig. O.
Mademoiselle Christine de Noüe	*Guillot fils 1890.*	Rouge nuancé c. rose laque. — fl. tr. gr. pl. en coupe, odor.; florif. vig. C.

Mademoiselle Emma Vercellone..... Chamois × Madame Laurette Messimy.	*Schwarlz 1902.*	Rouge cuivré vif, — fl. moy. imb.; vig.
o **Mademoiselle Francisca Kruger**	*Nabonnand 1879.*	Jaune nuancé rose. — fl. tr. gr. pl. en coupe, odor.; tr. florif. tr. vig. M. C.
Mademoiselle Germaine Molinier	*Veuve Schwarlz 1896.*	Saumon abricoté lég. teinté de rose Chine. — fl. gr. pl. en coupe; vig. moy.
+ **Mademoiselle Jeanne Guillaumez** ...	*Bonnaire 1889.*	Jaune pâle lavé de rose. — fl. gr. imb.; tr. florif. tr. vig. M. O.
Mademoiselle Louise Leroy......... Accident fixé de Madame Wagram Comtesse de Turenne.	*Leroy 1907.*	Blanc crème, c. jaune canari passant au blanc pur. — fl. tr. gr. assez florif.; vig. M. G.
Mademoiselle Lucie Faure	*Nabonnand 1898.*	Blanc ivoire, fond ambré. — fl. gr. imb.; vig.
Mademoiselle Lucie Jolicœur .... Comtesse de Caserta × Lady Mary Fitz William.	*Souperl el Nolling 1896.*	Blanc fortement lavé de carmin tendre centre plus foncé. — fl. assez gr. pl. en coupe, odor.; vig.
Mademoiselle Marie Gagnières	*Nabonnand 1879.*	Jaune sienne ombré rose au c. — fl. gr. pl. en coupe, odor.; vig.
o **Mademoiselle Marie Van Houtte** .... Madame de Tartas × Madame Falcot.	*Ducher 1871.*	Jaune pâle passant au rose pourtour des pétales strié rose. — fl. gr. en coupe, odor.; vig. Ft. P. C.
o **Maman Cochet** .... Catherine Mermet × ?	*S. Cochel 1892.*	Rose carné, lavé de carmin clair nuancé d'un soupçon de nankin saumoné. — fl. tr. gr. tr. pl. glob. odor.; tr. flor. vig. C.
Maman Loiseau...................	*Bualois 1899.*	Jaune crème — fl. gr. pl. glob ; vig.
Marcelin Roda	*Ducher 1873.*	Jaune pâle centre plus foncé. — fl. gr. pl. glob.; tr. florif. vig. moy. C.
Maréchal Robert	*Veuve Ducher 1875.*	Blanc crème. — fl. gr. à larges pétales, en coupe, odor.; tr. florif. vig.
Maria Christina, Reine d'Espagne....	*Perny 1894.*	Rouge ponceau. — fl. moy. tr. pl. en coupe; tr. florif. tr. vig. M. C.
Marianne Rascol .... Reine Emma des Pays-Bas × Madame L. Guillot.	*Schwarlz 1907.*	Jaune et rose saumon teinté cuivré. — fl. gr. tr. pl. imb.; florif. vig.
+ **Marie d'Orléans**...................	*Nabonnand 1883.*	Rouge brique lavé rose. — fl. tr. gr. tr. pl. plate odor.; tr. florif. tr. vig. C.
Marquise de Querhoënt .... G. Nabonnand × Madame Laurette Messimy.	*Godard 1902.*	Rose de chine saumoné fond jaune d'or. — fl. gr. 1/2 pl. en coupe; tr. florif. tr. vig. C.
Médéa........................	*W. Paul 1891.*	Couleur fraiseteinté de jaune safran, fond jaune cuivré (fl. de plusieurs couleurs sur le même pied). — fl. gr. pl. glob. odor.; vig.
Mériame de Rothschild............	*Pierre Cochel 1897.*	Rose foncé, lég. lavé blanc, assez vig. — fl. moy. double. imbriquée.
o **Meta**	*Alex. Dickson 1899.*	Fraise teinté jaune. — fl. gr. pl. odor.; florif. vig.

Miss Katherine G. Warren	*Bernaix 1894.*	Rouge carmin nuancé grenat. — fl. gr. plate et chiffonnée; tr. florif. vig.
+ Miss Marston	*Priès 1890.*	Beau rose tendre nuancé rouge pêche. — fl. gr. glob. tr. odor.; tr. florif. tr. vig.
Mistress Alfred Byass	*W. Paul 1904.*	Rose nuancé de cramoisi. — fl. gr. pl.; florif. vig.
Mistress Alfred Westmacott......... G. Nabonnand × Madame C. Soupert.	*Souperl et Notting 1908.*	Blanc fortement teinté de rose virginal à reflets jaunâtres. — fl. gr. pl.; florif. vig. moy. C. M.
Mistress Pierpont Morgan .... Accident fixé de Madame Cusin.	*J. H. May 1896.*	Rouge cerise nuancé carmin. — fl. gr.. pl. en coupe; florif. vig.
Molly Sharman Crawford..........	*Alex. Dickson 1908*	Blanc eau du Nil éblouissant. — fl. gr. pl. tr. florif; tr. vig. C. M.
Monsieur Aimé Colcombet	*Bernaix 1891.*	Rouge carmin pourpre nuancé de rose. — fl. moy. en coupe vig. n.
Monsieur Albert Patel .... Ma Capucine × Beauté Inconstante.	*Godard 1896.*	Rouge brique nuancé or. — fl. gr.pl. imb. odor; florif vig.
+`Monsieur Tillier..................	*Bernaix 1891.*	Rouge carmin et brique nuancé rouge cuivré. — fl. gr. plate; tr. florif. tr. vig. M.
Nathalie Imbert..................	*Nabonnand 1884.*	Rose saumoné. — fl. moy. pl. en coupe, odor.; tr florif. assez vig.
+ Nelly Johnstone .... Issue de Madame Berkeley.	*G. Paul 1906.*	Rose œillet pur. — fl. tr. gr. pl. en coupe, odor.; tr. florif. tr. vig. M. O.
Niphetos	*Bougère 1843.*	Blanc pur. — fl. gr. glob. tr. odor.; Fh. P. C.
Papa Gontier	*Nabonnand 1883.*	Rose vif revers rouge carminé. — fl. gr. imb.; tr. florif. assez vig. Fh. C.
Paul Nabonnand	*Nabonnand 1878.*	Rose hortensia. — fl. gr. en coupe, odor.; tr. florif. tr. vig. F. M. C.
Peace	*Piper 1902.*	Jaune citron presque blanc. — fl. gr. pl. odor.; vig.
Princesse de Bassaraba de Brancovan .	*Bernaix 1891.*	Rose carné tr. frais nuancé cuivre, coloris tr. changeant. — fl. moy. en coupe; tr. florif. vig. O.
+ Princesse de Sagan	*Dubreuil 1887.*	Rouge cramoisi velouté ombré de pourpre noir. — fl. moy. pl. en coupe imb.; vig. moy.
o Princesse de Venosa	*Dubreuil 1895.*	Fleur de pêcher fond orange pâle. — fl. tr. gr. tr. pl. en coupe; tr florif. vig. M. O.
+ Princesse Étienne de Croy .... Comte de Labarthe × Madame Eugène Verdier.	*Ketten frères 1899.*	Carmin pêche teinté de rose de chine fond orange pâle. — fl. tr. gr. pl. tr. odor.; tr. florif. tr. vig. M.
+ Princesse Théodore Galitzine .... Madame Caro × Georges Farber.	*Ketten frères 1899.*	Jaune cuivre. — fl. gr. tr. pl. odor.
+ Professeur Ganiviat	*Perrier 1890.*	Rouge feu. — fl. gr. pl.; tr. florif. tr. vig.

+ Reine de Portugal	*Guillot fils 1868.*	Jaune cuivré. — fl. gr. odor.; florif. vig. C.
Reschal	*P. C. Nabonnand 1904.*	Carmin clair brillant. — fl. gr. 1/2 pl ; flori . vig.
+ Rose d'Evian	*Bernaix 1895.*	Rouge magenta revers rose de chine — fl. tr gr. pl. en coupe; florif. vig. C
Rosomane Jules Gravereaux Mademoiselle Marie Van Houtte × Madame Abel Châtenay.	*Docteur Joaquin Fonlès 1908.*	Rose lilacé à extérieur, rose clair à l'intérieur. — fl. gr. tr. pl. en quartier; tr. florif. tr. vig. C.
Rosomane Narcisse Thomas	*Bernaix 1908.*	Rouge aurore, onglet abricoté. — fl. moy. pl.· tr. florif. tr. vig. M.
Rubens	*Robert et Moreau 1859.*	Blanc nuancé, rose clair c. aurore. — fl. gr. en coupe, odor.; vig. moy. C.
Sénateur Loubet	*Reboul 1891.*	Jaune cuivré se changeant en rouge ponceau. — fl. moy. en coupe; vig. moy.
Socrate Ressemble à Baron Gaston Chandon et à Princesse Marie Dagmar. Souvent confondue avec « Homère ».	*Moreau Robert 1858.*	Rose lég. cuivré. — fl. moy. plate odor.; vig. Fh.
○ Souvenir de Catherine Guillot	*Guillot P. 1895.*	Rouge capucine mélangé de carmin, fond jaune orange. — fl. gr. tr. odor.; tr. florif. vig. moy. C.
Souvenir de Clairvaux	*Eugène Verdier 1890.*	Rose de chine abricoté. lavé de carmin. — fl. gr. pl. en coupe, odor.; florif. vig. C.
○ Souvenir de Gabrielle Drevet	*Guillot et fils 1884.*	Rose saumoné fond jaune cuivré. — fl. gr. pl. tr. odor.; tr. florif. vig. C.
○ Souvenir de J.-B. Guillot	*P. Guillot 1897.*	Capucine et cramoisi. — fl. moy. ou gr. pl.; tr. florif. vig.
Souvenir de Jeanne Cabaud	*P. Guillot 1896.*	Centre carminé pourtour jaune cuivré. — fl. moy. en coupe, odor.; vig. moy.
Souvenir de Lady Ashburton	*Ch. Verdier 1890*	Jaune saumoné parfois rouge très changeant. — fl. gr. pl. en coupe, double odor.; tr. florif. vig. moy. C.
+ Souvenir de Madame Sablayrolles	*Bonnaire 1890.*	Rose abricoté. — fl. gr. pl. glob.; tr. vig.
Souvenir de Paul Neyron Devoniensis × Souvenir de la Malmaison.	*Level 1871.*	Blanc lég. bordé de rose. — fl. gr. pl. imb. tr. odor.; vig. Ft. P. C.
Souvenir de Pierre Notting Maréchal Niel × Maman Cochet.	*Soupert 1902.*	Beau jaune abricoté. — fl. tr. gr. tr. pl. en quartier; tr. florif. tr. vig.
+ Souvenir de Thérèse Levet Adam × ?	*Level père 1886.*	Rouge cramoisi noirâtre. — fl. gr. pl. imb. odor.; vig. moy.
Souvenir de Victor Hugo Comtesse de Labarthe × Regulus.	*Bonnaire 1883.*	Rose de chine, c. jaune capucine bordé rouge carmin. — fl. gr. tr. odor.; tr. florif. vig.
+ Souvenir de William Robinson	*Bernaix 1900.*	Rose bigarré. — fl. gr. pl.; vig.
The Bride Accident fixé de Catherine Mermet. *Syn. :* White Catherine Mermet.	*May 1886.*	Blanc lavé de rose pâle. — fl. gr. pl. tr. odor.; tr. florif. vig. moy. F. C.

Thérèse Barrois	*Nabonnand 1894.*	Rose chine. — fl. gr. pl. ré-flexe; vig.
⊹ **Triomphe du Luxembourg**	*Hardy 1840.*	Rouge feu aurore. — fl. tr. gr. pl.; tr. vig.
Vallée de Chamonix	*Ducher 1872.*	Jaune centre cuivré, revers des pétales jaune capucine. — fl. moy. plate; vig. M. B.
Vicomtesse Decazes	*Pradel 1844.*	Jaune de chrome foncé, — fl. gr. pl. en coupe, odor.; vig. bonne plante pour la serre.
✛ **Vicomtesse R. de Savigny**	*P. Guillot 1900.*	Rose de Chine. — fl. gr pl. odor.; florif. vig.
✛ **V. Vivos E. Hyjos**	*Bernaix 1894.*	Jaune carminé centre jaune aurore. — fl. moy. imb. tr. odor.; tr. florif. vig. O.
✛ **White Maman Cochet** . . . . Accident fixé de Maman Cochet.	*Cook 1898*	Blanc crème lég. rosé au bord des pétales. — fl. gr. pl. glob. odor.; tr. florif. vig. O.

⁂

Race des HYBRIDES DE THÉ non sarmenteux

⁂

On donne le nom d'Hybrides de thé aux produits obtenus par le croisement de variétés du R. indica, avec des Hybrides remontants, et inversement.

Les Hybrides de thé possèdent, pour la plupart, des caractères différentiels qu'ils tiennent à la fois du R. de l'Inde et des Hybrides remontants.

La longueur des rameaux varie, depuis quelques décimètres, chez les variétés délicates, jusqu'à plusieurs mètres dans les formes sarmenteuses; mais ces rameaux portent presque toujours de forts aiguillons droits ou légèrement crochus, qui rappellent à première vue, ceux qui garnissent les branches des Hybrides remontants. L'écorce est assez souvent pourprée d'un côté, de même, que l'extrémité des rameaux et les jeunes folioles, lesquelles sont moins rudes que celles des Hybrides remontants, et chez lesquelles on sent l'action directe du R. des Indes.

La floraison des variétés d'Hybrides de thé est très abondante et les fleurs solitaires ou en inflorescence au plus pauciflore, varient du blanc au rouge, en passant par le rose et même le jaune, chez certaines variétés obtenues pendant le cours des dix dernières années.

La « *France* » de Guillot fils 1867, peut-être la plus ancienne, est certainement une des plus belles du groupe.

Généralement plus résistantes au froid que les Thé, certaines variétés sont cependant délicates et doivent être préservées des fortes gelées.

○ **La France** . . . . Madame Victor Verdier x Madame Bravy.	*Guillot fils 1867.*	Rose lilacé blanc argenté. — fl. gr. pl. glob.; tr. florif. tr. vig. Fh.
Aimée Cochet . . . . Souvenir de Madame Eugène Verdier x Madame Caroline Testout.	*Soupert et Notting 1901.*	Carné centre rose pêche. — fl. tr. gr. tr. pl. en coupe; tr. florif. vig.

76 ↝

LA FRANCE

Hybride de Thé

AMAT, éditeur PARIS.

Chromolith J. L. GOFFART Bruxelles.

Alberto N. Calamet Laure Wattine × Madame Caroline Testout.	*Soupert et Notting 1908.*	Intérieur blanc carné, extérieur rose clair. — fl. tr. gr. tr. pl.; tr. florif. tr. vig.
Alice Lindsell	*Alex. Dickson 1902.*	Blanc crème c. rose. — tr. gr. pl. glob. florif.; vig.
Altmarker Kaiserin Augusta Victoria × Luciole.	*J. C. Schmidt 1907.*	Ocre doré, teinté de rose cochenille. — tr. gr. pl.; tr. flor. vig.
+ **Amateur Teyssier** Issue de Madame Eugène Verdier.	*Gamon 1900.*	Jaune safran. — fl. gr. pl. odor.; vig.
Amiral Evans	*E. G. Hill 1907.*	Rouge carminé. — fl. gr. fl. tr. florif.; tr. vig.
+ **André Gamon** Issue de variétés inédites.	*Pernet-Ducher.*	Rouge carminé c. rose laque carminé. — fl. gr. pl. glob.; tr. florif. tr. vig.
+ **Anne-Marie Soupert**	*Soupert et Notting.*	Rouge laque luisant. — fl. tr. gr. bien pl. tr. odor.; tr. florif. tr. vig.
Antoine Mermet Madame Falcot × ?	*Guillot fils 1883.*	Rose carminé foncé liseré blanc. — fl. gr. pl. en coupe tr. odor.; tr. florif. vig. moy. C.
+ **Antoine Rivoire** Docteur Grill × Lady Mary Fitz William.	*Pernet-Ducher 1895.*	Rose carné clair, fond jaune ombré de carmin vif. — fl. gr. tr. pl. forme de Camellia; vig. M. C.
Apotheker Georg Hofer Madame Caroline Testout × Madame Lombard × W. Fr. Bennett.	*Welter 1900.*	Rouge pourpre clair brillant. — fl. tr. gr. pl. glob. tr. odor.; C.
Astra	*Geschwindt 1890.*	Rose carné tendre. — fl. moy. en coupe; florif. vig. M.
Aurora	*W. Paul 1898.*	Rose saumon vif. — fl. moy. glob. tr. odor.; tr. florif. vig. Fh. P.
Balduin Charles Darwin × Triomphe de Milan. *Syn. :* Helen Gould.	*P. Lambert 1899.*	Carmin pur. — fl. gr. tr. pl. glob. forme de Camellia; tr. florif. vig.
Baronin Van Pallandt Marchioness of Salisburg × Marquise Litta de Breteuil × Mlle Marie Van Houtte.	*N. Welter 1905.*	Rouge vermillon teinté de rouge feu. — fl. gr. pl. odor.; odeur des Cent-feuilles; florif. vig. C.
Baronne G. de Noirmont	*S. Cochet 1891.*	Rose tendre à reflets argentés. — fl. gr. pl. forme de la rose La France; florif. tr. vig.
o **Belle Siebrecht** La France × Lady Mary Fitz William. *Syn. :* Mistress W. J. Grand.	*Alex. Dickson 1894.*	Beau rose œillet. — fl. tr. gr. pl. glob.; tr. florif. vig. C.
o **Berthe Gaulis**	*P. Bernaix 1909.*	Rose hermosa et rose de Chine c. plus foncé. — fl. tr. gr. pl. imb.; vig. M. C.
Brunel	*J. Pernet 1900.*	Beau rose fleur de pêcher nuancé fond jaune. — fl. gr. pl. forme de Camellia odor.; vig. M.
Camoëns Antonine Verdier × ?	*Schwartz 1881.*	Rose de Chine à fond jaune rayé de blanc. — fl. gr.; florif. tr. vig. M. C.
o **Capitaine Soupa** Madame Caroline Testout × Victor Verdier.	*Laperrière 1902.*	Rose vif. — fl. tr. gr. tr. pl. imb. tr. florif.; tr. vig. M. C.

— 77

+ **Captain Christy** .... Victor Verdier × Safrano.	*Lacharme 1873.*	Rose carné très tendre, c. plus foncé. — fl. tr. gr. pl. glob. odorante; tr. florif. vig. M. C.
Celia	*W. Paul 1906.*	Rose satiné brillant c. pl. foncé. — fl. tr. gr. tr. pl. tr. florif.; tr. vig. M. C.
Château de Clos Vougeot .... Issue de variété inédite.	*Pernet-Ducher 1907.*	Rouge pourpre velouté, nuancé plus foncé. — fl. tr. gr. pl. en coupe; assez florif. vig. M. C.
Colonel Chaverondier..............	*Ketten frères 1906.*	Carmin éclairé de vermillon passant au rose carné. — fl. gr. pl. odor. bouton tr. allongé; florif. tr. vig.
Colonel Leclerc.................. Madame Caroline Testout × Horace Vernet.	*Pernet-Ducher 1908.*	Rouge cerise, nuancé laque carminé. — fl. tr. gr. tr. pl. glob.; tr. florif. tr. vig. M. C.
+ **Colonel R. S. Williamson**	*Alex. Dickson 1907.*	Blanc satiné c. rose foncé. — fl. tr. gr. pl. c. élevé; tr. florif. tr. vig. M. C.
Comte Henri Rignon.............. Baronne de Rothschild × Ma Capucine.	*Pernet-Ducher 1888.*	Blanc rosé lég. nuancé de jaune. — fl. moy. tr. pl en coupe; florif. vig. moy. M. B.
Comtesse Icy Hardegg .... Belle Siebrecht × Liberty.	*Soupert et Notting 1907.*	Carmin pur et constant. — fl. gr. pl.; florif. vig.
Countess of Caledon	*Alex. Dickson 1879.*	Rose pourpre. — fl. tr. pl. gr. en coupe; tr. florif. vig. M.
Countesse of Derby	*Alex. Dickson 1905.*	Centre saumoné, extérieur abricoté carné. — fl. gr. pl. c. élevé odor.; florif. vig.
Countess Mary of Ilchester	*Alex. Dickson 1908.*	Cramoisi nuancé carmin. — fl. gr. pl. odeur de thé; assez florif. vig.
+ **Dean Hole**.....................	*Alex. Dickson 1904.*	Carmin argenté, teinté de saumon. — fl. tr. gr. pl. c. élevé; tr. florif. tr. vig. M.
Député Debussy	*Bualois 1902.*	Rose satiné, nuancé jaune. — fl. tr. gr. tr. pl. tr. florif.; vig. C.
Die Mutter von Rosa..............	*Verschuren 1906.*	Rose très frais. — fl. tr. pl. en coupe; florif. tr. vig. M. C.
o **Docteur J. Campell Hall**	*Alex. Dickson 1904.*	Rose corail, teinté de blanc. — fl. gr. pl. c. élevé; tr. florif. tr. vig. M.
Docteur Mulette .... Madame Ravary × Joh. Wasselhoft.	*Ketten frères 1903.*	Orange pâle fortement cuivré. — fl. tr. gr. pl. bombée odor.; tr. florif., vig. moy. Fm.
Dora	*William Paul 1906.*	Rose pêche à c. plus foncé passant au rose argenté. — fl. tr. gr. pl.; tr. florif. vig.
+ **Dorothy Page Roberts**	*Alex. Dickson 1907.*	Rose œillet cuivré, teinté de jaune abricot. — fl. gr. pl. tr. florif.; tr. vig. M. C.
Duchess of Albany............... Accident fixé de la France.	*W. Paul 1888.*	Rose foncé. — fl. gr. tr. pl. glob.; vig.
Écarlate .... Issue de Camoëns.	*Boylard 1907.*	Rouge écarlate très brillant. — fl. moy. 1/2 pl. en coupe tr. florif. tr. vig.
Edmée et Roger................. Safrano × Madame Caroline Testout.	*Ketten frères 1909.*	Blanc carné, centre rose saumoné. — fl. gr. pl. en coupe; florif.

Nom	Obtenteur	Description
Edu Meyer Rose d'Evian × Goldquelle.	*P. Lambert 1904.*	Jaune rouge cuivré, nuancé de rouge capucine orangé. — fl. gr. pl. odor.; tr. florif. tr. vig.
Elaine	*W. Paul 1908.*	Blanc citron pâle lég. teinté de rose. — fl. gr. pl. c. élevé; florif. vig.
Ellen Wilmott	*Bernaix 1899.*	Incarnat pâle au centre, blanc de cire avec onglet saumoné. — fl. tr. gr. tr. pl. en coupe; florif. vig. M.
Entente Cordiale Madame Abel Châtenay × Kaiserin Augusta Victoria.	*Pernet-Ducher 1908.*	Blanc soufré extérieur des pétales carminé. — fl. tr. gr. tr. pl. glob.; tr. florif. tr. vig. M. C.
Étoile de France Madame Abel Châtenay × Fisher et Holmès	*Pernet-Ducher 1904.*	Rouge grenat velouté c. cerise vif. — fl. tr. gr. tr. pl. en coupe allongée, odor.; tr. florif. tr. vig. M. C.
+ **Eugène Boullet** Liberty × Étoile de France.	*Pernet-Ducher 1909.*	Rouge cramoisi ombré laque carminé. — fl. tr. gr. pl. globe tr. florif.; tr. vig. M. C.
Eva de Grossouvre Belle Siebrecht × ?	*Guillot 1908.*	Saumon clair ou rose tendre saumoné. — fl. tr. gr. tr. pl. glob.; flor. continue, vig. trapu M. C.
+ **Exquisite**	*W. Paul 1900.*	Rouge cramoisi brillant. — fl. gr. pl. glob.; tr. florif. vig. M. C.
+ **Farbenkœnigin** Issue de la France.	*Hinner 1901.*	Rouge clair teinté d'aurore et argenté. — fl. tr. gr. pl. odor.; tr. florif. tr. vig. M. C.
Ferdinand Batel	*Pernet-Ducher 1896.*	Jaune nankin lavé carmin. — fl. gr. pl. en coupe; tr. florif. vig. moy.
+ **Franz Deegen** Kaiserin Augusta Victoria × ? *Syn. :* Kaiserin Aug. Victoria jaune.	*Hinner 1901.*	Jaune tendre passant au jaune d'or. — fl. gr. pl. en coupe odor.; florif. vig. moy.
Frau Nikolas Welter Kaiserin Augusta Victoria × Sunset.	*Jacobs 1907.*	Orange teinté de jaune safran. — fl. gr. pl. odor.; tr. florif. vig. trapu.
+ **Frau Oberhofgartner Singer** Jules Margottin × Eugénie Boullet.	*P. Lambert 1907.*	Rose frais tendre bordé de blanc. — fl. tr. gr. pl. odor.; très florif. vig. M. C.
+ **Frau Peter Lambert** Kaiserin Augusta Victoria × Madame Caroline Testout × Madame Abel Châtenay.	*N. Welter 1902.*	Rose foncé nuancé de saumon. — fl. tr. gr. pl. glob. odor.; tr. florif. vig. M.
Gaston Bonnier	*Laperrière 1909.*	Incarnat argenté, c. rose aurore. — fl. tr. gr. tr. pl. imb. odor.; florif. tr. vig. M. C.
Général Th. Peschkoff Madame Ravary × Étoile de France.	*Ketten frères 1909.*	Rouge saumoné, passant au rose hermosa. — fl. tr. gr. tr. pl.; tr. florif. vig. moy M. C.
o **Georges C. Waud**	*Alex. Dickson 1908.*	Orange nuancé vermillon. — fl. gr. pl. odeur de thé; tr. florif. trapu M. C.
o **Georges Laing Paul** Madame Caroline Testout × Fischer et Holmès.	*Soupert et Notting 1903.*	Rouge cramoisi foncé luisant. — fl. gr. pl. odor.; florif. vig. M.
Georges Reimers Richmond × Étoile de France.	*Soupert et Notting 1909.*	Rouge feu luisant. — fl. gr. pl. odeur des Cent-feuilles; florif. vig.

Nom	Obtenteur	Description
Gloire Lyonnaise .... Baron de Rothschild × Madame Falcot.	*Guillot et fils 1884.*	Blanc lég. crème. — fl. gr. pl. en coupe; florif. tr. vig. C.
Grâce Darliug	*Bennett 1884.*	Rose pêche. — fl. gr. pl. en coupe, odor.; vig. moy.
Grâce Molyneux	*Alex. Dickson.*	Abricoté teinté crème c. carné. — fl. gr. pl. odor.; tr. florif. vig. M. C.
Grand duc Adolphe de Luxembourg .. Triomphe de la Terre des Roses × Madame Lœben Sels.	*Souperl et Notting 1892.*	Rose brique clair revers laque. — fl. gr.; tr. florif.; vig. moy.
Gruss an Teplitz	*Geschwindt 1896.*	Rouge fer. — fl. moy. en coupe, odor. florif. tr. viz. M.
+ **Gustave Grunerwald** .... Grossherz Vict. Melitta × Jaune bicolore.	*P. Lambert 1903.*	Rose carminé luisant intérieur jaunâtre. — fl. gr. pl. odor.; florif. tr. vig.
Hélène Wattine .... K. A. Victoria × Le Progrès.	*Souperl et Notting 1909.*	Blanc c. jaune citron. — fl. gr. pl. plate tr. florif.; tr. vig. M. C.
+ **Hermann Raue** .... Grossherzogin Victoria Melita × La France de 89.	*P. Lambert 1905.*	Rose saumoné c. plus foncé. — fl. tr. gr. pl. en coupe; tr. florif. tr. vig. M.
+ **Hippolyte Barreau** .... Comtesse de Labarthe × Louis Van Houtte.	*Pernet-Ducher 1893.*	Rouge carminé velouté. — fl. assez gr. pl. en coupe; tr. florif. vig. moy. C.
+ **Jacques Vincent** .... Madame J.-W. Budde × Souvenir de Catherine Guillot.	*Souperl et Notting 1908.*	Rouge corail jaunâtre clair c. aurore. — fl. gr. pl.; tr. florif. tr. vig. M. C.
J.-B. Clark	*Hugh Dickson 1905.*	Ecarlate foncé, nuancé de cramoisi noirâtre. — fl. tr. gr. tr. pl.; tr. florif. tr. vig.
— **Jeanne Barioz**	*P. Guillot 1906.*	Blanc saumoné c. saumon vif, sur fond jaune. — fl. tr. gr. pl. odor.; tr. florif. tr. vig.
+ **Jeanne Masson** .... La France × La France de 89.	*P. C. Nabonnand 1905.*	Rose vif teinté saumon. — fl. tr. gr. tr. pl. glob. tr. odor.; tr. florif. tr. vig. M. C.
+ **Jean Noté** .... Issue de variétés inédites.	*Pernet-Ducher 1901.*	Jaune de chrome. — fl. tr. gr. pl. imb.; tr. florif. vig. M. C.
Johanna Lebus .... P. Notting × Safrano × Semis accidentel de Gloire de Dijon.	*Docteur Miller 1898.*	Rose cerise nuancé jaune. — fl. tr. gr. pl. en coupe.
John Cuff	*Alex. Dickson. 1908.*	Rose carminé foncé, onglet jaune foncé. — fl. tr. gr. pl. odor. en coupe; tr. florif. vig. trapu M. C.
o **Jonkheer J. L. Mock** .... Madame Caroline Testout × Madame Abel Châtenay × Farbenkœnizin.	*Leenders 1909.*	Rose clair mélange de rose reflet aurore. — fl. tr. gr. tr. pl. odor.; très florif. tr. vig. M. C.
o **Joseph Hill**	*J. Pernet 1903.*	Rose saumoné ombré de jaune. — fl. tr. gr. tr. pl. tr. odor.; tr. florif. tr. vig. M. C.
Joséphine Marot	*Bonnaire 1894.*	Blanc mousseline légèrement lavé de rose. — fl. gr. pl. en coupe; tr. florif. vig.
+ **Jules Toussaint**	*Bonnaire 1900.*	Brun fond jaune. — fl. tr. gr. pl. odor.; tr. vig.
o **Kaiserin Augusta Victoria** .... Coquette de Lyon × Lady Mary Fitz William.	*P. Lambert 1900.*	Blanc pur à centre jaune orangé. — fl. gr. tr. pl. glob.; tr. florif. vig. M. C.

JONKHEER J.-L. MOCK
Hybride de Thé

+ **Killarney** .... *Dickson 1899.* Rose carné ombré de blanc — fl. gr. en coupe; florif. vig. M.

Kronprinzessin Cecilie .... *J. C. Schmidt 1907.* Rose argenté tendre. — fl. tr. gr. tr. pl. odor.; toujours fleurie, tr. vig. M.
Madame Caroline Testout × Belle Siebrecht.

Lady Alice Stanley .... *S. M. Grédy 1908.* Intérieur rose chair rosé, extérieur rose corail. — fl. gr. pl. odor.; florif. tr. vig. M. C.

Lady Ashtown .... *Alex. Dickson 1905.* Rose très pâle. — fl. gr. pl. c. élevé; flor. continue tr. vig.

+ **Lady Battersea** .... *G. Paul 1901.* Cramoisi orangé. — fl. moy.; vig.

Lady Calmouth .... *P. Guillot 1905.* Varie du blanc pur au blanc légèrement teinté de rose aurore. — fl. tr. gr. tr. pl. globul. odor.; tr. florif. tr. vig.

Lady Ursula .... *Alex. Dickson 1908.* Rose carné. — fl. tr. gr. pl. c. élevé odor.; tr. florif. tr. vig.

+ **Lady Wenlock** .... *P. Bernaix 1904.* Rose de Chine doré passant à l'incarnat, reflets abricotés. — fl. tr. gr. pl. en coupe; tr. florif. tr. vig. M.

La Favorite .... *Veuve Schwartz 1900.* Blanc rosé, lavé crème. — fl. assez gr. pl. en coupe; florif. vig. M. C.
Madame Caroline Testout × Reine Emma des Pays-Bas.

La Tosca .... *Veuve Schwartz 1901.* Rose tendre. — fl. gr. pl.; tr. florif.
Joséphine Marot × Luciole.

Laurent Carle .... *Pernet-Ducher 1907.* Carmin cramoisi brillant. — fl. tr. gr. pl.; tr. florif. tr. vig. M. C.

+ **La Vendomoise**.................... *E. Mouillière 1906.* Rose de Chine tr. vif. — fl. tr. gr. tr. pl. en coupe odor. toujours fleurie; tr. vig. M. C.
Belle Siebrecht × Marie d'Orléans.

+ **Le Progrès** .... *J. Pernet 1903.* Jaune nankin, passant au jaune clair. — fl. gr. pl. en coupe; tr. florif. tr. vig. M.

+ **Liberty** .... *Dickson 1897.* Cramoisi brillant. — fl. gr. pl.; tr. florif.

○ **Lieutenant Chauré** .... *Pernet-Ducher 1909.* Rouge cramoisi nuancé grenat. — fl. tr. gr. pl. en coupe tr. florif. vig. M. C.
Liberty × Étoile de France.

L'Innocence .... *Pernet-Ducher 1897.* D'une blancheur éclatante. — fl. moy. pl. en coupe; vig. M. C.
Madame Caroline Testout × ?

Louise Pernot .... *Albin Robichon 1903.* Rose tendre argenté onglet teinté saumon. — fl. tr. gr. pl. flor. continue; tr. vig. M.

Lucien de Lemos .... *P. Lambert 1904.* Rose clair, intérieur rose blanchâtre. — fl. tr. gr. pl. odor.; tr. florif. tr. vig.
Princesse Alice de Monaco × Madame Caroline Testout.

○ **Madame Abel Châtenay** .... *Pernet-Ducher 1894.* Rose carminé ombré vermillon, nuancé saumon pâle. — fl. gr. tr. pl. en coupe; vig.
Docteur Grill × Victor Verdier.

Madame Alexandre Bernaix .... *Guillot fils 1877.* Beau rose foncé et rose de Chine éclatant. — fl. tr. gr. en coupe odor.; florif. vig.

Madame Alice Köpke Demoy ...... Madame Eugène Verdier × Perle V. Godsberg.	*Soupert et Notting 1907.*	Blanc, teinté de jaune très clair. — fl. gr. pl ; florif. tr. vig.
Madame André Porcher .... Issue de Belle Siebrecht.	*Guillot 1908.*	Carmin foncé très brillant. — tr. gr. tr. pl. glob.; floraison continue. vig. trapu.
Madame Berthe Fontaine .... Luciole × Claude Jacquet.	*Bualois 1899.*	Beau rose vif. — fl. tr. gr. tr. pl. forme du Cent-feuille; florif. vig.
Madame Cadeau-Ramey	*Pernet-Ducher 1896.*	Rose carné nuancé jaune. — fl. gr. pl. en coupe, odor.; vig.
○ **Madame Caroline Testout** .... Madame deTartas × Lady Mary Fitz William.	*Pernet-Ducher 1890.*	Rose chair satiné à centre plus vif. — fl. gr. pl. glob.; tr. florif. vig.
+ **Madame Charles de Luze**	*J. Pernet 1903.*	Blanc carné c. jaune chamois. — fl. tr. gr. tr. pl. glob.; tr. florif. vig. M. O.
Madame Eugénie Boullet	*Pernet-Ducher 1897.*	Rose de Chine nuancé jaune. — fl. assez gr. pl. en coupe odor.; florif. vig. moy. M. C.
Madame Eugénie Jombard	*A. Schwartz 1904.*	Rose pâle teinté de blanc c. rouge carmin. — fl. gr. pl. pétales contournés odor.; florif. vig.
Madame Hector Leuillot	*J. Pernet 1903.*	Jaune d'or fond carminé. — fl. gr. pl. glob. odor.; tr. florif. tr. vig.
Madame Joseph Bonnaire .... Adam × Paul Neyron.	*Bonnaire 1891.*	Rose de Chine. — fl. pl. tr. gr. en coupe; tr. vig.
Madame Joseph Combet	*Bonnaire 1894.*	Blanc crème ombré de rose aurore. — fl. tr. gr. tr. pl. en coupe; vig.
Madame Joseph Desbois .... Baronne de Rothschild × Madame Falcot.	*Guillot et fils 1886.*	Beau blanc crème ombré de rose, centre aurore. — fl. tr. gr. tr. pl. en coupe; vig. moy.
○ **Madame Jules Grolez**	*P. Guillot 1896.*	Beau rose de Chine glacé. — fl. tr. gr. pl. imb.; florif. vig.
Madame Léon Pain .... Madame Caroline Testout × Souvenir de Catherine Guillot.	*P. Guillot 1904.*	Blanc argenté c. éclair jaune orange. — fl. tr. gr. tr. pl. odor.; tr. florif. tr. vig. M. C.
Madame Léon Simon .... Mademoiselle Marie Van Houtte × Madame Caroline Testout.	*P. Lambert 1909.*	Rose foncé, sur fond jaune clair. — fl. gr. pl.; florif. vig.
○ **Madame Maurice de Luze** .... Madame Abel Chatenay × Eugène Furst.	*Pernet-Ducher 1907.*	Rose Nilsson c. carmin cochenille. — fl. tr. gr. pl. en coupe; tr. florif. tr. vig. M. C
Madame Mélanie Soupert	*Pernet-Ducher 1905.*	Jaune aurore sur fond rose carminé. — fl. gr. 1/2 plein glob.; florif. vig. M.
Madame Paul Olivier	*Pernet-Ducher 1902.*	Saumon ombré carminé. — fl. gr. pl. glob.; tr. florif. tr. vig.
+ **Madame Pernet-Ducher**	*Pernet-Ducher 1891.*	Jaune canari passant au blanc pur. — fl. gr. 1/2 pl.; tr. florif. vig. M.
Madame P. Euler .... Antoine Rivoire × Killarney.	*P. Guillot 1907.*	Rose vermillon argenté. — fl. tr. gr. tr. pl. odor.; floraison continue; tr. vig. M. C.
Madame Philippe Rivoire	*Pernet-Ducher 1905.*	Jaune abricoté c. jaune nankin. — fl. tr. gr. pl. glob.; florif. vig.

○ **Madame Ravary**	*J. Pernet-Ducher 1899*	Beau jaune orangé. — fl. gr. pl. glob.; florif. vig. M.
○ **Madame Segond-Weber** .... Antoine Rivoire × Souvenir de Victor Hugo.	*Soupert et Notting 1907.*	Rose saumoné c. luisant. — fl. tr. gr. tr. pl. en coupe; vig. trapu.
Madame Valère Beaumetz .... Antoine Rivoire × Madame Paul Lédé.	*A. Schwartz 1908*	Blanc rosé c. jaune crème teinté carmin. — fl. tr. gr. pl.; tr. florif. tr. vig. M. C.
Madame Viger .... Henrich Schultheis × G. Nabonnand.	*Jupeau 1901.*	Beau rose tendre à revers des pétales argentés. — fl. tr. gr. pl. imb.; florif. tr. vig. F. C.
Mademoiselle Augustine Guinoisseau. Accident fixé de La France.	*Guinoisseau 1889.*	Blanc légèrement carné. — fl. gr. pl. imb.; florif. vig.
Mademoiselle M. Mascuraud	*P. Bernaix 1908.*	Blanc légèrement carné. — fl. tr. gr. tr. pl. en coupe; tr. florif. tr. vig. M. C.
Mademoiselle Pauline Bersez	*Pernet-Ducher 1902.*	Blanc crème à centre jaune. — fl. gr. pl. glob.; florif. assez vig.
+ **Mademoiselle Simone Beaumetz**	*Pernet-Ducher 1906.*	Blanc carné c. parfois teinté de jaune. — fl. tr. gr. tr. pl.; florif. tr. vig. M. C.
Marie Delesalle .... Étoile de France × Richmond.	*Soupert et Notting 1909.*	Cerise foncé luisant. — fl. tr. gr. pl.; tr. florif. tr. vig. M. C.
Marjorie	*Dickson 1895.*	Blanc retouché de saumon. — fl. moy. pl. en coupe; florif. assez vig.
+ **Mark Twain**	*E. G. Hill 1902.*	Rose tendre teinté de rose œillet plus foncé. — fl. gr. pl.; florif. vig. trapu, M.
Marquise de Salisbury	*Pernet père 1891.*	Beau rouge vif très velouté. — fl. moy. presque pl. imb.; tr. florif. vig.
○ **Marquise de Sinéty**	*Pernet-Ducher 1906.*	Jaune d'ocre de Rome nuancé de rose. — fl. tr. gr. pl. en coupe; floraison continue vig. trapu M. C.
+ **Marquise Litta de Breteuil**	*Pernet-Ducher 1893.*	Rouge carmin à centre vermillon. — fl. tr. gr. tr. pl. en coupe; florif. vig. moy. M.
+ **Max Hesdorffer** .... Semis de Kaiserin Augusta Victoria.	*O. Jacobs 1902.*	Rose foncé, bordé de rose argenté. — fl. gr. pl.; florif. tr. vig. M.
May Millers .... Semis inédit × Paul Neyron.	*E. G. Hill 1909.*	Rose clair, bordé de jaune à la base des pétales. — fl. tr. gr. tr. pl. imb.; tr. florif. vig. C.
Mildred Grant	*Alex. Dickson 1902.*	Rose pâle teinté rose œillet. — fl. tr. gr. pl.; de forme exquise florif. vig. moy.
Miss Ellen Wilmott	*Bernaix 1899.*	Incarnat pâle au centre extérieur blanc de cire avec onglet saumon. — fl. gr. pl. en coupe; florif. vig. M. C.
Miss Milly Cream	*P. Guillot 1905.*	Rose tendre argenté. — fl. tr. gr. pl. glob.; florif. tr. vig. M. C.
+ **Mistress Aaron Ward**	*Pernet-Ducher 1906.*	Jaune indien, parfois nuancé de rose saumoné. — fl. tr. gr. pl. en coupe; floraison continue tr. vig. M. C.

+ **Mistress Alfred Tâte**..............	*Mac Grédy 1908.*	Rouge cuivré. — fl. tr. gr. tr. pl. en coupe; florif. vig. centre de massif. C.
+ **Mistress Arthur R. Waddell**........	*Pernet-Ducher 1907*	Bicolore saumon rougeâtre et rouge grenadin à l'extérieur — fl. tr. gr. 1/2 plein; floraison continue tr. vig. M.
Mistress David Jardine	*Alex. Dickson 1908.*	Rose brillant extérieur teinté de rose saumon. — fl. tr. gr pl.; florif. vig. M.
+ **Mistress E. G. Hill**.............. Madame Caroline Testout × Liberty.	*Soupert et Notting 1905.*	Blanc albâtre, extérieur rouge corail. — fl. tr. gr. tr pl. odor.; tr. flor. tr. vig. M.
o **Mistress Harwey Thomas**.........	*Alex. Dickson 1905.*	Carmin nuancé cuivré rouge. — fl. gr. pl. tr. odor.; florif. vig. M. C.
Mistress J.-W. Budde.............	*Soupert et Notting 1906.*	Carmin luisant. — fl. tr. gr. tr. pl.; tr. florif. tr. vig.
Mistress Peter Blair	*Alex. Dickson 1905.*	Jaune citron c. jaune d'or. — fl. tr. gr. pl. odor.; florif. vig. moy. M. B.
Mistress Robert Garret	*Cook 1899.*	Rose tendre. — fl. tr. gr. pl. en coupe; florif. vig. M.
+ **Mistress Théodore Roosewelt**....... Issue de la France.	*E. G. Hill 1902.*	Blanc crème c. rosé. — fl. tr. gr. pl. odor.; floraison continue tr. vig. M.
+ **Mistress Wakefield Ch. Miller**	*Mac Grédy 1908.*	Rose argenté ombré saumon, extérieur rose vermillon clair. — fl. tr. gr. pl. en forme de pivoine; tr. florif. tr. vig. C.
Monsieur Bunel	*Pernet-Ducher 1899.*	Rose fleur de pêcher sur fond jaune. — fl. tr. gr. bien pl. imb.; tr. florif. vig.
Monsieur Jules Priou.............	*Veuve Schwartz 1899.*	Rouge foncé ombré de violet foncé satiné. — fl. gr. pl.; tr. florif. vig.
Monsieur Paul Lédé	*Pernet-Ducher 1902.*	Rose carminé, ombré de jaune. — fl. tr. gr. pl. en coupe odor.; flor. continue tr. vig. M. C.
My Maryland....................	*J. Cook 1907.*	Rose saumoné brillant bord des pétales plus clair. — fl. tr. gr. tr. pl. odor.; flor. continue tr. vig. M. C.
+ **Nathalie Bottner** .... Frau Karl Druschki × Godelse.	*Bottner 1909.*	Jaune crème c. plus foncé. — fl. tr. gr. tr. pl. en coupe; flor. continue tr. vig. M. F. C.
Paul Meunier...................	*E. Bualois 1902.*	Jaune paille fortement saumoné. — fl. tr. gr. pl. odor; florif. tr. vig.
Perle Von Godesberg............. Accident de Kaiserin Augusta Victoria.	*B. Schneider 1902.*	Jaune d'or, passant au jaune clair. — fl. gr. pl. odor.; florif. vig.
+ **Pharisaer**	*W. Hinner 1900.*	Rose blanchâtre c. rose saumoné. — florif. tr. vig. C
o **Prince de Bulgarie**	*Pernet-Ducher 1902.*	Superbe rose clair argenté, ombré saumon et aurore. — fl. tr. gr. bien pl. en coupe, florif. vig. M. C.
Princesse Véra Orbellioni .... Kaiserin Augusta Victoria × Sénateur Romme.	*Schwartz 1908.*	Blanc crème, nuancé rose-carmin. — fl. gr. pl.; tr. florif. tr. vig. M.

84 o

Principal A. H. Pirie	*Bernaix 1909.*	Rose hermosa c. rose de Chine plus foncé. — fl. tr. gr. tr. pl. imb.; flor. continue tr. vig. M. O.
Queen of Spain .... Issue d'Antoine Rivoire.	*E. Bide 1907.*	Rose carné tendre c. plus foncé. — fl. tr. gr. tr. pl.; florif. vig.
Reine Carola de Saxe	*A. Gamon 1902.*	Rose tendre argenté, fond rose foncé. — fl. tr. gr. pl. odor.; flor. continue tr. vig.
+ **Reine Marguerite d'Italie**.......... Baronne H. de Rothschild × Princesse de Bassaraba.	*Soupert et Notting 1904.*	Rouge carmin luisant c. éclairé vermillon. — fl. tr. gr. tr. pl. à odeur de Cent-feuilles; florif. tr. vig. M. O.
Reine Nathalie de Serbie........... Baron Silène × William Francis Bennett.	*Soupert et Notting 1886.*	Rose incarnat tendre sur fond crème lavé de jaune. — fl. gr. pl. en coupe; florif. assez vig.
+ **Richmond**	*E. G. Hill 1904.*	Cramoisi écarlate. — fl. gr. pl. odor.; flor. continue, tr. vig. F. M. C.
+ **Rosomane Gravereaux**	*Soupert et Notting 1900.*	Blanc argenté à revers des pétales légèrement rose carné. — fl. gr. pl. en coupe; florif. vig.
o **Sénateur Mascuraud**	*Pernet-Ducher 1908.*	Jaune soufre c. jaune d'œuf. — fl. gr. pl. glob.; flor. continue: tr. vig. M. O.
Souvenir d'Anne Marie .... Safrano × Madame Caroline Testout.	*Ketten frères 1902.*	Saumoné carné jaunâtre pourtour blanc crème. — fl. gr. pl. odor.; florif. tr. vig. F. C.
+ **Souvenir de Gustave Prat**.......... Issue de variétés inédites.	*Pernet-Ducher 1909.*	Blanc soufre ou jaune soufre clair. — fl. tr. gr. tr. pl. glob.; tr. vig. flor. continue M.
Souvenir de la Comtesse de Roquette-Buisson .... Laure Wattine × William Askew.	*Ketten frères 1907.*	Rose carné, passant au blanc légèrement carné. — fl. tr. gr. pl. imb. odor.; tr. florif. tr. vig. M. F.
Souvenir de Madame Ernest Cauvin.	*Pernet-Ducher 1899.*	Carné tendre bordé de rose vif à centre jaune clair parfois orangé. — fl. gr. pl. imb. bouton conique; tr. florif. vig. moy. M.
o **Souvenir de Madame Eugène Verdier.** Lady Mary Fitz William × Madame Chédanne Guinoisseau.	*Pernet-Ducher 1894.*	Blanc sur fond jaune safran. — fl. gr. tr. pl.; flor. continue tr. vig. M.
Souvenir de Maria Zozaya .... Souvenir of Wootton × Belle Siebrecht.	*Soupert et Notting 1903.*	Rouge corail à l'extérieur, rose argenté à l'intérieur c. plus vif. — fl. tr. gr. pl. imb. odor.; tr. florif. tr. vig. M.
+ **Souvenir d'Émile Clerc** .... Ma Tulipe × Mademoiselle de Kerjégu.	*Soupert et Notting 1903.*	Carmin luisant, intérieur plus clair. — fl. gr. assez pl. cupuliforme; tr. florif. tr. vig. M. C.
+ **Souvenir du Président Carnot** ...... Lady Mary Fitz William × ?	*Pernet-Ducher 1894.*	Rose clair, très tendre au centre, pourtour des pétales blanc carné. — fl. tr. gr. pl. imb. bouton allongé; florif. vig. M. C.
Theresa	*Alex. Dickson 1909.*	Orange abricoté, passant au rose tendre. — fl. gr. 1/2 pl. à odeur de thé; flor. continue tr. vig.
Tione Piétro	*F. Bonnaire . 1907*	Rouge brique, se fondant en jaune orange et rose aurore. — fl. gr. pl. en coupe; flor. continue tr. vig. M. B.

+ Triomphe de Pernet père .... *Monsieur Désir × Généra Jacqueminot.*	*Pernet père 1890.*	Rouge vif. — fl. gr. pl. bouton allongé; tr. florif. vig. M.
Viscountess Folkestone	*Bennett 1886.*	Rose saumoné, plus foncé au centre. — fl. tr. gr. pl. en coupe; tr. florif. vig. M.
Warrior	*W. Paul 1906.*	Cramoisi écarlate. — fl. tr. gr. assez pl. tr. florif. tr. vig.
William Notting .... *Madame Abel Chatenay × Antoine Rivoire.*	*Soupert et Notting 1904.*	Rouge saumoné c. luisant — fl. tr. gr. tr. pl. odor.; tr. florif. tr. vig.

❧ ❧ ❧

Race des NOISETTE non sarmenteux

Syn. : R. Noisettiana, *Hort.;* Rosier de Philippe Noisette

❧ ❧

Groupe A. — NOISETTE ORDINAIRES

❧ ❧

Arbuste de 1ᵐ,50 et plus chez les variétés sarmenteuses à rameaux vigoureux, vert gai brillant, glabres portant quelques aiguillons forts presque droits, épars.

Feuilles 7-foliolées rarement 5-foliolées : folioles larges, ovales-lancéolées ou elliptiques-lancéolées d'un beau vert tendre, glabres sur les deux faces; stipules adnées, assez profondément pectinées, comme celles du R. moschata, *Herrm.*, dont est issue cette plante; serrature variable, parfois peu accentuée, quelquefois à dents très profondes; fleurs nombreuses, souvent réunies en bouquet, de couleur blanc carné chez le type, mais extrêmement variable chez ses variétés; floraison très abondante, se prolongeant toute la belle saison; fruits ovoïdes parfois étroits et allongés.

Le *Rosier Noisette* est un hybride produit par le croisement des R. Moschata, *Herrm.* et R. indica, *Lindley,* obtenu en Amérique, probablement par Ph. Noisette, qui l'envoya en France à son frère Louis Noisette en 1814.

Les variétés du R. Noisettiana sont nombreuses aujourd'hui, mais il y a lieu de supposer que beaucoup d'entre elles ont subi un nouveau métissage par l'action du pollen de diverses variétés horticoles.

Quelques variétés de R. Noisette supportent mal nos hivers rigoureux du Nord de la France, il est nécessaire de les abriter légèrement.

Rosa Noisettiana	*Introduit par Ph. Noisette.*	Blanc carné. — fl. pet.; tr. vig. s.
+ Aimée Vibert jaune	*Perny 1906*	Jaune saumoné passant au blanc. — fl. pet. pl.; florif. vig. moy.
+ Bougainville	*P. Cochet 1824.*	Rose bord lilas. — fl. moy. pl.; florif. tr. vig. M.

○ **Claire Carnot**	*Guillot fils 1873.*	Jaune pâle onglet, cuivré, revers des pétales rosé. — fl. moy. en coupe odor.; vig. s.
Jules Coquereau .... William Allen Richardson × ?	*Puyravaud 1900.*	Jaune vif. — fl. moy. en coupe; vig.
○ **L'Idéale**	*Nabonnand 1887.*	Jaune cuivré carn iné. — fl. moy. en coupe mi-double; tr. odor. vig. 1/2 s.
○ **Madame B. Lafaye**.............. Issue de William Allen Richardson.	*J. Puyravaud 1902.*	Rose argenté nuancé de jaune à c. foncé. — fl. gr. pl. glob. odor.; tr. vig.
+ **Madame Pierre Cochet**.............	*S. Cochet 1891.*	Beau jaune de chrome, bord des pétales satinés de rose, à l'automne. — fl. moy. en coupe; tr. odor. vig. s.
+ **Marie-Thérèse Dubourg**	*Godard 1888.*	Jaune cuivré. — fl. moy. pl.; tr. vig.
+ **Météor**	*Geschwindt 1887.*	Rose carminé. — fl. gr. pl. en coupe, tr. odor.; tr. vig.
+ **Ophirie**	*Goubault 1841.*	Cuivré abricoté nuancé rose. — fl. moy. en coupe, odor.; vig. s.
Solfatare................... Issue de Lamarque.	*Lamarque 1843.*	Jaune soufre. — fl. moy. en coupe odor.; vig. s.
Triomphe de Rennes .... Issue de Lamarque.	*Panagelz 1857.*	Jaune canari. — fl. moy. pl. forme plate; vig.
○ **Unique jaune**...................	*Mor. Rob. 1872.*	Jaune et vermillon. — fl. moy. à odeur de Jacinthe; tr. vig.

❧ ❧ ❧

Groupe B. — HYBRIDES DE NOISETTE

❧ ❧

Les variations légitimes du R. Noisette sont, croyons-nous, beaucoup plus rares qu'on l'admet généralement et telles formes, comme *Rêve d'Or*, *William Allen Richardson*, etc., etc., considérées comme variétés, pourraient bien n'être que des métis du R. de Noisette avec le R. indica. Sans trancher cette question et quoi qu'il en soit, on est convenu de nommer plutôt *Hybrides* de *Noisette* les produits du R. de Noisette croisé avec certains hybrides remontants.

Chez ces métis, ou pour parler le langage ordinaire, chez ces variétés, les feuilles ont perdu de leur vernis pour prendre des nervures un peu plus saillantes, un parenchyme légèrement plus gaufré; les rameaux, armés de nombreux aiguillons inégaux, sont souvent moins élancés, rarement sarmenteux (Madame Alfred Carrière).

L'inflorescence conserve chez ces variétés le même mode que chez les Noisette, mais leur bois et leur feuillage les rapprochent légèrement, pour la plupart, des Hybrides remontants.

Nous croyons que le premier Hybride de Noisette est *Prudence Rœser*, obtenu vers 1840, par M. Rœser à Crécy (Seine-et-Marne).

Prudence Rœser	*Rœser 1840.*	Rose et chamois. — fl. pet. imb.; vig.
Albanne d'Arneville	*Schwartz 1886.*	Blanc pur. — fl. assez gr. en coupe; vig.
Baronne de Meynard	*Lacharme 1864.*	Blanc pointillé de rose très tendre. — fl. assez gr. en coupe; vig. moy.
o **Boule de Neige** Issue de Blanche Lafitte.	*Lacharme 1867.*	Blanc pur teinté de jaune verdâtre. — fl. moy. pl. en coupe odor.; assez vig.
Coquette des Blanches Blanche Lafitte × Sapho.	*Lacharme 1871.*	Blanc légèrement lavé de rose. — fl. moy. pl. en coupe, odor.; vig. à rameaux érigés.
+ **Madame Alfred de Rougemont** Issue de Blanche Lafitte.	*Lacharme 1862.*	Blanc rosé ombré de rose. — fl. moy. pl. en coupe odor.; assez vig.
+ **Madame Auguste Perrin**	*Schwartz 1879.*	Rose nacré. - fl. moy. pl. odor.; vig.
Madame Fanny de Forest	*Schwartz 1882.*	Blanc saumoné. — fl. moy. en coupe pl.; assez vig.
Madame Gustave Bonnet	*Lacharme 1864.*	Blanc rosé. — fl. moy. en coupe; vig. moy.
Pavillon de Prégny	*Guillot père 1863.*	Blanc et rose, le dessous rose vineux. — fl. moy. en coupe odor.; tr. florif. vig.
+ **Perle des Blanches** Issue de Blanche Lafitte. *Syn. :* Ball of Snow.	*Lacharme 1873.*	Blanc pur. — fl. moy. glob. pl. odor.; florif. vig.

❧ ❧ ❧

Race des ILE BOURBON non sarmenteux

(*Syn.* : R. Borboniana, *Red.*; R. canina borboniana, *Th. et Red.*)

❧ ❧

Groupe A. — ILE BOURBON ORDINAIRES

❧ ❧

Cette race possède des variétés de faibles dimensions et d'autres franchement sarmenteuses.

Le type fut introduit en France en 1819, de graines envoyées de l'Ile Bourbon par le directeur des jardins royaux de cette île, M. Bréon, à son ami M. Jacques, alors jardinier du duc d'Orléans à Neuilly,

On suppose que ce type (trouvé à l'état subspontané à l'Ile Bourbon) était le produit d'une fécondation du R. semperflorens avec le R. gallica, dans sa forme damascena. Il atteignait de fortes dimensions.

PRINCE NAPOLÉON

Ile Bourbon

AMAT, éditeur PARIS.

Chromolith. J. L. GOFFART, Bruxelles.

Rameaux généralement forts, vigoureux, d'un beau vert, pourprés d'un côté, presque toujours glabres, parsemés d'aiguillons forts, droits ou très légèrement crochus.

Feuilles à 5 folioles, rarement 7, rapprochées ; *folioles* généralement amples, ovales-arrondies, d'un beau vert, légèrement pourprées sur les bords et *presque toujours incurvées. Pédoncules* presque toujours couverts de soies glanduleuses ainsi que le réceptacle et les bords des sépales.

Fleurs de nuances variant du blanc presque pur au rose foncé (il n'en existe pas de jaunes) rarement petites, souvent grandes ou très grandes, réunies par trois à six.

Baronne de Noirmont	*Granger 1861.*	Rose vif. — fl. moy. (ou gr.) pl.
Comtesse de Barbantane .... Issue de Reine des Ile Bourbon.	*Guillot père 1858.*	Blanc carné et rose. — fl. moy. pl.; tr. florif.
Comtesse de Rocquigny	*Vaurin 1874.*	Blanc nuancé de rose saumoné. — fl. moy. pl. glob.
Émotion	*Guillot père 1862.*	Rose virginal. — fl. moy. pl. odor.; vig.
Georges Cuvier .... Syn. : Beauté de Versailles du même obtentateur en 1846.	*Souchet 1843.*	Cerise nuancé rose clair. — fl. moy. pl.; vig.
○ **Kronprinzessin Viktoria Von Preussen.** Accident fixé Souvenir de la Malmaison.	*Volvert 1888.*	Blanc légèrement soufré. — fl. tr. gr. pl. odor.; vig.
Lorna Doone	*William Paul 1894.*	Carmin éclairé d'écarlate. — fl. gr. pl.; glob.
Madame Angelina	*Chanet 1845.*	Jaune naukin. — fl. moy. pl.; vig.
Madame Chevalier	*Pernet père 1886.*	Rose vif. — fl. gr. en coupe presque pl.; tr. florif. vig.
Madame Cornelissen .... Accident fixé de Souvenir de la Malmaison.	*Cornelissen 1865.*	Blanc à centre rose nuancé jaune. — fl. gr. pl.; en coupe aplatie.
+ **Madame Thiers**	*Pradel 1874.*	Rose, centre rose vif liseré blanc. — fl. moy.; pl.
Marie Paré	*Parc 1880.*	Carné clair centre vif. — fl. gr. pl.; florif.
+ **Mistress Bosanquet**	*Laffay 1832.*	Blanc carné. — fl. moy. presque pl.; glob.
○ **Prince Napoléon**	*Pernet père 1864.*	Rose carminé vif. — fl. gr. pl.; tr. florif. tr. vig.
○ **Reine des Ile Bourbon**	*Bréon 1834.*	Rose carmin saumoné. — fl. gr. pl.; tr. florif. tr. vig.
Réveil	*Guillot père 1854.*	Carmin vif ombré de violet foncé. — fl. gr. pl.
○ **Souvenir de la Malmaison**	*Beluze 1842.*	Blanc carné à pourtour rougeâtre. — fl. tr. gr. tr. en coupe aplatie, odor.; tr. florif. vig.
Souvenir de Louis Gaudin	*Trouillard 1864.*	Pourpre ombré de grenat. — fl. moy. pl.; tr. florif. vig. tr. remontant.
Victor Emmanuel	*Guillot père 1860.*	Rouge pourpre. — fl. moy. pl.

✳ ✳ ✳

89

Groupe B. — HYBRIDES D'ILE BOURBON, genre Louise Odier

* *

Arbustes assez vigoureux, formant touffe, très rustiques, très peu sensibles au froid, se distinguant ainsi des autres rosiers de l'Ile Bourbon; très florifères.

Rameaux lisses, grêles, vert clair, peu ou point armés d'aiguillons; feuille petite et très dentelée, fleur de forme parfaite, coloris du rose très tendre au rouge clair.

○ **Louise Odier**	*Margottin 1851.*	Rose vif. — fl. moy. pl. odor.; tr. florif. tr. vig.
+ **Abbé Girardin**....................	*Bernaix 1882.*	Rose carmin. — fl. gr. bombée, pl. odor.; florif. vig.
Alice Fontaine	*Fontaine 1879.*	Rose tendre nuancé de saumon. — fl. gr. pl. odor.; florif. vig.
Catherine Guillot............... *Syn.* : Michel Bonnet.	*Guillot fils 1861.*	Pourpre vif éclairé carmin. — fl. gr. pl. odor.; vig.
Héroïne de Vaucluse	*Moreau Robert 1863.*	Rose vif nuancé de carmin. — fl. gr. glob. odor.; vig.
Louise Margottin................. *Syn.* : Mademoiselle Favart.	*Margottin 1862.*	Blanc lavé de rose tendre. — fl. moy. pl.; tr. florif. vig.
Madame de Sévigné	*Moreau Robert 1874.*	Rose tendre à centre rose vif. — fl. gr. pl. odor.; vig.
Madame Pierre Oger .... Accident fixé de Reine Victoria.	*Oger 1878.*	Blanc un peu crème liseré rose lilacé. — fl. moy. en coupe; pétales rigides comme en porcelaine; tr. florif. tr. vig.
Modèle de perfection............. *Syn.* : Céline Gonod.	*Guillot 1859.*	Rose satiné. — fl. moy. pl.; imb.

* * *

Groupe C. — HYBRIDES D'ILE BOURBON

* *

Généralement les catalogues marchands, et même les ouvrages spéciaux, rangent toutes les formes du rosier de l'Ile Bourbon dans une seule classe.

A notre sens, il existe réellement deux races distinctes, affines sans doute, mais séparées cependant l'une de l'autre par des caractères secondaires. Les « Hybrides d'Ile Bourbon » ont certainement une origine, sinon hybride, du moins métisse.

Cette race est caractérisée par des variétés à *rameaux* très vigoureux presque sarmenteux, très forts, armés d'aiguillons gros, souvent crochus; par un *feuillage* très ample; enfin par des *fleurs* énormes, le plus souvent rose vif, rouge vineux ou rouges.

Le pollen des R. Thé sarmenteux ne doit pas être étranger à la formation de cette race.

Impératrice Eugénie...............	*Béluze 1855.*	Rose tendre à reflets argentés. — fl. gr. tr. pl.; florif. vig.
Madame Edmond Corpus	*Ph. Bouligny 1903.*	Blanc pur, extérieur rose glacé. — fl. tr. gr. pl.; tr. florifère, tr. vig.
Reine de Castille..................	*Pernet père 1863.*	Rose tendre. — fl. gr. pl. odor.; tr. florif.
Reine Victoria	*Labruyère 1872.*	Rose vif. — tr. assez gr pl.; tr. vig.
Souvenir de Madame Bruel	*Level 1889.*	Rouge clair. — fl. gr. pl.; tr. vig.
Vicomtesse du Terrail.............	*Vigneron 1883.*	Rose tendre un peu carné. — fl. gr. pl. imb. forme de Camellia; trapu.

❧ ❧ ❧

Deuxième Espèce : R. SEMPERFLORENS, Curt.

(Syn. : Rosier du Bengale).

❧ ❧

Arbuste de 1 mètre, parfois 1^m,50. Rameaux plutôt forts, buissonnants, d'un vert gai, brillant, lisses, sans pubescence, ni glandes, ni soies, armés d'aiguillons peu nombreux, épars, droits ou très peu crochus. Feuilles presque toujours 5-foliolées. Folioles inégales, la première paire plus petite, elliptiques-lancéolées, vert tendre, glabres, à peine légèrement pourprées sur les bords dans leur jeunesse. Pétioles armés de petits aiguillons crochus sur la partie inférieure, et de glandes pédicellées sur les deux nervures supérieures. Fleurs semi-pleines, réunies par deux à cinq, à corolle petite ou moyenne, se montrant jusqu'aux gelées automnales, grâce à la végétation ininterrompue de cette espèce qui porte presque toujours, à l'automne, des fruits mûrs, des fleurs et des boutons. Fruits de forme variable, obconiques, turbinés ou oblongs, impubescents; sépales caducs avant la maturité.

Introduit de Chine en 1789.

Culture facile. Multiplication par écussonnage, mais surtout par boutures, qui prennent racines avec une extrême facilité.

❧ ❧ ❧

Race des BENGALE non sarmenteux

❧ ❧

Groupe A. — BENGALE ORDINAIRES

❧ ❧

| + **Antoinette Cuillerat** .... | *Buatois 1898.* | Blanc sur fond jaune soufre, pourtour nuancé de pourpre. — fl. gr. semi-pl. en coupe; tr. vig. M. |

❧ 91

Baronne Piston de Saint-Cyr	*Dubreuil 1902.*	Rose incarnat clair. — fl. tr. gr. en coupe, tr. florif.; tr. vig. M.
+ **Cora** . . . . Madame Laurette Messimy × ?	*Veuve Schwartz 1899.*	Jaune clair nuancé aurore et carmin. — fl. moy. 1/2 pl. en coupe odor.; tr. florif. vig. M.
o **Ducher**	*Ducher 1869.*	Blanc pur. — fl. pl. en coupe; tr. florif. tr. vig. M.
Duke of York	*William Paul 1894.*	Rose foncé, dégradé jusqu'au blanc, bordé et tacheté de rose. — fl. gr. pl. en quartier; florif. vig.
+ **Frau Syndica Rœloffs** . . . . Vallée de Chamonix × Madame Laurette Messimy.	*P. Lambert 1898.*	Jaune nuancé de rose et de carmin vif. — fl. moy. pl. en coupe, tr. odor.; tr. florif. vig. M.
Institutrice Moulins	*Charreton 1893.*	Carmin foncé à centre plus clair et onglet jaune. — fl. gr. pleine, tr. vig. tr. flor.; massif.
+ **Le Vésuve**	*Laffay 1825.*	Carmin vif dégradé au rose de plusieurs couleurs sur le même pied. — fl. tr. gr. tr. pleine; tr. vig. tr. flor. massif.
+ **Madame Eugène Resal** . . . . . . Madame Laurette Messimy × ?	*P. Guillot 1895.*	Bicolore, jaune nankin nuancé de rose vif. — fl. gr. semi-pl. en coupe odor.; florif. tr. vig. M.
+ **Madame Jean Sisley** . . . . Ducher × Sombreuil.	*Dubreuil 1884.*	Blanc mat liseré rose. — fl. gr. pl. en coupe; tr. florif. tr. vig. M.
+ **Madame Laurette Messimy**	*Guillot 1887.*	Jaune cuivré éclairé de feu et nuancé de rose vif. — fl. gr. pl. odor.; tr. florif. vig. M.
Madame Pauwert	*Rambaux 1876.*	Blanc à centre légèrement rosé. — fl. gr. pl. florif.; vig. moy.
Queen Mab	*W. Paul 1896.*	Rose pêche, revers des pétales ombré rose et violet. — fl. gr. 1/2 pl. vig. moy.
Rival de Pœstum	*1863.*	Blanc jaunâtre. — fl. moy. pl. florif.; vig. moy.
Souvenir d'Aimée Terrel des Chênes.	*Veuve Schwartz 1899.*	Jaune abricot nuancé de carmin. — fl. pet. pl. vig.; moy.
Viridiflora	*Harrisson 1856.*	Vert foncé. — fl. moy. pl.; tr. florif. tr. vig., curiosité.

❦ ❦ ❦

Groupe B. — HYBRIDES DE BENGALE

❦ ❦

Ces hybrides forment deux catégories distinctes.

La première est à *rameaux non sarmenteux*, à bois plutôt grêle, à aiguillons souvent peu nombreux, à folioles longuement lancéolées, lorsque l'un des ascendants est une forme dérivée du R. semperflorens; lorsqu'au contraire, un ascendant est le R. chinensis, les jeunes folioles (ovales-lancéolées) et l'extrémité des rameaux sont pourprées.

P. SEGUIN-BERTAULT

LE VÉSUVE

Bengale

AMAT, éditeur, PARIS.

Chromolith. J. L. GOFFART, Bruxelles.

Le groupe des Hybrides de Bengale sarmenteux possède des rameaux d'une grande vigueur, à aiguillons forts, ou très forts, souvent entremêlés de glandes, à folioles longuement lancéolées, lorsque la variété dérive du R. semperflorens ou à folioles pourprées et à fleurs cramoisies lorsque le R. chinensis est en cause.

Les styles sont presque toujours libres.

+ **Alice Hamilton.** Nabonnand × Bengale ordinaire.	*P. et C. Nabonnand 1904.*	Rouge cramoisi. — fl. tr. gr. 1/2 pl. odor.; tr. florif. tr. vig
Aréthusa	*W. Paul 1903.*	Jaune clair teinté jaune abricot. — fl. moy. pl. tr. florif.; vig. M.
+ **Aurore**	*Veuve Schwartz 1907.*	Du crème au jaune d'or. — fl. gr. pl. odor.; vig.
+ **Bébé Fleuri.**	*F. Dubreuil 1906.*	Rose de Chine, variant au rouge groseille. — fl. moy. pl.; tr. florif. tr. vig. M.
Burbanck. Hermosa × Bon Silène.	*Burbanck 1900.*	Rose clair et carmin. — fl. gr. pl.; tr. florif. tr. vig. M.
+ **Cardinal** Madame Laurette Messimy × Empress Alexandra of Russia.	*N. Welter 1903.*	Rouge laque foncé c. jaunâtre. — fl. gr. assez pl. odor.; tr. florif. tr. vig.; M.
○ **Comtesse du Cayla**	*Guillot 1902.*	Varie du rouge capucine au jaune orangé cuivre. — fl. gr. assez pl. en coupe; tr. florif. vig. M.
Irène Watts Madame Laurette de Messimy × ?	*P. Guillot 1896.*	Saumon. — fl. tr. gr. pl. en quartier; tr. florif. M.
Leuchtfeuer. Cramoisi supérieur × Gruss au Teplitz.	*H. Kièse 1908.*	Rouge feu brillant. — fl. tr. gr. pl. en coupe imb.; florif. vig. M.
+ **Louis Chabrier.**	*P. et C. Nabonnand 1905.*	Rose tendre c. lég. plus vif. — fl. tr. gr. 1/2 pl.; tr. vig.
○ **Louise Pigné** Madame Eugène Résal × Madame Lombard.	*Pigné 1905.*	Rose de Chine sur fond jaune chamois. — fl. tr. gr. tr. pl. chiffonné, odor.; tr. florif. tr. vig. M.
○ **Madame Laure Dupont** Hermosa × Louis Van Houtte.	*Schwartz 1906.*	Rouge carmin vif, reflets bleuâtres, nuancé rose argent. — fl. tr. gr. pl. odor.; tr. florif. tr. vig. M. O.
Madame Léglise. Petit Constant × Frau Syndica Rœlofs.	*Kellen Frères 1903.*	Jaune nankin teinté de rouge capucine. — fl. gr. pl. odor.; en coupe vig. M.
+ **Maddalena Scalrandis** 	*Scalrandis 1902.*	Rose foncé à fond jaune. — fl. tr. gr. tr. pl. en coupe; très florif. tr. vig. M.
Mademoiselle de la Valette. Madame Eugène Résal × Aurore.	*Schwartz 1909.*	Rouge cerise fond jaune d'or. — fl. gr. 1/2 pl.; vig.
Miss Edward Clayton Madame Eugène Résal × Cora.	*Schwartz 1909.*	Jaune cuivré teinté de blanc passant au blanc rosé, fond jaune. — fl. gr. 1/2 pl. odor.; tr. vig.
+ **Petrus Donzel.**	*A. Schwartz.*	Rouge pourpre velouté. — fl. moy. pl. odor.; tr. florif. vig.
+ **Sanglant** *Syn. :* Sanguinea.	*Cherpin 1870.*	Rose variable. — fl. moy. assez pl. odor.; tr. vig.
+ **Sirena** *Syn. :* Charlotte Ketten	*Turké 1906.*	Rouge écarlate. — fl. gr. p.

o **Werner's Liebling** . . . .   *Werner's 1902.*   Rouge foncé. — fl. gr. 1/2 pl. ; tr. florif. tr. vig. M.

✻ ✻ ✻

Race des CHINENSIS

(*Syn. :* R. sinensis, *Pronville.* — Bengale pourpre).

✻ ✻

Arbuste plus faible dans toutes ses parties, que le R. semperflorens, atteignant difficilement 1 mètre.

Il se différencie du R. semperflorens :

1º Par ses folioles qui sont ovales-lancéolées et non elliptiques-lancéolées ;

2º Par des serratures beaucoup plus profondes et très aiguës.

3º Par la teinte franchement purpurine des folioles, lesquelles sont complètement pourprées en dessous et pourpres sur les bords ;

4º Enfin par des fleurs cramoisies qui, à elles seules, suffiraient pour différencier cette espèce du type de Curtis.

Bengale pourpre. . . . .   *Vibert 1827.*   Pourpre. — fl. moy. pl. en coupe ; tr. vig.

Cramoisi supérieur. . . . .   *Cocquereau 1832.*   Pourpre vif. — fl. moy. en coupe ; tr. florif. vig. M.

Louis-Philippe. . . . .   *Guérin 1834.*   Pourpre foncé. — fl. moy. pleine ; florif. M.
Syn. : Crown des Anglais, Purple des Anglais, Président d'Olbecque.

+ **Nabonnand** . . . .   *Nabonnand 1887.*   Rouge pourpre velouté cuivré. — fl. tr. gr. pl. imb. tr. florif. ; tr. vig. M.

✻ ✻ ✻

Race des MISS LAWRENCE

(*Syn. :* R. indica minima, *Curt.* ; R. indica Lawrenceana, *Red.* ; R. semperflorens minima, *Sims*).

✻ ✻

Cette race est une forme aux habitudes naines, du R. semperflorens, *Curt.*, dont elle possède, réduits à une petite échelle tous les caractères spécifiques. Chez cette plante, les folioles atteignent difficilement 15 millimètres de longueur, et la foliole impaire 2 centimètres ; la hauteur totale de la plante est rarement de 0m,50. Introduite de Chine vers 1820 par Swelt.

Même culture que le R. semperflorens. Les fleurs qu'elle produit sont, nous croyons, les plus petites du genre, si on en excepte celles des R. polyantha nains.

Gloire des Lawrence. . . . .   *1837.*   Pourpre violet. — fl. pet.

| Lawrencia rose . . . . | *Miss Lawrence.* | Rose luisant. — fl. semi-pl.; n. B. |
| Pompon de Paris . . . . | *1839.* | Rose. — fl. tr. pet.; flor. continue. |

Syn. : Lawrenceana type.

Syn. : Pompon ancien.

GALLICÆ

Espèce Unique : R. GALLICA, Linné.

(*Syn.* : R. austriaca, *Crantz* ; R. pumila, *L. fils* ; Rosier de Provins).

Arbuste de 1 mètre au plus, parfois seulement 0^m,50.

Rameaux diffus, peu élancés, à écorce d'une vert sombre, souvent brune et plus ou moins pourprée d'un côté; armés d'aiguillons nombreux, sétacés, presque droits, entremêlés d'acicules et de glandes pédicellées, parsemés de quelques aiguillons crochus, plus longs et plus forts.

Feuilles généralement 5-foliolées, accidentellement à trois paires de folioles; *folioles* largement ovales, à sommet arrondi, presque obtus, d'un vert sombre, légèrement gaufrées et d'aspect rude et coriace, souvent pubescentes en dessous, à *serratures* velues et glanduleuses, promptement caduques.

L'aspect général des feuilles et des folioles, ainsi que la forme des rameaux et des aiguillons se retrouvent plus ou moins modifiés dans les races qui dérivent directement du R. gallica (R. centifolia, R. portland, etc.)

Fleurs souvent solitaires ou réunies par trois au plus, à corolle très grande, simple dans le type et double ou semi-pleine, chez ses variations légitimes.

Styles libres, souvent saillants; *sépales* généralement caducs, mais quelquefois persistants.

Fruits ronds ou ovoïdes.

Cette espèce est — comme son nom l'indique — spontanée en France. Elle résiste, ainsi que ses dérivés, aux hivers les plus rigoureux; elle se multiplie facilement par division des pieds. Ses variétés étaient très à la mode jusqu'au milieu du siècle dernier; mais la culture en fut abandonnée parce qu'elles ne remontent pas. Quelques belles variétés à fleurs franchement panachées sont encore dans les jardins.

Race des PROVINS

| Belle des Jardins . . . . | *Guillot 1872.* | Rose pourpré vif panaché et strié de blanc. — fl. moy. pl.; tr. vig. |
| Perle des panachées × ? | | |

Camaïeux.	*1830.*	Rose lilacé strié blanc. — fl. moy. pl. odor.; tr. vig.
+ Cardinal de Richelieu	*Laffay 1840.*	Violacé lavé de carmin. — fl. moy. tr. pl. imb. odor.; tr. florif. tr. vig. M.
César Beccaria	*Moreau-Robert 1870.*	Blanc ponctué de rose. — fl. gr. pl.
+ Commandant Beaurepaire.	*Moreau-Robert 1874.*	Rose vif panaché de pourpre et violet et ponctué de blanc. — fl. gr. pl. en coupe; vig. moy.
Syn. : Panachée d'Angers (Moreau-Robert 1879).		
Dometille Beccard.		Blanc carné strié et rubanné rose vif et lilas. — fl. gr. pl.; vig.
Eulalie Lebrun	*Vibert 1844.*	Blanc panaché et strié de rose lilacé. — fl. moy. plate; vig. moy.
Georges Vibert	*Robert 1853.*	Rouge pourpre, panaché de blanc. — fl. gr. pl. plate; vig. moy.
Gros Provins Panaché		Pourpre violacé panaché de blanc. — fl. gr. pl.; vig.
Œillet Flamand.	*Vibert 1845.*	Rose panaché de blanc et de cramoisi. — fl. moy. presque pl. vig.
Œillet Parfait.	*Foulard 1841.*	Rose vif panaché lilas et pourpre. — fl. moy. pl. plate; vig.
Perle des Panachées.	*Vibert 1845.*	Blanc panaché lilas. — moy. pl.; vig. moy.
Syn. : Village Maid.		
Président Dutailly	*Dubreuil 1888.*	Cramoisi reflété de carmin au centre, violacé au pourtour. — fl. gr. p. en coupe; tr. florif. vig.
Tricolore de Flandres	*Van Houtte 1846.*	Blanc strié et panaché de pourpre et de violet. — fl. moy. pl.; vig. moy.

❦ ❦ ❦

Race des PARVIFOLIA

(*Syn. :* Petit Saint-François).

❦ ❦

C'est une forme aux habitudes naines du R. gallica, dont elle se différencie par sa petite taille (au plus 0^m,50) par ses rameaux grêles, ses folioles et ses fleurs minuscules.

En résumé le R. parvifolia est au Rosier gallica ce que le R. Lawrenceana est au R. semperflorens, et ce que le Cent-feuilles pompon est au R. centifolia.

Pompon Saint-François.	Blanc.
Pompon Saint-François.	Rouge.
Pompon Saint-François.	Violet.

❦ ❦ ❦

Race des CENT-FEUILLES

✤ ✤ ✤

Groupe A. — CENT-FEUILLES ORDINAIRES

(*Syn.* : R. centifolia *L.*)

✤ ✤ ✤

Arbuste se rapprochant beaucoup comme dimensions et aspect général du R. gallica, dont il provient.

Il se différencie du R. gallica par des pédicelles plus longs ; par des folioles moins rudes ; par le calice qui est visqueux et porte des sépales dressés ; enfin et surtout par des fleurs très doubles, pleines, de forme parfaite, penchées vers le sol.

La variété *Cent-feuilles* « des peintres » produit des roses d'une régularité incomparable, d'une forme globuleuse fort belle.

Fleurit une seule fois par an, en juin-juillet.

Les sépales du calice de cette race ont une tendance à présenter des productions particulières.

C'est ainsi que chez le centifolia « cristata », la moitié des sépales sont couverts, sur les bords, d'appendices multipartites, plusieurs fois divisés et subdivisés en lamelles étroites, portant des glandes odorantes, production qu'il ne faut pas confondre avec la mousse des variétés du R. muscosa, autre forme de R. cent-feuilles à calice couvert de mousse que nous étudierons plus loin.

On suppose que le R. centifolia *L.* est originaire d'Asie-Mineure. Il a été trouvé à fleurs doubles dans le Caucase.

La culture du R. centifolia remonte à la plus haute antiquité, et l'histoire de cette race est intimement liée à celle du monde civilisé.

La plupart des variétés de cette race ne remontent pas. Très rustique.

Bullata. *Syn.* : A feuille de laitue.		Rose clair brillant. — fl. gr. pl.; tr. vig. feuillage intéressant.
Centifolia Major. *Syn.* : Cent-feuilles des peintres. Accident fixé du Cent-feuilles commun.		Rose clair panaché. — fl. gr. tr. pl. glob. odor.; tr. vig.
+ **Cristata.** *Syn.* : Chapeau de Napoléon.	*Vibert 1827.*	Rose. —Variété rendue extrêmement curieuse et jolie par les sépales du calice munis d'appendices à segments multi-partites plusieurs fois divisés, subdivisés en lamelles étroites du plus gracieux effet.
Unique Blanche. *Syn.* : White Provence.	*Grimmwood 1778.*	Blanc pur. — fl. moy. ou petite, en coupe pleine tr. odor.; vig.
Unique Panachée *Syn.* : Tulipe Paltot, Madame d'Hébray.	*Cardon 1821.*	Blanc avec les pétales panachés rayés rose très vif. — fl. moy. pl. tr. vig.
Vierge de Cléry	*Baron Viellard 1888.*	Blanc. — fl. pl. odor.; vig.

✤ ✤ ✤

Groupe B. — CENT-FEUILLES MOUSSEUX NON REMONTANTS

(*Syn. :* R. muscosa, *Miller ;* R. centifolia muscosa, *Hort ;* Rosiers mousseux).

➤ ➤

Les caractères de cette race sont exactement ceux du R. centifolia, dont elle se différencie seulement par le pédoncule et surtout le calice et les sépales qui sont absolument couverts d'un tissu moussu, formé de ramifications innombrables, entremêlées et couvertes de glandes répandant une excellente odeur lorsqu'on les froisse.

Les variétés du R. centifolia muscosa ne fleurissent généralement qu'une fois l'an. Cependant il en est quelques-unes, récemment créées qui fleurissent plusieurs fois. C'est pourquoi nous avons divisé les variétés de cette race en deux groupes :

Mousseux non remontants. — Mousseux remontants.

Il est à remarquer que certaines variétés classées comme remontantes ne remontent pas dans certains terrains.

Toutes ces plantes sont parfaitement rustiques.

Baron de Wassenaer	*V. Verdier 1854.*	Rose violacé, revers des pétales blanc rosé. — fl. moy-glob. presque pl.; vig.
Blanche Double Unique blanche × Mousseux ordinaire.		Blanc. — fl. moy. pl. vig.
Capitaine Basroger	*Moreau-Robert 1890.*	Rouge carminé vif nuancé pourpre. — fl. gr. pl. florif.; tr. vig.
Comtesse de Murinais	*Vibert 1843.*	Blanc. — fl. gr. pl. en coupe; tr. vig.
+ **Crimson Globe**	*W. Paul 1890.*	Cramoisi foncé. — fl. gr. pl. glob. florif.; tr. vig.
Eugène Verdier	*Eugène Verdier 1872.*	Rouge cramoisi. — fl. gr. tr. pl. odor.; vig.
○ **Gloire des Mousseuses** Syn. : Madame Alboni.	*Laffay 1852.*	Rose carminé à centre plus foncé. — fl. gr. pl. imb.; vig.
Hortense Vernet	*Moreau-Robert 1861.*	Blanc lavé de rose tendre. — fl. gr. pl. plate. vig.
Lane	*Robert 1860.*	Rose cramoisi parfois teinté de pourpre. — fl. gr. pl.; vig.
Marie de Blois	*Robert 1852.*	Rose soyeux nuancé de rose clair. — fl. gr. vig.
Nuits d'Young	*Laffay 1852.*	Pourpre et nuancé foncé, velouté presque noir. — fl. moy.
Œillet Panaché	*Ch. Verdier 1888.*	Rose lég. panaché de rouge vif. — fl. moy.; vig.
Ordinaire Syn. : Communis.		Rose vif. — fl gr. pl.; vig.
Reine Blanche	*Robert-Moreau 1858.*	Blanc pur. — fl. gr. pl. plate; vig.

CENT FEUILLES MOUSSEUX

William Lobb. . . . .   *Laffay 1855.*   Carmin nuancé pourpre. — fl. moy. pleine; vig.

enob a . . . .   *W. Paul 1892.*   Rose satiné. — fl. gr. c. en rosette glob. tr. odor.; vig.

Groupe C. — CENT-FEUILLES MOUSSEUX REMONTANTS

Ce groupe n'est en réalité, qu'un sous-groupe que nous avons créé dans les R. cent-feuilles mousseux; ces rosiers ont les mêmes caractères que ceux du groupe précédent.

Blanche Moreau. . . . .   *Moreau-Robert 1880.*   Blanc pur. — fl. moy. bouton pointu; vig.
Syn. : Mademoiselle Marie-Louise Bourgeois.

ᴑ **Deuil de Paul Fontaine** . . . . . .   *Fontaine 1873.*   Rouge pourpre ombré rouge feu. — fl. gr. pl. en coupe; florif. tr. vig.

Eugénie Guinoisseau. . . . .   *Bertrand Guinoisseau 1864.*   Rouge cerise ombré de violet. — fl. gr. pl. en coupe; vig.

Impératrice Eugénie . . . .   *Guillot père 1855.*   Rose vif brillant. — fl. moy. pl. florif.; vig.

James Veitch . . . .   *Eug. Verdier 1864.*   Violet ardoise nuancé de feu. — fl. moy. pl.; florif, vig. moy.

Madame Edouard Ory . . . . . .   *Robert-Moreau 1854.*   Rose vif. — fl. gr. pl. glob. tr. vig.; remonte bien.

+ **Madame Louis Lévêque** . . . . . .   *Lévêque 1904.*   Rose chair clair. — fl. tr. gr. pleine glob.; tr. vig.

Madame Moreau . . . .   *Moreau-Robert 1872.*   Rouge vermillon souvent nuancé en ligne de blanc. — fl. gr. pl.; vig.

Madame William Paul. . . . . . .   *Moreau-Robert 1869.*   Beau rose vif. — fl. gr. pl.; glob.; vig.

+ **Mousseline** . . . .   *Robert-Moreau 1881.*   Blanc rosé parfois blanc presque pur. — fl. gr. glob. pl.; vig.

René d'Anjou. . . . .   *Robert 1853.*   Rose tendre. — fl. plutôt pet. pl. glob.; vig.

Salet. . . . .   *Lacharme 1854.*   Rose vif revers de pétales plus pâle. — fl. moy. pl. de belle forme; vig.

Soupert et Notting. . . . .   *Pernet père 1874.*   Rose vif nuancé de carmin. — fl. gr. glob. vig.; remonte tr. bien.

Groupe D. — CENT-FEUILLES POMPON

Charmant petit arbuste de quelques décimètres, à rameaux droits, verticaux, grêles, portant de nombreux petits aiguillons très fins, très aigus, épars.

99

Feuilles 5, 7-foliolées à folioles très petites, en rapport avec les fleurs minuscules et de forme parfaite.

Très rustiques, les diverses variétés de cent-feuilles pompon se cultivent franches de pied ou écussonnées sur demi-tige.

Sous cette dernière forme, elles produisent un effet ravissant.

Pompon de Bourgogne blanc	Blanc pur. — fl. tr. pet. en coupe.
Pompon de Bourgogne rose.	Rose tendre. — fl. tr. pet. en coupe forme parfaite.

+ + +

Race des ALBA.

+ +

Cet hybride du R. gallica et du R. canina est certainement plus voisin de ce dernier que du Rosier de Provins et nous l'aurions placé comme forme du R. canina, si nous n'avions tenu à réunir en un seul faisceau toutes les races du gallica.

Arbuste de 2 mètres, voisin comme faciès général du R. canina L.

Rameaux droits, très forts, armés d'aiguillons forts et crochus. Axes secondaires rappelant les rameaux des Rosiers de Provins, mais cependant généralement dépourvus de soies et de glandes.

Feuilles à 5, 7-foliolées; folioles glauques, ovales-arrondies simplement dentées, glabres à la face supérieure, glanduleuse sur les nervures.

Fleurs simples ou doubles, jamais pleines, généralement blanc carné. Fleurit en juin-juillet.

Introduit de Crimée en 1597; très rustique, ne remonte pas.

Cuisse de Nymphe . . . . Syn. : La Royale.	*Dumont de Courset.*	Carnée à bord des pétales plus pâle. — fl. gr. presque pl.; vig.
Madame Plantier . . . . Alba × Moschata.	*Plantier 1835.*	Blanc pur. — fl. moy. pl.; vig.
Pompon blanc parfait	*Eugène Verdier 1876.*	Rose très tendre passant au blanc pur. — fl. pet.

+ + +

Race des DAMAS.

(*Syn.* : R. damascena, *Miller;* Rosier de Damas; Rosier de Puteaux; R. bifera; Rosier des Quatre-Saisons).

+ +

Arbuste de 1^m,50, rarement 2 à 3 mètres.

Rameaux secondaires nombreux et diffus, rappelant par leur forme et leurs aiguillons ceux du R. gallica. Les rameaux principaux, au contraire, élancés, droits et possédant des aiguillons forts et crochus.

Feuilles 7-foliolées; folioles ovales-lancéolées, amples, d'un vert plus vif que celles du R. gallica, quelquefois lavées de brun sur les bords, non promptement caduques.

Fleurs généralement réunies par 3 à 7, en faux corymbes, à pédoncule glanduleux, presque pleines, très odorantes.

Fruits très allongés, couverts de soies glanduleuses.

Cette plante est probablement née du croisement du R. gallica L. par le R. canina L.; introduite en France, selon toute apparence, par Thibault IV, vers 1250; mais sûrement de Syrie en 1573.

La rose de Damas est cultivée depuis la plus haute antiquité, à cause de sa floraison continuelle. On a de fortes raisons de croire que les Romains la cultivaient à Pœstum, et que c'est là le *Biferique rosaria Pœsti* dont parle Virgile au livre IV des Géorgiques.

Une forme très voisine du type était cultivée au siècle dernier à Puteaux, près Paris, pour la production des fleurs sèches destinées à la pharmacie. Ce rosier résiste bien à nos hivers.

Botzaris	*Robert 1856.*	Blanc pur. — fl. gr.; vig.
Damascena. *Syn. :* Rosier de Puteaux.	*Miller 1768.*	Rose tendre. — fl. gr. pl.; vig.
Madame Hardy Clinophyalla × ?	*Hardy 1852.*	Blanc pur. — fl. gr.; vig.
York et Lancastre.	*Miller.*	Blanc panaché rayé de rose clair. — fl. moy. 1/2 double.

✣ ✣ ✣

Race des PORTLAND

(*Syn. :* R. portlandica, *Hort. ;* Rosier perpétuel).

✣ ✣

Arbuste de 0ᵐ,75 ou environ. *Rameaux* forts, droits, rigides vert sombre, souvent pourprés du côté du soleil, couverts d'aiguillons inégaux, aciculaires, les plus longs légèrement crochus, les autres droits, entremêlés de soies glanduleuses.

Feuilles généralement 7-foliolées, *folioles* coriaces, rigides, ovales, plus ou moins arrondies au sommet, l'impaire rarement lancéolée, d'un vert sombre, glabres en dessus, légèrement tomenteuses en dessous; *serrature* généralement simple, glanduleuse ou velue; *nervures* des folioles accentuées.

Fleurs roses ou rouges, très odorantes, solitaires ou réunies par 2-3 courtement pédonculées, se montrant parfois à l'aisselle des feuilles à la seconde floraison.

Fruits rouges, presque toujours allongés.

On suppose le R. portlandica originaire d'Angleterre et on le considère comme un hybride du R. gallica.

Très résistant au froid, il a joui d'une grande vogue, grâce à sa faculté de remonter, jusqu'à l'introduction en France du R. indica, *Lindl.*

Blanc de Vibert	*Vibert 1847.*	Blanc pur. -- fl. moy.
Cœlina Dubos . . . . *Syn. :* Le Roi blanc.	*Dubos 1849.*	Blanc rosé. — fl. moy.; bien pl.
Rose du Roi	*Souchet 1819.*	Rouge vif. — fl. moy. ou grande; pl.
Julie Krudner	*Laffay 1847.*	Rose carné. — fl. moy. pl.
Madame Boll	*Boll 1859.*	Beau rose vif. — fl. tr. gr. tr.; vig.
Madame Knorr	*Verdier 1865.*	Beau rose tendre. — fl. gr. pl. tr. odor.; florif. tr. vig.
Marie de Saint-Jean	*Damaizin 1869.*	Blanc pur. — fl. pet. en coupe; vig. moy.
Rembrandt	*Moreau-Robert 1883.*	Rouge vermillon ombré de carmin parfois rayé de blanc. ·— fl. gr. pl.; vig.

Race des HYBRIDES REMONTANTS

Cette race purement horticole est sans conteste une des plus riches, sinon la plus riche du genre et elle est extrêmement précieuse pour les pays du Nord, dans lesquels les formes plus sensibles au froid ne résistent pas.

Quelle est l'origine des rosiers dits Hybrides remontants?

Très certainement l'hybridation du R. gallica ou d'une de ses formes affines par des variétés des R. indica fragrans et semperflorens.

Les caractères des Hybrides remontants actuellement cultivés sont en somme, très variables, parce que les premiers obtenus vers 1842 (aujourd'hui pour la plupart disparus des cultures) ont été à leur tour métissés et que les produits mêmes de ces métissages ont parfois à nouveau subi l'action naturelle ou artificielle d'un pollen étranger.

Certaines véritables sous-races ou groupes se sont ainsi trouvés constitués, dont les variétés ont entre elles des caractères communs, comme nous le voyons ci-après.

Les principaux caractères auxquels on reconnaît les Hybrides remontants sont les suivants :

Rameaux forts ou très forts, raides, presque toujours verts, rarement légèrement pourprés du côté du soleil, toujours hétéracanthes, c'est-à-dire armés d'aiguillons forts, crochus (presque toujours entremêlés d'acicules).

Ce caractère est constant, sauf chez quelques rares formes métissées à nouveau, et chez lesquelles les rameaux sont peu armés, mais cependant non inermes. L'extrémité des rameaux est brusquement atténuée et raide. Le *pédoncule* est ferme, droit, rigide à de rares exceptions près.

Les *feuilles* 5, 7-foliolées portent des folioles de formes variables mais presque toujours rudes, à nervures saillantes, plus ou moins gaufrées n'ayant jamais la belle teinte vert clair ou pourprée, et la transparence observée chez les variétés du R. indica. L'aspect des folioles rappelle toujours de près ou de loin celles du gallica ou du damescena, à moins qu'un nouveau métissage ne soit intervenu (Captain Christy, par exemple, généralement classé dans les Hybrides remontants et que nous avons placé parmi les Hybrides de Thé).

Les *fleurs* grosses ou très grosses varient du blanc pur au rouge le plus foncé; il n'y en a pas de jaunes.

Les *fruits*, de formes assez variables, sont presque toujours pyriformes, plus ou moins longuement atténués à la base, mais très rarement brusquement dilatés ou presque sphériques.

Les Hybrides remontants résistent pour la plupart très bien aux froids normaux du climat séquanien et du Nord de la France.

❧ ❧ ❧

Groupe A. — LA REINE

(Syn. : Rosier de la Reine).

❧ ❧

Les rosiers de ce groupe sont vigoureux, rustiques, à *rameaux* toujours droits un peu rigides, munis d'aiguillons petits et assez rapprochés, *feuillage* serré, vert, *fleur* en coupe, coloris variant du rose tendre au rose vif. Ils drageonnent au loin, comme les Provins dont ils se rapprochent beaucoup par leur végétation.

+ La Reine. . . . . *Syn.* : Reine des Français.	*Laffay 1842.*	Rose lilacé. — fl. gr. pl. en coupe odor.; vig. F. C. M.
o Anna de Diesbach . . . . La Reine × ?	*Lacharme 1857.*	Rose frais. — fl. tr. gr. tr. double en coupe odor.; vig. Fm. C.
Baronne Gustave de Saint-Paul . . .	*Glantenei 1894.*	Beau rose. — fl. gr. pl. en coupe; vig.
François Michelon.	*Level 1871.*	Rose foncé. — fl. tr. gr. pl. en coupe; vig.
Georges Moreau. . . . . Paul Neyron × ?	*Moreau-Robert 1880.*	Rouge vif. — fl. gr. double en coupe odor.; tr. vig.
Madame Eugène Verdier	*Eug. Verdier 1878.*	Beau rose argenté. — fl. gr. pl. glob.; vig. F. C.
Madame Montet.	*Liabaud 1880.*	Rose tendre. — fl. gr. forme chiffonnée odor.; tr. vig.
o Mistress John Laing. . . . . François Michelon × ?	*Dingee 1891.*	Rose vif. — fl. gr. pl. en coupe odor.; tr. florif. vig. C. M.
o Paul Neyron . . . . Victor Verdier × Anna de Diesbach.	*Level père 1869.*	Rose foncé. — fl. extra gr; plate odor.; tr. florif. vig. M. C.
Rosa Verschuren . . . . Issue de Souvenir de la Reine d'Angleterre.	*H. A. Verschuren 1904.*	Rose très frais. — fl. gr. pl. odor.; florif. tr. vig. feuillage panaché.

— 103

+ **Souvenir de la Reine d'Angleterre.** .   *Cochet frères 1855.*   Beau rose argenté. — fl. gr. plate bouton rond; tr. florif. tr. vig. Fh. M. C.
   Semis de La Reine.

o **Ulrich Brunner fils** . . . .   *Level père 1853.*   Rouge cerise. — fl. gr. double en coupe odor.; Fm. M. C. tr. vig.
   Anna de Diesbach × ?

❧ ❧ ❧

Groupe B. — BARONNE PRÉVOST

❧ ❧

Il y a tout lieu de supposer que les rosiers de ce groupe ne sont que des accidents fixés du type, vieil hybride venant des R. Provins et des R. de l'Ile Bourbon. Ils forment de beaux buissons d'une longévité assez peu commune chez les Hybrides remontants. Leurs caractères principaux sont : *rameaux* forts, grisâtres, poussant horizontalement, armés de nombreux aiguillons gros et gris; *feuillage* ample; *fleur* de forme plate, pleine, rappelant celle des R. cent-feuilles variant du coloris rose au rose foncé; portant peu à fruit.

o **Baronne Prévost.** . . . .   *Desprez 1842.*   Rose vif. — fl. gr. pl. plate c. chiffonnée tr. odor.; tr. vig. M. C.

Boïeldieu . . . .   *Garçon 1877.*   Rose vif. — fl. gr. pl. plate odor.; vig. moy. Fm.
   Jules Margottin × Baronne Prévost.

o **Madame Eugénie Frémy** . . . . . .   *Eugène Verdier 1884.*   Beau rose vif. — fl. tr. gr. tr. pl. plate; tr. vig. M. C.

Panachée d'Orléans . . . .   *Dauvesse 1854.*   Rose panaché blanc. — fl. moy. en coupe odor. bouton rond; vig.
   Accident fixé de « Baronne Prévost ».

❧ ❧ ❧

Groupe C. — GÉANT DES BATAILLES

❧ ❧

Arbuste rustique, florifère et très remontant, à rameaux bruns, droits, *aiguillons* nombreux; *feuillage* petit, peu ample, très sujet à l'oïdium et aux maladies cryptogamiques en général, *folioles* assez rapprochées sur le pétiole commun; *fleur* en coupe, petite, rouge écarlate ou rouge très foncé; *fruit* petit, ovoïde, longuement atténué à la base.

o **Géant des Batailles** . . . .   *Nérard 1846.*   Rouge feu éclatant. — fl. assez gr. pl. lég. en coupe tr. odor.; vig. moy. M.

Abbé Bramerel . . . .   *Guillot fils 1864.*   Pourpre foncé ne bleuit pas. — fl. moy. pl. forme plate, bouton rond odor.; florif. vig. moy. C.
   Géant des Batailles × ?

Cardinal Patrizzi . . . .   *Trouillard 1853.*   Rouge ponceau. — fl. moy. pl. forme plate odor.; vig. moy.
   Géant des Batailles × ?

Deuil du Prince Albert	*Lapente 1862.*	Rouge foncé ne bleuit pas. — fl. moy. pl. forme en coupe odor.; vig. C.
Empereur du Maroc Géant des Batailles × ?	*Guinoisseau 1858.*	Rouge pourpre. — fl. moy. en coupe odor.; vig. moy. M. C.
Eugène Appert Géant des Batailles × ?	*Trouillard 1856.*	Rouge nuancé vermillon. — fl. gr. en coupe; vig.
Madame Angèle Dispott	*Dauvesse 1869.*	Rouge nuancé feu. — fl. assez gr. en coupe; vig. moy.
Ma Surprise. Eugène Appert × ?	*Level 1884.*	Rouge foncé noirâtre. — fl. moy en coupe; vig.
Souvenir de Charles Montaut	*Moreau-Robert 1862.*	Feu velouté. — fl. gr. pl. plate et chiffonnée odor.; vig. F. M. C.

❧ ❧ ❧

Groupe D. — VICTOR VERDIER

❧ ❧

Les variétés de ce groupe diffèrent des Hybrides remontants ordinaires, et se rapprochent plutôt des Hybrides de Thé; elles sont remarquables par leur belle végétation et leur abondante floraison. *Rameaux* droits, gros, courts, lisses, verts; *aiguillons* peu nombreux; feuillage ample; folioles allongées, fleur grande, en coupe.

Victor Verdier. Jules Margottin × ?	*Lacharme 1851.*	Rouge vif. — fl. gr. pl. glob. à c. élevé; tr. florif. vig. M. C.
Albert Payé. Victor Verdier × ?	*Touvais 1873.*	Rose pâle. — fl. gr. en coupe; vig. C.
André Fresnoy Victor Verdier × ?	*Pernet père 1868.*	Rouge foncé. — fl. moy. pl. en coupe; vig. moy. M.
Baronne de Belleroche.	*Dubreuil 1897.*	Rouge vif. — fl. gr. pl. glob. tr. florif. vig. moy.
Baronne Travot.	*Ch. Verdier 1884.*	Beau rose argenté. — fl. gr. pl. c. chiffonnée; vig.
Charles Verdier. Victor Verdier × ?	*Guillot 1867.*	Beau rose frais. — fl. gr. tr. pl. en coupe; vig. M. C.
Comtesse de Paris. Victor Verdier × ?	*Lévêque 1882.*	Beau rouge. — fl. gr. pl. plate; vig. C.
Comtesse d'Oxford.	*Guillot père 1869.*	Rouge vermillon. — fl. gr. pl. en coupe; vig. C.
Etienne Levet. Victor Verdier × ? Ressemble à Hippolyte Jamain et à Président Thiers.	*Level 1872.*	Rouge carminé. — fl. tr. gr. en coupe; vig. Fm. M.
Henri Ledéchaux	*Ledéchaux 1868.*	Rouge vif. — fl. gr. double en coupe; vig.
Hippolyte Jamain	*Lacharme 1874.*	Rouge vif. — fl. tr. gr. en coupe; vig.
○ **Julius Finger** Victor Verdier × Sombreuil.	*Lacharme 1879.*	Blanc saumoné. — fl. moy. en coupe odor.; tr. vig. C.
La Favorite.	*Guillot 1871.*	Beau rose argenté. — fl. moy. pl. en coupe odor.; florif. F. M.

Lucien Duranthon	*Bonnaire 1894.*	Beau rose frais. — fl. moy. en coupe tr. florif.; tr. vig. F. O.
Lyonnais. . . . . Victor Verdier × ?	*Lacharme 1872.*	Rose argenté c. plus vif. — fl. tr. gr. en coupe; vig. M. O.
Madame Dorlia	*Fontaine 1878.*	Rouge cerise. — fl. tr. gr. chiffonnée; tr. vig.
Madame Hunnebelle	*Fontaine 1872.*	Beau rose frais. — fl. gr. pl. en coupe; vig.
Madame Marcel Fauneau. . . . . . Monsieur Alexis Lepère × ?	*Vigneron 1886.*	Rose nuancé rouge foncé. — fl. gr. en coupe; vig.
Madame Raoul Chandon	*Ch. Verdier 1884.*	Beau rose frais. — fl. moy. double en coupe odor.; florif. vig. moy.
Mademoiselle Eugénie Verdier. . . . *Syn. :* Marie Finger (Rambaux 74).	*Guillot 1869.*	Beau rose frais lég. saumoné. — fl. gr. double glob.; vig. moy. M. O.
Mistress Sharman Crawford	*Dickson 1894.*	Rose argenté. — fl. moy. plate double; tr. florif. vig.
Mistress Veitch	*Eug. Verdier 1872.*	Rose vif frais. — fl. gr. double chiffonnée; florif. vig.
Monsieur Alexis Lepère	*Vigneron 1875.*	Rouge clair. — fl. tr. gr. en coupe; vig. O.
Président Thiers. . . . . Victor Verdier × ?	*Lacharme 1871.*	Rouge nuancé. — fl. gr. pl. en coupe; florif. vig. moy. O.
Souvenir d'Adolphe Thiers . . . . . Countess of Oxford × ?	*Moreau-Robert 1877.*	Rouge velouté nuancé. — fl. gr. pl. en coupe; tr. florif. vig.
Souvenir de Léon Gambetta . . . . Ressemble à Mac Mahon.	*Gonod 1883.*	Rouge foncé nuancé. — fl. gr. pl. en coupe tr. florif.; vig.
Souvenir de Madame Berthier. . . . Victor Verdier × ?	*Liabaud 1881.*	Rouge velouté. — fl. tr. gr. bien faite en coupe; vig.
Star of Waltham	*W. Paul 1875.*	Rouge carminé. — fl. tr. gr. pl. en coupe odor.; vig. F. M. O.

❧ ❧ ❧

Groupe E. — GÉNÉRAL JACQUEMINOT

❧ ❧

Les rosiers formant ce groupe, le plus important de tous, sont des arbustes de végétation vigoureuse, très florifères et portant beaucoup à fruit.

Rameaux allongés, généralement gris; *aiguillons* nombreux, crochus; *feuillage* vert foncé; *folioles* ovales; floraison le plus souvent en corymbe; *fleur* forme en coupe ou chiffonnée, frisée quelquefois globuleuse, coloris du rouge clair au pourpre noirâtre, fruits abondants, de forme plutôt arrondie.

+ **Général Jacqueminot.** . . . . , Gloire des Rosomanes × ?	*Rousselet 1854.*	Rouge vif. — fl. gr. en coupe odor.; tr. florif. tr. vig. Fm. O.
Abel Carrière . . . . Baron de Bonstetten × ?	*Eug. Verdier 1875.*	Rouge cramoisi foncé, ne bleuit pas. — fl. gr. pl. plate; florif. vig. O.

Alsace-Lorraine . . . .   *Duval 1879.*   Rouge très foncé velouté. — fl. gr. pl. en coupe tr. odor.; ne bleuit pas.
Syn. : Directeur Alphand.

Antoine Wintzer . . . .   *Eug. Verdier 1884.*   Rouge vif nuancé. — fl. moy. pl. en coupe; vig.

Baron Girod de l'Ain . . . . . .   *Reverchon 1897.*   Rouge vif liseré blanc, pétales déchiquetés. — fl. moy. double en coupe; vig.
Accident fixé d'Eugène Furst.

Camille Bernardin . . . .   *Gautreau 1865.*   Rouge carmin vif — fl. gr. pl. en coupe tr. odor.; vig. M. C.
Maurice Bernardin × ?

Charles Duval. . . . .   *Eug. Verdier 1877.*   Beau rouge foncé. — fl. moy. pl. en coupe; vig.

Comte H. de Choiseul . . . . .   *Lévêque 1879.*   Beau rouge vermillon. — fl. gr. pl. en coupe odor.; vig. C.

Deuil du Colonel Denfert. . . . .   *Margotin père 1878.*   Rouge foncé noirâtre. — fl. gr. en coupe odor.; assez vig. C.

Duc de Cazes. . . . .   *Touvais 1861.*   Pourpre nuancé noirâtre. — fl. moy. pl. en coupe; assez vig.
Général Jacqueminot × ?

Duke of Connaught . . . .   *William Paul 1876.*   Rouge vermillon. — fl. moy. en coupe odor.; assez vig. C.
Maurice Bernardin × ?

Éclair . . . .   *Lacharme 1883.*   Beau rouge vermillon. — fl. tr. gr. en coupe odor.; vig. M. C.
Général Jacqueminot × ?

+ **Eugène Furst.** . . . .   *Soupert et Notting 1875.*   Cramoisi velouté nuancé de pourpre brillant. — fl. en coupe, tr. odor.; florif. vig. C.
Baron de Bonstetten × ?
Syn. : Général Korolkow,

Fischer et Holmes. . . . .   *Eug. Verdier 1865.*   Rouge écarlate brillant. — fl. tr. gr. pl. en coupe odor.; florif. vig. C.
Maurice Bernardin × ?

o **François Coppée.** . . . .   *Ledéchaux 1895.*   Beau rouge brillant, cramoisi illuminé de grenat velouté. — fl. gr. en coupe; vig. M. C.

Général Appert . . . .   *Schwartz 1884.*   Rouge pourpre brillant. — fl. gr. pl. en coupe odor.; vig. M. C.
Souvenir de William Wood × ?

+ **Gloire de Bourg-la-Reine.** . . . . .   *Margottin père 1879.*   Beau rouge écarlate. — fl. tr. gr. en coupe odor.; florif. vig. M. C.

Jean Liabaud . . . .   *Liabaud 1875.*   Cramoisi foncé velouté ne bleuit pas. — fl. gr. pl. en coupe odor.; vig. M. C.
Baron de Bonstetten × ?

Madame Bœgner . . . .   *Vigneron 1888.*   Rouge cerise vif nuancé feu. — fl. moy. double en coupe; vig.

Madame Charles Crapelet. . . . .   *Fontaine 1859.*   Beau rouge cerise. — fl. gr. double en coupe; vig.

Mademoiselle Annie Wood . . . .   *Eug. Verdier 1866.*   Beau rouge clair. — fl. gr. tr. pl. en coupe odor.; vig. M.

Mademoiselle Marie Digat . . . .   *Level père 1882.*   Cramoisi foncé velouté. — fl. gr. pl. en coupe tr. odor.; florif. vig.
Marie Baumann × ?

Maréchal Vaillant . . . .   *Lecomte 1861.*   Beau rouge vif. — fl. gr. pl. glob.; vig.
Syn. : Avocat Duvivier.

Marie Baumann. . . . .   *Baumann 1863.*   Rouge carmin vif. — fl. assez gr. pl. en coupe odor.; vig. M. C.
Général Jacqueminot × ?
Syn. : Madame Alphonse Lavallée.

Martin Cahuzac	*Lévêque 1889.*	Beau rouge carmiué. — fl gr. en coupe; tr. vig.
Monsieur Boncenne . . . . Général Jacquemlnot × Géant des Batailles. *Syn. :* Baron de Bonstetten.	*Liabaud 1864.*	Pourpre velouté ne bleuit pas. — fl. tr. gr. pl. en coupe odor.; vig. M. O.
Prince A. de Wagram	*Scipion Cochet 1891.*	Rouge pourpre foncé. — fl. tr. gr. en coupe; florif. vig. O.
Princesse Camille de Rohan . . . . *Syn. :* La Rosière.	*Eug. Verdier 1861.*	Rouge pourpre vif, ne bleuit pas. — fl. gr. en coupe tr. odor.; vig. M. O.
Princesse de Béarn	*Lévêque 1885.*	Rouge ponceau noirâtre, ne bleuit pas. — fl. tr. gr. en coupe odor.; vig.
Prosper Laugier . . . . *Syn. :* Souvenir de Cécile.	*Eug. Verdier 1883.*	Rouge écarlate. — fl. gr. en coupe odor.; vig.
+ Roger Lambelin	*Veuve Schwartz 1890.*	Rouge carminé fortement liseré de blanc. — fl. moy. double, chiffonnée; vig.
Scipion Cochet	*Eug. Verdier 1888.*	Rouge pourpre nuancé de vermillon. — fl. gr. pl. imb., vig. O.
Souvenir d'Auguste Rivière. . . . . Ressemble à la Rosière et au Prince Camille de Rohan.	*Eug. Verdier 1877.*	Rouge pourpre foncé noirâtre, ne bleuit pas. — fl. gr. pl. odor.; vig.
Souvenir de W. Wood	*Eug. Verdier 1863.*	Rouge noirâtre très foncé, ne bleuit pas. — fl. moy. en coupe; vig.
Vicomte Vigier	*Victor Verdier 1861.*	Rouge pourpre foncé. — fl. gr. imb.; vig.
Vulcain.	*Victor Verdier 1861.*	Rouge pourpre noir, ne bleuit pas. — fl. gr. doub e en coupe odor : vig. M. O.

✳ ✳ ✳

<h2 align="center">Groupe F. — JULES MARGOTTIN</h2>

✳ ✳

Arbustes d'une vigueur extraordinaire sans être sarmenteux, très résistants aux froids.

Rameaux droits, armés de nombreux aiguillons gros et crochus; *feuillage* ample, folioles oblongues, dentelées; *floraison* abondante, le plus souvent en corymbe, le bouton entouré de sépales foliacés, verts, longs et dentelés, fleurs variant du rose au rouge vif, sans coloris foncés; *fruits* très allongés, rappelant ceux du R. de Damas, dont ce groupe est probablement issu.

+ Jules Margottin	*Margottin père 1852.*	Rouge cerise vif. — fl. gr. pl. imb. tr. odor.; tr. vig. M. C.
Alphonse Soupert . . . . Jules Margottin × ?	*Lacharme 1883.*	Rose vif. — fl. gr. en coupe odor.; florif. tr. vig. C.
Catherine Soupert . . . . Jules Margottin × ?	*Lacharme 1879.*	Blanc liseré et ombré de rose. — fl. gr. pl. imb. odor.; vig.
Clara Cochet	*Lacharme 1885.*	Rose à reflets argentés. — fl. tr. gr. imb. odor.; tr. vig.

Comte Adrien de Germiny	*Lévêque 1881.*	Rouge brillant. — fl. gr. pl. imb.; tr. vig. M. C.
Edouard Morren. . . . . Jules Margottin × ?	*Granger 1869.*	Beau rose carminé tendre. — fl. tr. gr. tr. pl. en coupe; tr. vig. M.
Heinrich Schultheis	*Bennett 1882.*	Rose luisant. — fl. tr. gr. imb. tr. odor.; florif. vig.
Madame Anatole Leroy	*A. Leroy 1892.*	Beau rose tendre c. plus foncé. — fl. gr. pl. imb.; vig.
Madame César Brunier.	*Bernaix 1888.*	Beau rose de Chine. — fl. tr. gr. pl. en coupe, odor.; tr. vig.
○ Madame Gabriel Luizet. . . . . . . Jules Margottin × ?	*Liabaud 1865.*	Beau rose satiné. — fl. gr. en coupe, odor.; tr. vig. F. M.
Madame Georges Vibert	*Moreau-Robert 1879.*	Beau rouge cerise. — fl. gr. pl. imb.; vig.
Madame Lacharme . . . . Jules Margottin × Sombreuil.	*Lacharme 1872.*	Blanc lég. rosé. — fl. moy. pl. plate; vig. moy.
Madame Laurent	*Granger 1870.*	Rose vif. — fl. gr. pl. en coupe; tr. vig.

Madame Renard. . . . .
    Jules Margottin × ?
    Syn. : Miss Hassard. (Turner 1876.)
	Moreau-Robert 1871.	Beau rose saumoné. — fl. gr. pl. imb. odor.; vig. M. C.

Mademoiselle Thérèse Levet	*Levet père 1866.*	Rose saumoné. — fl. gr. pl. en coupe; vig.
+ Magna Charta.	*W. Paul 1876.*	Beau rose brillant. — fl. tr. gr. pl. imb. odor.; tr. vig. M. C.
○ Marquise de Castellane. . . . . . . Jules Margottin × ?	*Pernet père 1869.*	Beau rose tr. vif. — fl. tr. gr. pl. en coupe, odor.; florif. vig.
Violette Bouyer . . . . Jules Margottin × Sombreuil.	*Lacharme 1881.*	Blanc rosé. — fl. gr. en coupe, odor.; tr. florif. M. C.

❧ ❧ ❧

Groupe G. — MADAME RÉCAMIER

❧ ❧

Arbustes peu vigoureux et très florifères, *rameaux* ressemblant à ceux des « *Général Jacqueminot* »; *feuillage* très rapproché; *fleur* en forme de coupe, variant du blanc au blanc rosé; *fruits* petits, peu abondants.

Madame Récamier.	*Lacharme 1852.*	Blanc carné. — fl. moy.; vig. moy.
Elisa Boëlle. . . . . Madame Récamier × ?	*Guillot 1869.*	Blanc lég. rosé passant au blanc pur odor.; florif. vig. moy. M. C.
Impératrice Eugénie . . . . Madame Récamier × ?	*Oger 1858.*	Blanc rosé passant au blanc pur. — fl. moy.; vig. moy. O.
Madame Bellenden Kerr.. . . . . . Madame Récamier × Madame Falcot.	*Guillot 1867.*	Blanc rosé. — fl. moy. odor.; florif. vig. moy. C.
Virginale	*Lacharme 1858.*	Blanc pur. — fl. moy.; vig. moy.

❧ ❧ ❧

9

Groupe H. — TRIOMPHE DE L'EXPOSITION

Les rosiers de ce groupe sont très vigoureux, rustiques, assez florifères. Rameaux longs, à mérithalles éloignés; *folioles* amples; *fleur* généralement plate, quelquefois bombée, de coloris variant du rouge au rouge foncé; *fruit* rond.

Triomphe de l'Exposition	*Margottin père 1855.*	Rouge foncé. — fl. gr. pl. plate; tr. vig.
Alexandre de Humboldt	*Ch. Verdier 1870.*	Beau rose argenté. — fl. gr. en coupe, odor.; florif. vig. M.
Captain Hayward	*Bennett 1894.*	Cramoisi carminé brillant — fl. tr. pl. en coupe, odor.; tr. tr. florif. tr. vig.
Carl Cœrs	*Granger 1865.*	Rouge ponceau. — fl. gr. un peu chiffonnée; vig.
+ **Clio**	*W. Paul 1895.*	Blanc lavé de rose. — fl. tr. gr. imb.; tr. vig. M. C.
Éclaireur	*Vigneron 1896.*	Rouge vif foncé. — fl. gr. pl. en coupe, odor.; tr. florif. tr. vig.
Ferdinand Chaffolte	*Pernet fils 1878.*	Rouge vif. — fl. gr. pl. glob. odor.; M.
La Motte Sanguin	*Vigneron 1869.*	Rouge carminé. — fl. tr. gr. à larges pétales, pl plate.
Madame Elisa Tasson	*Lévêque 1879.*	Beau rouge unicolore. — fl. gr. pl. glob.; vig.
Maréchal Canrobert	*Pernet père 1863.*	Rouge vif. — fl. gr. pl. plate; tr. vig.
Souvenir du Rosiériste Gonod	*J. Ducher 1889.*	Beau rouge vif. — fl. tr. gr. pl. glob. odor.; vig. M. C.

Groupe I. — MADAME VICTOR VERDIER

Ce groupe se rapproche beaucoup de celui des « *Charles Lefebvre* »; on dit communément des rosiers qui le composent, que ce sont des « *Général Jacqueminot* » à bois lisse; ils sont très florifères, franchement remontants.

Rameaux lisses, verts, aiguillons petits et rares; *feuillage* vert, moyen; *fleur* en coupe, floraison le plus souvent en corymbe; on y rencontre les coloris les plus variés, du rose au rouge pourpre noirâtre.

+ **Madame Victor Verdier**	*Eug. Verdier. 1863.*	Rouge cerise. — fl. gr. pl. tr. odor.; M. C.
Amiral de Joinville	*Eug. Verdier 1886.*	Rouge foncé vif. — fl. gr. pl. odor.; tr. florif. tr. vig.
André Gille	*Eug. Verdier 1883.*	Rouge carminé. — fl. assez gr. odor.; vig.

André Leroy d'Angers	*Trouillard 1866.*	Rouge amarante. — fl. moy.; vig.
Docteur Baillon	*Margottin 1878.*	Rouge carminé. — fl. assez gr.; tr. vig.
Duchess of Fife	*Cocker 1893.*	Rose argenté. — fl. gr. pl. en coupe, odor.;vig.
Dupuy Jamain	*C. Dupuy 1868.*	Rouge cerise brillant. — fl. gr.; tr. vig.
Général Duc d'Aumale	*Eug. Verdier 1875.*	Rouge à reflets argentés. — fl. tr. vig. C.
Louis Van Houtte	*Granger 1863.*	Rouge foncé nuancé feu. — fl. tr. gr.; florif. vig. M.
Madame Charles Meurice	*Meurice 1878.'*	Pourpre nuancé foncé. — fl. gr. odor.; vig. C.
Mademoiselle Léa Lévêque	*Eug. Verdier 1883.*	Rose satiné. — fl. assez gr.; vig.
Monsieur Gonin	*Pernet 1895.*	Rouge vif. — fl. gr. pl. odor.; florif. tr. vig.
Napoléon III	*Eug. Verdier 1864.*	Rouge grenat. — fl. moy. réflexe; vig. moy.
Olivier Métra	*Eug. Verdier 1885.*	Rouge cerise. — fl. gr. odor.; florif. vig.
Président Carnot	*Degressy 1892.*	Rose vif. — fl. gr. pl. odor.; florif. tr. vig.
Rosiériste Harms Ressemble à Souvenir de Spa.	*Eug. Verdier 1879.*	Rouge grenat. — fl. gr. imb. odor.; C.
Souvenir de Madame Alfred Vy	*Jamain 1881.*	Rouge groseille foncé. — fl. gr. pl. odor.; tr. florif. vig.
Souvenir d'Alphonse Lavallée	*Ch. Verdier 1884.*	Grenat marron foncé. — fl. gr. pl. imb. odor; tr. florif. tr. vig.
Souvenir de Monsieur Gomot	*Veuve Schwartz 1890.*	Rouge pourpre. — fl. moy. imb.; vig.
+ Souvenir de Spa. Madame Verdier × ?	*Gautereau 1872.*	Rouge grenat foncé. — fl. gr. imb. odor.; vig. M. C.
Victor Hugo	*Schwartz 1885.*	Rouge cramoisi éclatant. — fl. gr. imb. odor.; vig. C.

Groupe J. — CHARLES LEFEBVRE

Ainsi que nous le disons plus haut, les rosiers de ce groupe ont beaucoup d'analogie avec ceux du précédent.

Rameaux brunâtres, lisses, aiguillons gros, rares; *feuilles* très grande; *fleur* pleine, imbriquée, de coloris foncés variant du rouge au rouge noir.

Charles Lefebvre. Général Jacqueminot × V. Verdier. *Syn. :* Marguerite Brussac.	*Lacharme 1861.*	Grenat foncé. — fl. gr. pl. odor.; florif. vig. C.
Baron de Wolseley	*Eug. Verdier 1882.*	Rouge sang nuancé. — fl. gr.; vig.

Bijou de Couasnon . . . . Charles Lefebvre × ?	*Vigneron 1886.*	Rouge sang teinté grenat. — fl. gr.; vig.
Docteur Andry	*Eug. Verdier 1864.*	Rouge cramoisi. — fl. gr. odor.; florif. vig. M.
Félicien David	*Eug. Verdier 1872.*	Rouge amarante. — fl. gr.; vig.
Jean Lelièvre	*Oger 1880.*	Cramoisi foncé. — fl. gr. pl. odor.; tr. florif. vig.
John Gould Veitch	*Lévêque 1865.*	Cramoisi brillant. — fl. gr.; vig.
Lecoq Dumesnil	*Eug. Verdier 1882.*	Rouge nuancé grenat. — fl. tr. gr.; vig. M.
L'Etincelante . . . . Bijou de Couasnon × ?	*Vigneron 1891.*	Rouge vermillon. — fl. gr. odor.; florif. vig.
Président Grévy	*Eug. Verdier 1873.*	Rouge pourpre. — fl. gr. odor.; florif. vig.
Souvenir de Laffay	*Eug. Verdier 1878.*	Rouge pourpre foncé. — fl. gr. pl. odor.; vig. O.
Souvenir de René Lévêque	*Eug. Verdier 1882.*	Rouge grenat nuancé vermillon. — fl. moy. odor.; vig.
Souvenir de Victor Verdier	*Eug. Verdier 1878.*	Ponceau écarlante. — fl. gr. pl. odor.; tr. florif. vig.

❧ ❧ ❧

Groupe K. — BARONNE A. DE ROTHSCHILD

❧ ❧

Rameaux très forts, trapus, à aiguillons gros, crochus, rapprochés et à mérithalles très courts; *feuillage* ample; *fleur* solitaire, coloris rose frais ou rose clair, sauf quelques accidents fixés de coloris blanc et blanc rosé; fleur sans odeur.

○ **Baronne A. de Rothschild** . . . . . Issue de Souvenir de la Reine d'Angleterre.	*Pernet père 1868.*	Rose frais, bord des pétales argenté. — fl. tr. gr. tr. pl. en coupe; tr. florif. tr. vig. P. M. C.
○ **Mabel Morisson** . . . . Accident fixé de Baronne A. de Rothschild.	*Broughton 1878.*	Blanc lég. rosé. — fl. gr. pl. en coupe; vig. M.
Madame Decour	*Pernet père 1869.*	Beau rose brillant. — fl. gr. en coupe, bouton assez long.; vig. moy.
Merveille de Lyon . . . . Accident fixé de Baronne A. de Rothschild.	*Pernet père 1882.*	Blanc lég. rosé. — fl. tr. gr. pl. en coupe; florif. vig. M. C.
+ **Merveille des Blanches** . . . . Accident fixé de Baronne A. de Rothschild.	*Pernet père 1894.*	Blanc lavé rose. — fl. gr. en coupe; vig. M.
Spencer . . . . Accident fixé de Merveille de Lyon.	*W. Paul 1892.*	Beau rose satiné. — fl. gr. pl. en coupe; vig. O.

❧ ❧ ❧

COMMANDEUR JULES GRAVEREAUX
(réduite au 3/4)
Hybride remontant

AMAT, éditeur PARIS

Chromolith. J. L. GOFFART, Bruxelles.

Groupe L. — HYBRIDES REMONTANTS non classés

❧ ❧

Dans ce dernier groupe, nous avons fait rentrer *provisoirement* tous les rosiers *hybrides remontants* n'appartenant pas aux groupes précédents, et ceux que nous n'avons pu encore classer.

Abel Grant . . . . *Damaizin 1866.* — Rose tendre, revers des pétales argenté. — fl. gr. en coupe demi-imb. tr. odor.; vig. M. C.
Jules Margottin × ?

Amélie Hoste . . . . *Gonod 1874.* — Chair pâle au pourtour, foncé au centre. — fl. assez gr. presque pl. imb.; vig. moy.

Ami Martin . . . . *Pajotin-Chedane 1906.* — Vermillon intense. Ne tourne pas au violet. — fl. gr. tr. pl. en coupe bombée tr. odor.; florif. vig.
Semis × Eugène Furst.

○ **Anna Alexieff** . . . . *Margottin 1858.* — Rose saumoné clair. — fl. aplatie, gr. pl.; tr. vig.

Antoine Ducher . . . . *Ducher 1866.* — Rose vif luisant. — fl. gr. pl. en coupe; assez vig.

+ **Berthe Gemen** . . . . *Gemen Bourg 1898.* — Blanc ivoire. — fl. gr. tr. pl. odor. imb.

Bessie Johnson . . . . *Curtis 1878.* — Rose tendre. — fl. gr. en coupe, odor.; vig. M. C.
Accident fixé d'Abel Grant.

Bladud . . . . *Cooling 1896.* — Rose tendre luisant. — fl. gr. en coupe; vig. moy.

Capitaine Jouen . . . . *Boutigny 1902.* — Rouge grenat foncé. — fl. tr. gr. tr. pl. en coupe; presque sarmenteux.
Eugène Furst × Triomphe de l'Exposition.

Carl of Pembrocke . . . . *Bennett 1882.* — Cramoisi velouté nuancé de rouge vif au bord des pétales. — fl. gr. imb.; vig. M. C.
Marquise de Castellane × Ferdinand de Lesseps.

Commandant Félix Faure . . . . *Boutigny 1901.* — Rouge cramoisi éclairé de vermillon. — fl. tr. gr. pl. en coupe; vig.

○ **Commandeur Jules Gravereaux** . . . *Croibier 1908.* — Rouge feu velouté. — fl. tr. gr. pl. odor.; florif. tr. vig.
Frau Karl Druschki × Liberty.

Comtesse Cécile de Chabrillant . . . *Marest 1858.* — Rose vif satiné. — fl. tr. pl. en coupe odor.; vig.

+ **Comtesse de Branicka** . . . . . . *Lévêque 1888.* — Rose. — fl. tr. gr. tr. pl. en coupe; tr. florif. tr. vig.

Denis Hélye . . . . *Gautreau 1864.* — Carmin vif. — fl. tr. gr. en coupe, odor.; assez vig. C.

+ **Docteur Georges Martin** . . . . . *G. Vilin 1907.* — Rose très fin, extérieur des pétales garance foncé. — fl. tr. gr. p. tr. florif.; tr. vig.
Madame Prosper Laugier × L'Ami E. Daumont.

Duchesse de Cambacérès . . . . . *Fontaine 1854.* — Lilacé vif quelquefois strié. — fl. gr. pl. imb. odor.; vig.

Elisabeth Vigneron . . . . *Vigneron 1865.* — Rose tendre. — fl. gr. plate légèrement imb. odor.; florif. vig. M.
La Reine × Duchesse of Sutherland.

Ernest Dupré . . . . *Boutigny 1904.* — Carmin vif velouté. — fl. gr. pl. en forme de camellia; tr. vig.

Nom	Obtenteur, année	Description
o **Frau Karl Druschki** Merveille de Lyon × Madame Caroline Testout. *Syn. :* Reine des Neiges. Schneekœnigin.	*P. Lambert 1900.*	Blanc pur. — fl. gr. p. en coupe; tr. florif. tr. vig. F. M. C.
Frère Marie-Pierre. Baronne de Rothschild × ?	*Bernaix 1891.*	Cerise vif. — fl. tr. gr. pl. en coupe tr. odor.; vig.
+ **Gloire de Chédane-Guinoisseau** Gloire de Ducher × ?	*Chédane-Pajotin 1907.*	Rouge vermillon très vif. — fl. tr. gr. tr. pl. coupe florif.; tr. vig.
Gloire de Ducher *Syn. :* Germania (Welter 90).	*Ducher 1865.*	Pourpre au centre, nuancé de violet ardoisé au pourtour. — fl. gr. plate légèrement imb.; vig. M.
Gloire de Margottin.	*Margottin 1887.*	Rouge vif. — fl. gr. imb. tr. odor.; tr. vig. M. C.
+ **Her Majesty** Mabel Morrisson × Canari.	*Bennett 1885.*	Rose tendre vif. — fl. tr. gr. tr. pl. plate odor.; tr. vig. F. M. C.
Hugh Dickson.	*Hugh Dickson 1906.*	Rouge foncé. — fl. gr. pl. tr. odor.; florif. tr. vig.
+ **John Hopper.** Jules Margottin × Madame Vidot.	*Ward 1862.*	Rose à revers des pétales argenté, centre carmin. — fl. gr. pl. en coupe odor.; tr. florif. tr. vig. F. M. C.
+ **Lady Overtown**	{ *Hugh Dickson 1907.*	Rose carné c. argenté. — fl. tr. gr. tr. pl. imb.; tr. florif. vig. M. C.
Madame Charles Verdier	*Lacharme 1863.*	Rose vif nuancé de vermillon. — fl. tr. gr. pl. en coupe; vig. M. C.
Madame Ernest Levavasseur	*Vigneron 1901.*	Rouge vif nuancé de carmin et éclairé de feu. — fl. gr. en coupe; vig.
Madame Henriette Vapereaux.	*Pradel 1872.*	Cerise vif. — fl. gr. pl. en coupe vig.
+ **Madame J. Everaerts**	*Geduldig 1906.*	Rouge feu foncé, ombré velouté. — fl. gr. pl. en coupe odor.; tr. florif. tr. vig. M. C.
+ **Madame Louise Piron**	*P. Médard 1906*	Rose clair veiné de rose plus foncé. — fl. gr. pl.; tr. florif. tr. vig. M. C.
Madame Paul Tanche	*Liabaud 1893.*	Rose légèrement saumoné. — fl. tr. gr. en coupe; vig.
Madame Prosper Laugier. John Hopper × ?	*Eug. Verdier 1875.*	Rose carminé éclairé de rose vif et velouté. — fl. tr. gr. pl. en coupe odor.; vig.
Madame Rocher.	*S. Cochet 1878.*	Rose très vif, foncé à l'intérieur, à reflets argentés au pourtour. — fl. gr. pl. en coupe; vig.
Madame Scipion Cochet	*S. Cochet 1873.*	Rose pourpré liseré de rose tendre clair. — fl. pl. en coupe; pétales du centre un peu chiffonnés; vig.
Mademoiselle Eugénie Verdier. *Syn. :* Marie Finger (Rambeaux 1874).	*Eug. Verdier 1859.*	Rose tendre très vif à reflets argentés. — fl. tr. gr. en coupe; vig. M. C.
+ **Mademoiselle Renée Denis** Margaret Dickson × Paul Neyron.	*Pajotin-Chédane 1906.*	Blanc nuancé de rose tendre au pourtour. — fl. tr. gr. tr. pl. en coupe; tr. florif. tr. vig. M.
Marchioness of Londonderry	*Dickson 1893.*	Blanc d'ivoire. — fl. tr. gr. pl. en coupe odor.; vig. trapu M.

Mavourneen.	*Alex. Dickson 1895.*	Rose carné à reflets argentés. — fl. gr. en coupe; florif. vig.
Mère de Saint-Louis.	*Plantier 1851.*	Rose tendre pâle. — fl. gr. pl. en coupe; vig. moy.
Mistress G. Dickson	*Bennett 1884.*	Rose vif satiné. — fl. gr. en coupe; florif. vig.
Monsieur Benjamin Druet	*Eug. Verdier 1878.*	Pourpre vif éclairé de feu. — fl. tr. gr. tr. pl. en coupe; vig.
Monsieur de Morand.	*Veuve Schwartz 1891.*	Cramoisi nuancé de pourpre lilacé. — fl. gr. pl. en coupe; vig. moy.
Monsieur Louis Ricard	*Boutigny 1902.*	Pourpre foncé velouté à reflets vermillon. — fl. tr. gr. pl. en coupe en forme de pivoine; vig.
Oscar Cordel . . . . Merveille de Lyon × André Schwartz.	*P. Lambert 1897.*	Carmin vif. — fl. tr. gr. tr. pl. en coupe tr. odor.; assez vig. M. C.
+ **Panama** . . . . Paul Neyron × Semis de Joé Hill.	*E.-G. Hill 1908.*	Crème nuancé rose tendre. — fl. gr. tr. pl. odor.; tr. florif. tr. vig. M. C.
Paul's Early Blush	*G. Paul 1893.*	Rose carné à reflets argentés. — fl. gr.; vig. M. C.
+ **Philipp Paulig.** . . . . Captain Hayward × Baronne de Rothschild.	*P. Lambert 1907.*	Rouge. — fl. tr. gr. tr. pl. en coupe; tr. florif. vig. M. C.
+ **Priscilla** . . . . Frau Karl Druschki × Semis du même.	*P. Henderson.*	Blanc de neige nervures verdâtres. — fl. gr. pl.; florif. vig. M. C.
Révérend Alan Cheales.	*G. Paul 1894.*	Rose laqué, à reflets des pétales argentés. — fl. gr. pl. en coupe; vig. moy.
Rosslyn . . . . Accident fixé de S. M. Rodocanachi.	*Dickson 1901.*	Rose carné très tendre. — fl. gr. pl. en coupe; vig.
Rouge Angevine	*Chédane-Pajotin 1907.*	Rouge garance très vif. — fl. gr. 1/2 pl. florif.; vig. M.
Souvenir de Ducher	*Eug. Verdier 1874.*	Pourpre à centre violet. — fl. gr. pl. en coupe odor.; vig. M.
Souvenir de Madame Eugène Verdier. Baronne de Rothschild × ?	*Jobert 1894.*	Rose vif à revers des pétales argenté. — fl. tr. gr. pl. demi-glob.; tr. vig. M. C.
Souvenir de Romain Desprez . . . . *Syn. :* Léon Say (Lévêque 1873).	*De Sansal 1871.*	Rose carné ardoisé. — fl. gr. pl. en coupe; vig. M. C.
Ulster	*Alex. Dickson 1900.*	Rose saumoné brillant. — fl. gr. pl. en coupe; vig.
Vincente Peluffo	*Lévêque 1902.*	Rose saumoné. — fl. tr. gr. tr. pl. odor.; tr. vig. M. C.

◇ ◇ ◇

CINNAMOMEÆ

❧ ❧ ❧

Espèce : R. RUGOSA, *Thunb.*

(Syn. : R. Kamtschatika, *Vent.)*

❧ ❧

Arbuste vigoureux, à *rameaux* diffus, forts, à écorce tomenteuse, disparaissant sous un léger duvet grisâtre, portant de nombreux aiguillons inégaux, mais tous très fins et très aigus, droits, les plus grands géminés sous les feuilles; les autres, pour la plupart sétiformes, extrêmement nombreux, épars.

Feuilles 7, 9 ou même 11-foliolées; *folioles* amples, épaisses, fortement nervées-réticulées, ovales, obtuses ou elliptiques, vert brillant foncé et glabres à la face supérieure, vert gris, tomenteuses et glanduleuses en dessous, généralement simplement et peu profondément dentées.

Stipules très amples, à oreillettes très larges, frangées de glandes et contournées; *bractées* orbiculaires ou ovales, très amples.

Fleurs très grandes, blanches, roses ou rouges; simples, doubles ou même très pleines (Souvenir de Philémon Cochet); il n'en existe pas de jaunes.

Inflorescence généralement pauciflore.

Fruits très gros et d'un beau rouge, presque sphériques, souvent plus ou moins déprimés, couronnés par les sépales du calice persistants. Ces fruits très nombreux, qui mûrissent dès septembre, sont extrêmement décoratifs.

Le *R. rugosa* qui habite le Japon, la Mandchourie et le Kamtschatka, résiste aux températures les plus basses connues. Il forme rapidement des buissons énormes toujours couverts de fleurs et de fruits.

C'est une des plus belles espèces du genre.

❧ ❧ ❧

Race des RUGUEUX DU JAPON

❧ ❧

America . . . . Haward University.	*Garden 1894.*	Cramoisi brillant. — fl. gr. simple, fruit long rouge; tr. vig.
o **Blanc double de Coubert** . . . . . . Issue de Rugosa alba.	*Cochet-Cochet 1892.*	Blanc pur. — fl. gr. double tr. odor.; tr. vig. bien remontant.
+ **Comte d'Epremesnil** . . . . Issue de Rosa rugosa.	*Nabonnand 1882.*	Lilas violacé. — fl. gr. 1/2 pl. tr. odor. tr. gros fruits rouge orangé, à des fl. des fruits verts et murs ensemble; florif. tr. vig. tr. remontant.
o **Roseraie de l'Haÿ**	*Cochet-Cochet 1901.*	Rose violacé. — fl. gr. tr. odor.; tr. vig.

ROSERAIE DE L'HAY

Rugosa

AMAT, éditeur PARIS.

Chromolith. J. L. GOFFART Bruxelles

Souvenir de Christophe Cochet . . .　　Cochet-Cochet 1894.　　Rose carné vif. — fl. gr. en coupe tr. odor.; très gros fruits rouge lég. orangés tr. vig. très remontant.

+ **Souvenir de Philémon Cochet.** . . .　　Cochet-Cochet 1899.　　Blanc centre lég. carné. — fl. tr. gr. pl.; tr. florif. tr. vig.
Issue de Blanc double de Coubert.
Ressemble beaucoup, comme forme et couleur à Souvenir de la Malmaison.

+ **Souvenir de Pierre Leperdrieux** . . .　　Cochet-Cochet 1895.　　Rouge carminé vif. — fl. tr. gr. pl. en coupe odor.; tr. gros fruits rouge vif d'un côté, rouge orangé du côté de l'ombre; tr. vig. tr. remontant.

Race des HYBRIDES DE RUGOSA

Par croisements avec diverses espèces et certaines variétés horticoles, le R. rugosa a donné naissance à des hybrides très intéressants.

Ces hybrides ont tous des caractères communs qui permettent de les distinguer facilement.

Stipules très amples, glanduleuses sur les bords et contournées; *rameaux* florifères, à mérithalles très courts, à écorce gris verdâtre, souvent tomenteuse, couverts d'aiguillons sétiformes, entremélés de glandes et d'aiguillons plus longs, droits, subulés, ces derniers souvent stipulaires.

Folioles de formes variables, mais dont le brillant particulier, et surtout les *nervures réticulées*, rappellent celles du R. rugosa, bien qu'elles soient le plus souvent atténuées chez ces hybrides, lesquels sont presque toujours stériles.

Il a été fait à l'Haÿ de très nombreuses hybridations multiples qui, pour cette raison, ont parfois un peu perdu les vrais caractères du R. rugosa.

+ **Amélie Gravereaux** . . . .　　L'Haÿ 1900.　　Rouge pourpre foncé. — fl. gr. pl. tr. odor.; tr. florif. tr. vig. M.
Général Jacqueminot × Maréchal Niel × Conrad Ferdinaud Meyer.

Calocarpa. . . . .　　Bruant 1895.　　Rose pur. — fl. moy. simple odor.; tr. vig.
Rosa Rugosa × Bengale rose.

+ **Conrad Ferdinand Meyer.** . . . . . .　　Dr Müller 1897.　　Rose argenté pur. — fl. pl. en coupe; tr. vig. 1/2 grimpant, tr. remontant O.
Gloire de Dijon × Duc de Rohan × Rugosa Germanica.

Daniel Lesueur . . . .　　L'Haÿ 1908.　　Nankin pâle à onglet jaune canari. — fl. gr. 1/2 pl. odor.; tr. vig.
(P. Notting × Safrano) × Rugosa.

Fimbriata. . . . .　　Morlet 1891.　　Rose pâle. — fl. moy. 1/2 pl. tr. vig. tr. remontant.
Syn. : Rose œillet.

+ **Madame Ancelot** . . . .　　L'Haÿ 1901.　　Rose frais. — fl. tr. gr. tr. pl. en coupe; tr. florif. tr. vig. 1/2 sarmenteux tr. remontant.
Reine des Ile Bourbon × Perle des Jardins × Maréchal Niel × Rugosa Germanica.

Madame Charles Frédéric Worth . .　　Veuve Schwartz 1890.　　Rouge carminé tr. vig. — fl. gr. pl. en coupe; tr. odor.

Madame Georges Bruant . . . . . .　　Bruant 1887.　　Blanc pur. — fl. 1/2 pl. tr. gr. tr. odor.; tr. remontant.
Rose Rugosa × Sombreuil.

o **Madame Henri Gravereaux** . . . . .　　L'Haÿ 1904.　　Rose saumoné. — fl. tr. gr. tr. pl. en coupe tr. odor.; tr. florif. M. C.
Marie Zahu × Conrad Ferdinand Meyer.

Madame Laborie .. . . *L'Haÿ 1904.* Beau rose vif. — fl. gr.
 Général Jacqueminot × Rugosa. pl. en coupe tr. odor.; tr. vig.
 remonte bien.

+ **Madame Lucien Villeminot** . . . . . *L'Haÿ 1903.* Rose pâle. — fl. gr. pl.
 Conrad Ferdinand Meyer × Belle Poitevine. glob. odor.; tr. florif. vig. M.

○ **Madame Renée Gravereaux.** . . . . *L'Haÿ 1906.* Rose lilacé clair. — fl. tr.
 ⌊ Conrad Ferdinand Meyer × Safrano. gr. tr. pl. en coupe odor.;
 tr. florif. tr. vig. remonte
 bien M. C.

Madame Tiret. . . . . *L'Haÿ 1907.* Rouge vif ext. plus pâle à
 Pierre Notting × Cardinal Patrizi × Rugosa reflets argentés. — fl. gr.
 Germanica. pl. en coupe odor.; tr. vig.
 M.

+ **Rose à parfum de l'Haÿ** . . . . . . *L'Haÿ 1904.* Rouge cerise carminé. —
 Damascena × Général Jacqueminot × Rugosa fl. gr. pl. tr. odor.; tr. florif.
 Germanica. tr. vig. donne l'essence de
 rose.

Tamogled. . . . . *Dʳ Kauffmann 1894.* Carmin clair parfois rayé
 Rosa Rugosa × Étoile de Lyon. de blanc tr. vig. — fl. gr.
 pl. glob.; remonte.

〇 〇 〇

PIMPINELLIFOLIÆ

✤ ✤ ✤

Première Espèce : R. PIMPINELLIFOLIA, *Lin.*

(Syn. : R. spinosissima, L.; Rosier à feuilles de pimprenelle).

✤ ✤

Le R. pimpinellifolia est spontané en Europe, notamment dans la forêt de Fontainebleau ; il habite également l'Asie-Mineure, le Turkestan, le Caucase, la Chine et la Mandchourie.

Arbuste de 1 mètre à 1ᵐ,50, à rameaux grêles, très diffus et très armés, toujours rouges ou bruns. *Aiguillons* très nombreux, grêles, droits, inégaux, entremêlés ou non d'acicules.

Feuilles 7, 9, 11 et même 13-foliolées ; *folioles* petites, suborbiculaires ou ovales, obtuses au sommet, régulièrement dentées ayant réellement quelques analogies avec les feuilles de la pimprenelle commune (Poterium sanguisorba *L.*) *Fleurs* petites et jaunâtres chez le type, doubles et de nuances diverses chez les variétés horticoles. *Fruits* de formes variables, le plus souvent hémisphériques ou ovoïdes, couronnés par les sépales du calice persistants. La plupart des variétés du R. pimpinellifolia ne fleurissent qu'une fois, en mai-juin.

Presque toutes les variétés sont manifestement des hybrides.

✤ ✤ ✤

Race des PIMPRENELLE

❧ ❧

Rosa Pimpinellifolia altaica . . . . . *Syn. :* Rosa altaica.	*Willdenow.*	Jaune. Cette espèce ou hybride (de Xanthina) possède de grandes fl. jaunes et un fruit brun presque noir.
Rosa Pimpinellifolia maxima	*Hortorum.*	Blanc. — fl. gr.; vig.
Petite écossaise	*Vibert.*	Carné. —
Stanwell	*Brown.*	Blanc carné. — fl. gr. tr. pl. tr. odor.; tr. vig. tr. re montant.
Vierge de Cléry	*Prévost.*	Blanc. — fl. gr. tr. pl. tr. odor.; tr. vig. tr. remontant.

❧ ❧ ❧

Race des HYBRIDES DE PIMPRENELLE

❧ ❧

Les formes qui composent ce groupe sont de dimensions très variables.

Pour la plupart elles se rapprochent plus du *R. pimpinellifolia* que de l'autre ascendant.

Chez toutes, les aiguillons sont nombreux ou très nombreux, inégaux, et presque toujours entremêlés d'aiguillons sétacés ou de soies glanduleuses.

Rameaux souvent brun rougeâtre, les ramuscules florifères moins armés, ou presque inermes

Feuilles jusqu'à 13-foliolées, parfois seulement à 7 folioles. Celles-ci de formes et de dimensions variables.

La plupart de ces formes, lorsqu'elles sont cultivées franches de pied, drageonnent beaucoup, comme le Rosier à feuilles de pimprenelle.

Pimpinellifolia × Alpina	Blanc rosé veiné de rose plus foncé. — fl. assez gr.; beau buisson de 1ᵐ,50 à 2 mètres à feuillage abondant.
Lutea × Pimpinellifolia	Jaune pâle. — fl. petite; buisson érigé assez léger.
Hibernica (? × pimpinellifolia) . . .	Blanche un peu teinté de jaune. — fl. moy.; tr. beau buisson.

❧ ❧ ❧

Deuxième Espèce : R. XANTHINA, *Lind.*

❧ ❧

Arbuste de 1 mètre et plus, dressé, très rameux, épineux, dépourvu de glandes. *Aiguillons* serrés, droits, comprimés à la base et très dilatés. *Feuilles* des rameaux florifères très rapprochées, 6, 9-foliolées; *folioles* ovales-oblongues, dentées en scie; *stipules* très entières, subaiguës, oblongues. Fleurs solitaires sur de courts rameaux terminaux, de couleur jaune d'or; *pédoncules* courts, très glabres ou glanduleux poilus; *sépales* lancéolés; styles libres, laineux, glabres au sommet; *fruits* globuleux portés par des pédoncules grêles, luisants, couronnés par des sépales réfléchis; akènes velus, puis glabres.

❧ ❧ ❧

Race du R. XANTHINA.

❧ ❧

Le rosier à fleurs jaunes de la Chine Orientale est de taille plus élevée que le rosier à feuilles de pimprenelle, à rameaux moins rapprochés et plus dressés. Il est rare dans les collections et parfois confondu avec des hybrides de *pimpinellifolia × lutea*. Sa station principale est à l'ouest de Pékin et dans la Sibérie méridionale.

Le Rosa Ecæ de l'Afghanistan n'en serait qu'une forme méridionale inférieure.

Le Rosa Hugonis *Heimley* devra peut-être lui être rattaché.

◇ ◇ ◇

LUTEÆ

❧ ❧ ❧

Espèce : R. LUTEA, *Mill.*

(*Syn. :* R. eglanteria, *L.*).

❧ ❧

Arbuste de 2, 3 et même 4 mètres; à *rameaux* forts, très rigides, luisants, rouge brun, jamais verts. *Aiguillons* longs, subulés, droits, épars.

Feuilles 5, 7-foliolées, *stipules* à oreillettes longues et divergentes; *folioles* ovales ou suborbiculaires, à sommet le plus souvent obtus, luisantes et glabres en dessus, souvent glanduleuses en dessous. *Serrature* simple ou double, mais toujours très profonde.

Fleurs presque toujours solitaires ou par deux, d'un jaune superbe, simples, très grandes. (Dans la variété punicea, les pétales sont jaunes extérieurement, mais d'un rouge capucine très joli à l'intérieur). Réceptacle globuleux, jaune orangé, presque toujours stérile, ou ne contenant qu'une seule graine, par suite de l'avortement de tous les ovules moins un. Les bords de l'orifice réceptaculaire sont toujours dépassés par une épaisse collerette de poils.

ARTHUR R. GOODWIN

Pernetiana

Ce rosier est cultivé en France depuis des siècles; il est d'une grande rusticité, s'écussonne parfois difficilement, mais se propage par drageons avec facilité.

Habit. : Arménie, Perse, Himalaya. Subspontané sur certains points de l'Europe.

Fleurit en juin et ne remonte pas.

Race des CAPUCINE

Capucine	*Miller 1768.*	Jaune brun. — fl. simple; fleurit en juin, tr. vig.
Persian Yellow	*Willock 1837.*	Jaune d'or. — fl. simple; fleurit en juin, tr. vig.
Turkische rose		Jaune carmin. — fl. simple; fleurit en juin, tr. vig.

ROSA PERNETIANA

Hybride de Lutea × Hybride remontant

Type : SOLEIL D'OR

+ **Soleil d'Or** . . . . Antoine Ducher × Persian Yellow.	*Pernet-Ducher 1900.*	Jaune d'or. — fl. tr. gr. tr. pl. odor.; florif. vig. M.
o **Arthur R. Goodwin** . . . . Variété inédite × Soleil d'Or.	*Pernet-Ducher 1908.*	Orange cuivré rougeâtre, passant au rose saumoné. — fl. gr. pl. tr. vig.; M.
+ **Beauté de Lyon.** . . . . Variété inédite × Soleil d'Or.	*Pernet-Ducher 1909.*	Rouge corail nuancé jaune. — fl. gr. pl.; tr. vig. M.
Entente Cordiale. . . . . Madame Caroline Testout × Soleil d'Or.	*Pernet-Guillot 1908.*	Rouge capucine, fond jaune d'or extrémité des pétales saumoné d'oré. — fl. gr. 1/2 pl.; florif. vig.
+ **Les Rosati** . . . . Issue de Persian Yellow.	*L'Haÿ 1907.*	Carmin vif, reflété de rouge cerise, onglet jaune. — fl. tr. gr. tr. pl. odor.; florif. tr. vig.
Louis Barbier. . . . . Madame Bérard × Capucine Bicolore.	*Barbier et Cie 1909.*	Rouge cuivré vif, passant au rose cuivré vif, et pourpre vif à l'extérieur. — fl. gr. 1/2 pl. sarmenteux.
o **Madame Ruau** . . . . Pharisaër × Les Rosati.	*L'Haÿ 1908.*	Rose crevette, nuancé jaune. — fl. tr. gr. tr. pl. odor; florif. tr. vig.
Soleil d'Angers . . . . Accident de Soleil d'Or.	*Délriché 1908.*	Onglets ocre jaune, bord rouge vermillon. — fl. gr. pl.; florif. vig. M.

121

SERICEÆ

ROSA SERICEA ET SES VARIÉTÉS

Arbuste pouvant atteindre 3-4 mètres, mais presque toujours de dimensions beaucoup moindres.

Les caractères de cette espèce sont extrêmement variables. Tantôt les aiguillons sont complètement plats, largement triangulaires, à pointe horizontale, géminés ou même ternés sous les feuilles; dans d'autres formes, ils sont absolument subulés, très fins, ascendants (comme dans le R. microphylla). Les axes mêmes peuvent être parfaitement inermes. Les *feuilles* possèdent un nombre de folioles très variables, et les formes qu'elles affectent ne le sont pas moins.

Un seul caractère, du reste amplement suffisant pour différencier toutes les formes de cette espèce, est constant : ce sont ses fleurs tétramères, c'est-à-dire à quatre pétales, auxquels naturellement correspondent seulement quatre sépales du calice. C'est la seule espèce du genre possédant ce caractère.

Il en existe à l'Haÿ deux formes très distinctes, l'une à aiguillons triangulaires, très minces, l'autre à aiguillons très fins, subulés et ascendants.

L'aire de dispersion de cette espèce est très étendue; rusticité parfaite; n'est guère sortie des jardins botaniques.

Sericea (Espèce)	*(Lindley) 1820.*	R. sauvage.
Sericea ramis pubescentibus.	*(Hort)*	R. sauvage.
Sericea tetrapetala	*(Hort)*	R. sauvage.

Voyez : Roses botaniques.

BRACTEATÆ

ROSA BRACTEATA, SA VARIÉTÉ ET SON HYBRIDE

(*Syn.*: Rosier de Macartney).

Arbuste de 1^m,50 à 3 mètres, à rameaux géniculés à l'insertion de chaque feuille, à écorce vert sombre, cotonneuse; aiguillons forts, crochus, très régulièrement géminés sous les feuilles.

Feuilles rapprochées, 7, 9-foliolées; folioles atténuées à la base et arrondies au sommet, ce qui leur donne un aspect tout particulier, glabres, d'un beau vert brillant, à nervure principale très accentuée, les secondaires très peu visibles; serrature simple, presque invisible; stipules brièvement adnées, pectinées, très courtes. Fleur grande, blanche, simple dans le type, entourée de 8-10 bractées ovales imbriquées, soyeuses, à bords laciniés.

Étamines extrêmement nombreuses (jusqu'à 300); ovaires également très nombreux.

Introduit de Chine en 1797, ce rosier résiste assez bien à nos hivers; il convient de le cacher par précaution. Croisé avec une forme du R. de l'Inde, il a donné le rosier Maria Leonida.

Bracteata (Espèce)	(*Wendl 1797*).	R. Sauvage.
Alba odorata	(*Levet 1875*).	Jaune paille.
Maria Leonida	(*Hort.*).	Blanc jaune.

Voyez : Roses botaniques.

✢ ✢ ✢

ROSA CLINOPHYLLA, SES VARIÉTÉS ET SES HYBRIDES

(*Syn. :* R. involucrata, *Roxburg*).

✢ ✢

Arbuste très vigoureux. *Rameaux* plutôt faibles, vert brun, flexibles et couverts d'un duvet très doux; *aiguillons* à base prolongée, géminés sous les feuilles; *feuilles* 7, 9-foliolées, elliptiques, lancéolées, d'un vert obscur, soyeuses à stipules profondément pectinées, frangées de glandes; *fleurs* blanches généralement solitaires.

Cette espèce, introduite de l'Inde, a donné naissance par croisement avec le R. moschata, au R. Lyellii ou clinophylla duplex. Croisée en France avec le R. berberifolia, elle a produit le R. Hardyi.

Très sensible au froid.

Voyez : Roses botaniques.

᎐ ᎐ ᎐

LÆVIGATÆ

✢ ✢ ✢

ROSA LÆVIGATA ET SES VARIÉTÉS

(*Syn* R. sinica, *Lind* ; R. ternata, *Poiret*; R. nivea, *D. C.*; R. hystrix, *Lind*).

✢ ✢

Arbrisseau pouvant s'élever à une grande hauteur dans les pays chauds et atteignant facilement et promptement plusieurs mètres sous le climat de Paris.

Tiges sarmenteuses assez fortes, à écorce parfois rougeâtre du côté du soleil, rendue rugueuse par de petits aiguillons sétacés, plus ou moins nombreux et souvent très courts.

Aiguillons forts, crochus, épars ou presque ternés sous les feuilles; ramuscules florifères complètement garnis d'aiguillons sétacés, ainsi que le pédicelle et le réceptacle. *Feuilles* presque toujours trifoliolées. *Stipules* à oreillettes divergentes, finement dentées, réputées caduques, mais souvent persistantes; *pétioles* glabres, sans aucun aiguillon; *folioles* amples, assez épaisses, complètement glabres, d'un beau vert brillant caractéristique, ovales-lancéolées, à dents simples et très peu profondes

Fleurs solitaires, sans bractées; pédicelle chargé d'aiguillons sétacés. Réceptacle assez gros, ovoïde, chargé d'aiguillons sétacés très raides. Sépales se relevant après l'anthèse et persistants. Corolle très grande, d'un beau blanc de porcelaine, couleur qui, jointe à la forme de la corolle et au feuillage, donne à la plante, et à la fleur en particulier, une réelle ressemblance avec un camellia simple.

Pétales très larges, échancrés au sommet et dépassant les sépales.

Styles libres inclus. Étamines nombreuses.

Fruits assez gros, rougeâtres du côté du soleil; à la maturité, garnis d'aiguillons sétacés et contenant beaucoup d'akènes qui semblent fertiles.

Floraison fin mai, juin, sous le climat de Paris.

Aire de dispersion : Chine, Japon, Ile Formose, Nouvelle-Géorgie, et, à l'état subspontané, sur plusieurs autres points du globe.

Lævigata (Espèce).	(*Michaux*).	R. Sauvage.
Anemonenrose	(*Schmidt*).	R. Sauvage.
Camellia	(*Schmidt*).	R. Sauvage.
Sinica	(*Murray*).	R. Sauvage.

Voyez : Roses botaniques.

DEUXIÈME PARTIE

* *

Les Rosiers sarmenteux

◇ ◇ ◇

TABLE ANALYTIQUE DE LA DEUXIÈME PARTIE

❧ ❧ ❧

LES ROSIERS SARMENTEUX

❧ ❧

Dans cette deuxième partie, il nous a paru intéressant de joindre aux rosiers sarmenteux horticoles, certains rosiers sauvages sarmenteux bien caractérisés et pouvant être utilisés avec avantage pour l'ornement des jardins bien que n'ayant pas donné de descendance horticole.

SYNSTYLÆ

INDICÆ

BANKSIÆ

GALLICÆ

CANINÆ

CINNAMOMEÆ

MICROPHYLLÆ

Roseraie de Bagatelle. (Vue partielle.)

DEUXIÈME PARTIE

LES ROSIERS SARMENTEUX

❀ ❀ ❀

SYNSTYLÆ

❀ ❀ ❀

ROSA MULTIFLORA Thunb. SES VARIÉTÉS ET SES HYBRIDES

(*Syn. :* R. Polyantha, *Sieb.* et *Zucc.*; Rosiers multiflores).

❀ ❀

Le R. multiflora est originaire de Chine et du Japon.

Arbuste à *rameaux* sarmenteux, de plusieurs mètres de longueur, flexibles, souvent pourprés. *Aiguillons* crochus, épars ou géminés sous les feuilles. *Stipules* très profondément laciniées, caractère qui se retrouve dans toutes les variétés en culture, issues de cette espèce. *Feuilles* 7, 9-foliolées; *folioles* ovales, lancéolées, vert sombre des deux côtés, et ridées, pubescentes dans le type, mais souvent d'un beau vert chez ses variétés et ses hybrides, à serrature large, simple et profonde. *Fleurs* petites et blanches chez le type, réunies en inflorescence pyramidale très multiflore; varient de couleurs chez les variétés. Dans certaines formes hybrides (multiflore De la Grifferaie), les fleurs sont devenues grandes et doubles.

La série des Rosiers Hongrois a eu très probablement pour ascendants le R. multiflora croisé avec le R. gallica.

Les *fruits* du type sont très petits et presque ronds; ils deviennent gros et piriformes chez les rares hybrides qui ne sont pas complètement stériles. Cette espèce et ses dérivés se bouturent très facilement; ils doivent être légèrement abrités en cas de très grands froids seulement.

Aglaia	*Schmidt 1895.*	Blanc légèrement soufré. — fl. moy. tr. pl. en coupe, odor.; tr. vig. flor. tardive.
Polyantha × Rêve d'Or.		
Bennett's Seedling	*Bennett 1840.*	Blanc. — fl. pet. semi-double, plate; tr. vig.

Claire Jacquier . . . . , ...	*Bernaix 1888.*	Jaune nankin. — fl. pet. pl.; tr. vig. tr. sarmenteux.
Daniel Lacombe . . . . Multiflora × Général Jacqueminot.	*Allard 1885.*	Jaune clair lavé de rose passant au blanc. — fl. moy. tr. pl. plate; tr. vig.
Décoration de Geschwindt . . . . . Rosa rugosa × Multiflora.	*Geschwindt 1885.*	Rose pourpré violacé pourtour des pétales blanc. — fl. moy. tr. pl. plate; vig.
De la Grifferaie . . . . Cocciné × ?	*Viberl 1845.*	Rose carmin pourpré. — fl. moy. pl. imb.; vig.
Docteur Reymont	*L. Mermet 1907.*	Blanc pur sur fond légèrement verdâtre. — fl. gr. pl.; tr. florif. tr. vig.
Euphrosine . . . . Multiflora × Mignonette.	*Schmidt 1895.*	Beau rose pur. — fl. pet. pl. en coupe, odor.; tr. vig.
Francesco Ingegnoli	*Bernaix 1888.*	Blanc nuancé de carmin vif. — fl. pet. 1/2 double, plate; vig.
La Briarde	*P. Cochet 1907.*	Blanc pur. — fl. gr. pl. odor.; tr. vig.
Laure Davoust	*Laffay 1834.*	Rose tendre passant au clair. — fl. moy. tr. pl. imb.; vig.
Leuchtstern	*J. C. Schmidt 1899.*	Rouge vif brillant œil blanc. — fl. pet. simple, en coupe; tr. vig.
Menoux	*Lacharme 1845.*	Rose clair lilacé. — fl. moy. plate; vig.
+ **Mistress F. W. Flight**	*Cutbush 1906.*	Cerise vif c. blanc. — fl. gr. 1/2 double; tr. florif. tr. vig.
Polyantha Grandiflora . . . . . . Multiflora × Noisette.	*Bernaix 1886.*	Blanc pur. — fl. simple, moy. plate; tr. vig.
Roi des Aunes	*Geschwindt 1885.*	Carmin nuancé de rouge vif. — fl. gr. pl. bombée; assez vig.
Rosiériste Max Singer . . . . . . Polyantha × Général Jacqueminot.	*Lacharme 1885.*	Rose rubis. — fl. moy. en coupe, bouton allongé; vig.
Stella . . . . Crimson Rambler × Semis inédit.	*Soupert et Notting 1905.*	Carmin très brillant en étoile sur fond blanc. — Pistil jaune vif. — fl. gr.; tr. vig.
Thalia . . . . Polyantha sarmentosa × Pâquerette.	*Schmidt 1895.*	Blanc. — fl. assez pl.; tr. vig.
Thalia remontant . . . . Thalia × Madame Laurette Messimy.	*P. Lambert 1903.*	Blanc. — fl. pet. assez pl.; tr. vig. remontant.
+ **Turner's Crimson Rambler**	*Turner 1894.*	Cramoisi vif brillant. — fl. pet. assez pl.; tr. vig.
+ **Tausendschön**	*J. C. Schmidt 1906.*	Rose tendre légèrement carminé. — tr. florif. tr. vig. flor. de longue durée.

✢ ✢ ✢

ROSA SEMPERVIRENS, SES VARIÉTÉS ET SES HYBRIDES

(Syn. : Rosier toujours vert).

✢ ✢

Arbuste à rameaux longuement sarmenteux, de plusieurs mètres de longueur, portant des aiguillons crochus, souvent géminés sous les feuilles. *Feuilles*

128 ∽

d'un beau vert brillant, sans pubescence, presque persistantes, et restant sur la plante tout l'hiver, quand il ne gèle pas très fort ; 5-7 folioles ovales-lancéolées, simplement ou peu profondément dentées, glabres. *Stipules* étroites, adnées, ciliées de glandes. *Fleurs* réunies en inflorescence ombelliforme, simples dans le type, doubles dans les variétés cultivées. *Fruits* presque ronds ou légèrement allongés, petits, rouges.

Les variétés du *R. sempervirens* sont très recherchées pour garnir des tonnelles, murailles, etc., à cause de leur superbe feuillage, de leur brillante floraison qui a lieu en juin, et de leur vigueur extraordinaire. Elles résistent à nos hivers normaux, se bouturent facilement.

A fleurs roses de Laffay	*Laffay.*	Rose pâle. — fl. pet 1/2 pl. en coupe ; vig.
Félicité et Perpétue	*Jacques 1828.*	Blanc carné. — fl. moy. pl. bombée ; tr. vig.
Flore. Souvent confondue avec William Evergreen.	*Jacques 1829.*	Rose à centre plus vif. — fl. moy. pl. en coupe ; tr. vig.
Léopoldine d'Orléans.	*Jacques 1829.*	Rose pâle passant au carné. — fl. moy. en coupe ; tr. vig.
Mutabilis	*Calvert.*	Blanc rosé bordé rose (couleur Pompadour, — fl. moy. tr. vig.
Princesse Marie	*Jacques 1829.*	Rose vif. — fl. moy. ; tr. vig.
Rampante	*Noisette.*	Blanc pur. — fl. pet. en coupe ; tr. vig.
Reine des Belges.	*Jacques 1832.*	Blanc pur. — fl. plate ; excessivement vig.

✤ ✤ ✤

ROSA ARVENSIS, SES VARIÉTÉS ET SES HYBRIDES

(Syn. : R. repens, Scop. ; Églantier des champs ; Rosiers d'Ayrshire

✤ ✤

Rosier spontané en France, comme le R. sempervirens.

Arbuste à rameaux très sarmenteux, moins longs peut-être que ceux du R. sempervirens, vert grisâtre, souvent glauques, pourprés, s'ils ont vécu au soleil. *Aiguillons* épars, souvent d'égale longueur. *Feuilles* à 5-7 folioles ; *folioles* ovales d'un vert foncé parfois un peu sombre, non persistants, souvent glauques en dessous ; *pétioles* pubescents. *Stipules* finement ciliées de glandes. *Fleurs* réunies le plus souvent par 5 à 15, en inflorescence ombelliforme ; *réceptacle* ovoïde, plus gros que chez le R. sempervirens, très gros même chez certaines variétés et dans ce cas presque rond.

Le R. arvensis a donné naissance aux Rosiers d'Ayrshire (R. capreolata, *Neill*), qui constituent une race très voisine presque identique aux variétés cultivées du R. arvensis.

∽ 129

Ayrshire à fleur pleine.	*Hort.*	Rose clair. — fl. moy. pl. en coupe; tr. vig.
Ayrshire à fleur rose	*Laffay.*	Rose vif. — fl. moy. 1/2 pl. plate; tr. vig.
Countess of Lieven		Blanc lég. carné à la défloraison. — fl. moy. en coupe; tr. vig.
Duc de Constantine	*Souperl et Notting 1857.*	Rose lilacé vif. — fl. tr. gr. pl. en coupe; assez vig.
Dundee Rambler	*Martin.*	Blanc tacheté de rose. — fl. moy.; tr. vig.
Miller's Climbing		Blanc liseré et quelquefois nuancé de rose vif. — fl. pet. 1/2 pl. plate; tr. vig.
Thoresbyana	*Bennett 1840.*	Blanc pur. — fl. pet. 1/2 double plate; florif. vig.

❧ ❧ ❧

ROSA MOSCHATA, SES VARIÉTÉS ET SES HYBRIDES

(Syn. : Brunonii, Lind.; Rosier musqué).

❧ ❧

Arbuste ou plutôt abrisseau, extrêmement vigoureux, à rameaux très forts, portant d'énormes aiguillons crochus, épars, brun foncé ou noirs, plus rares sur les rameaux florifères. Ils sont quelquefois presque triangulaires.

Feuilles 7, 9-foliolées, *folioles* elliptiques-lancéolées simplement dentées, d'un vert glauque foncé caractéristique; *stipules* adnées, assez profondément pectinées, frangées de glandes. *Fleurs* blanches très grandes, simples ou semi-doubles réunies par 10 à 25, en corymbe pyramidal.

Fruits moyens, ovoïdes à colonne stylique persistante, d'un rouge tirant sur le jaune.

Fleurit une seule fois l'an; craint nos hivers rigoureux.

Cette plante a produit par hybridation le R. Noisettiana, comme nous l'avons vu.

Malgré l'ampleur et l'élégance de ses fleurs simples ou doubles, le R. Brunonii est peu cultivé.

Hab. : Asie, Abyssinie; subspontané sur les bords de la Méditerranée.

Brunonii	*Lindley.*	Blanc. — fl. moy. simple plate; tr. vig.
Brunonii flore pleno	*S. Cochet 1895.*	Blanc. — fl. moy. pl. plate; tr. vig.

❧ ❧ ❧

ROSA SETIGERA, SES VARIÉTÉS ET SES HYBRIDES

(Syn. : R. rubifolia, *R. Br. ;* Rosier à feuilles de ronce ; Rosier des prairies).

Arbuste droit, mi-sarmenteux, à tiges armées d'aiguillons courts, épars, crochus, entremêlés de soies à la partie inférieure des rameaux.

Feuilles 3, 5-foliolées, à *folioles* ovales lancéolées, très nervées, glabres, vert clair en dessus, glauques en dessous, présentant au sommet des rameaux, le facies général des feuilles des Rubus. Ce caractère suffit, à lui seul, pour différencier cette espèce et ses variétés.

Fleurs disposées en inflorescence pyramidale pauciflore, simples chez le type, doubles ou semi-pleines dans ses variétés, généralement rose pâle ou rose vineux.

Originaire de l'Amérique du Nord ; cet arbuste résiste bien au froid.

Setigera (type). *Syn. :* Rubifolia.	*Michaux.*	Rose vif. — fl. simple moy. plate ; tr. vig.
Beauty of the prairies *Syn. :* Beauté des prairies. Prairie Belle.	*Feast 1843.*	Blanc jaunâtre nuancé de rose carné. — fl. pet. pl. en coupe ; vig.
Baltimore Belle *Syn. :* Belle de Baltimore.	*Feast 1843.*	Rose lilacé. — fl. moy pl. en coupe ; vig.
Eva Corinna	*Feast 1843.*	Rose clair nuancé de carmin. — fl. moy. pl. en coupe ; vig.
Mill's Beauty		Rose vif. — fl. 1/2 double, semi-glob. ; vig.
Souvenir de Brod *Syn. :* Erinnerung an Brod.	*Geschwindt 1886.*	Pourpre ardoise nuancé de violet. — fl. gr. pl. imb. ; vig.
Virago	*Geschwindt 1887.*	Carmin clair. — fl. gr. 1/2 pl. en coupe ; tr. vig.

ROSA WICHURAIANA, SES VARIÉTÉS ET SES HYBRIDES

Rameaux atteignant jusqu'à 4 et 5 mètres dans une année, absolument couchés sur le sol, d'une extrême flexibilité, vert tendre brillant, à aiguillons crochus, épars (ou géminés sur les rameaux florifères).

Feuilles à 3-4 paires de *folioles* petites, largement obovales ou suborbiculaires, plus ou moins obtuses au sommet (la terminale plus allongée) largement dentées, toujours glabres, presque persistantes, d'un vert brillant ; elles semblent comme vernies et, sous ce rapport, le R. Wichuraiana laisse loin derrière lui les R. bracteata et Banksiæ, et même le R. lævigata, dont le feuillage est cependant si brillant.

Fleurs simples, chez le type, doubles et même presque pleines chez certains hybrides horticoles. *Inflorescence* pyramidale pauciflore.

Originaire de Chine et du Japon; fleurit pour la première fois, en Europe, au Jardin botanique de Bruxelles en 1888, croyons-nous; a supporté sans souffrir 19° centigr. au-dessous de zéro.

Très recommandable, pour garnir des rocailles, des pentes abruptes, et pour faire des rosiers pleureurs.

Comme rosiers grimpants, ses tiges manquent un peu de rigidité et ne peuvent s'élever d'elles-mêmes.

Albéric Barbier Wich. x Shirley Hibbert.	*Barbier fr. 1900.*	Blanc crème. c. jaune canari. — fl. gr. tr. pl. odor.; tr. florif. tr. vig.
+ **Alexandre Girault** Wich. x Papa Gontier.	*Barbier et Cie 1907.*	Carmin brillant, fond saumoné. — fl. gr. tr. pl. tr. florif.; tr. vig.
Aviateur Blériot. Wich. x William Allen Richardson.	*Fauque 1909.*	Jaune safran c. plus foncé passant au blanc. — fl. moy. pl.; tr. florif. tr. vig.
Diabolo Wich. x Xavier Olibo.	*Fauque 1909.*	Rouge cramoisi écarlate. — fl. gr. 1/2 pl.; tr. florif. tr. vig.
Dorothy Perkins.	*Perkins 1902.*	Rose. — fl. moy. pl. odor.; tr. florif. tr. vig.
Edmond Proust	*Barbier 1902.*	Rose carné. c. carmin cuivré. — fl. gr. pl.; tr. florif. tr. vig.
François Foucaud	*Barbier fr. 1901.*	Jaune passant au blanc crème. — fl. gr. tr. pl. tr.; florif. tr. vig.
○ **François Juranville** Wich. x Madame Laurette Messimy.	*Barbier et Cie 1906.*	Rose frais teinté aurore. — fl. tr. gr. tr. pl. légèrement odor.; tr. florif. tr. vig.
+ **Gardenia** Wich. x Perles des Jardins.	*Manda 1898.*	Jaune passant au blanc. — fl. gr. pl.; florif. tr. vig.
Gerbe rose	*Fauque 1904.*	Beau rose frais. — fl. tr. gr. pl. odor. en coupe, la plus grande du genre; florif. tr. vig.
Jean Guichard Wich. x Souvenir de Catherine Guillot.	*Barbier et Cie 1904.*	Saumon carminé vif passant au rose carminé. — fl. tr. gr. pl. légèrement odor.; tr. florif. tr. vig.
Joseph Lamy Wich. x Madame Laurette Messimy.	*Barbier et Cie 1906.*	Blanc porcelaine légèrement rosé en s'ouvrant. — fl. 1/2 pl.; tr. florif. tr. vig.
Lady Gay Wich. x Bardou Job.	*H. Walsh 1906.*	Rose vif. — fl. moy. pl.; tr. florif. tr. vig.
Lady Godiwa Accident fixé de Dorothy Perkins.	*Charlton 1909.*	Rose clair pâle. — fl. moy. pl.; tr. florif. tr. vig.
La Perle	*Fauque 1905.*	Blanc pur. — fl. moy. odor.; florif. tr. vig.
Léontine Gervais. Wich. x Souvenir de Catherine Guillot.	*Barbier et Cie 1904.*	Rouge capucine, mélangé de carmin et saumon. — fl. gr. pl. légèrement odor.; tr. florif. tr. vig.
Madame Alice Garnier. Wich. x Madame Charles.	*Fauque 1906.*	Rose vif, fond jaunâtre passant au rose clair. — fl. pet. pl.; tr. florif. tr. vig.
May Queen.	*Manda 1898.*	Corail clair brillant. — fl. gr. pl.; tr. florif. tr. vig.

Variété	Obtenteur	Description
Minnehaha . . . . Wich. × Paul Neyron.	*Walsh 1905.*	Rose vif, revers argenté. — fl. tr. gr. tr. pl. odor.; tr. florif. tr. vig.
Paul Transon	*Barbier fr. 1901.*	Rose vif. — fl. gr. pl. odor.; tr. florif. tr. vig.
+ **René André.** . . . . Wich. × L'Idéal.	*Barbier fr. 1901.*	Aurore brillant et jaune orangé. — fl. pl. odor.; florif. tr. vig.
Sodenia. . . . . Wich. × ?	*Corbœuf 1909.*	Rouge cerise. — fl. moy. pl.; florif. vig.
White Dorothy Perkins . . . . . . Accident fixé de Dorothy Perkins.	*Miss Willemot.*	Blanc. — fl. moy. pl.; florif. tr. vig.

ᴏ ᴏ ᴏ

INDICÆ

❧ ❧ ❧

Race des THÉ SARMENTEUX

❧ ❧

Les caractères botaniques des Rosiers Thé sarmenteux étant les mêmes que ceux des Rosiers Thé non sarmenteux, voir la description à ces derniers (page 64).

Variété	Obtenteur	Description
Baronne Ch. de Gargan . . . . . . Madame Barthélemy Levet × Socrate.	*Soupert et Notting 1894.*	Pourtour jaune nankin centre jaune de Naples. — .fl. gr. bombée, pl. odor.; vig.
+ **Beauté de l'Europe** . . . . Gloire de Dijon ×? Perfection de Madame Bérard.	*Gonod 1881.*	Jaune saumoné ou rose saumon. — fl. gr. tr. pl. glob. odor.; tr. vig.
Belle Lyonnaise. . . . . Gloire de Dijon × ? *Syn.* : Grossherzogin Louise Von Baden.	*Level 1870.*	Jaune canari passant au blanc. — fl. tr. gr. pl. en coupe, odor.; tr. vig.
+ **Climbing Perle des Jardins** . . . . . Accident fixé de « Perle des Jardins ».	*Henderson 1889.*	Jaune paille vif. — fl. tr. gr. tr. pl. en coupe; tr. florif. tr. vig. C.
○ **Duchesse d'Auerstaëdt**	*Bernaix 1887.*	Jaune d'or. — fl. tr. gr. tr. pl. imb. en coupe, odor.; vig.
E. Veyrat Hermanos.	*Bernaix 1895.*	Jaune abricot et rose carmin — fl. tr. gr. pl. en coupe, tr. odor.; tr. vig.
○ **Gloire de Dijon**	*Jacotot 1853.*	Jaune transparent fortement saumoné. — fl. tr. gr. tr. pl. plate odor.; tr. vig.
Gloire de Libourne . . . . Perle de Lyon ×?	*Beauvillain 1887.*	Jaune canari foncé centre abricot. — fl. tr. gr. pl. imb.; tr. vig.
Kaiserin Friedrich. . . . . Gloire de Dijon × Perle des Jardins.	*Drœgmüller 1889.*	Rose de Chine avec reflets jaunâtres. — fl. tr. gr. tr. pl. odor.; tr. vig.
Madame Bérard. . . . . Madame Falcot × Gloire de Dijon.	*Level 1872.*	Jaune saumoné pourtour rose saumon. — fl. gr. pl. en coupe ou imb. odor.; tr. vig.

ᴏ 133

Madame Chauvry Madame Bérard × William Allen Richardson.	*Bonnaire 1887.*	Jaune nankin nuancé jaune cuivré. — fl. tr. gr. pl. imb. de forme concave, odor.; tr. florif. tr. vig.
Madame Emilie Dupuy. Madame Falcot × Gloire de Dijon.	*Level 1870.*	Jaune cuivré lég. saumoné. — fl. gr. pl. glob. odor.; tr. vig.
+ **Madame Jules Gravereaux** Rêve d'Or × Viscountess Folkestone.	*Soupert et Notting 1900.*	Rose pêche reflets aurore. — fl. tr. gr. tr. pl. tr. odor.; tr. florif. tr. vig.
Madame Léon Constantin.	*Bonnaire 1907.*	Blanc rosé. — fl. tr. gr. tr. pl. odor.; tr. florif. tr. vig.
Madame Paul Marmy Gloire de Dijon × ?	*Marmy 1884.*	Jaune, centre très clair, pourtour rose pâle. — fl. gr. pl. un peu creuse, odor.; tr. vig.
Madame Rozain-Boucharlat.	*Liabaud 1894.*	Rose et jaune. — fl. gr. pl.; tr. vig.
Nardy Gloire de Dijon × ?	*Nabonnand 1888.*	Jaune saumoné cuivré. — fl. tr. gr. glob. odor.; tr. vig.
o **Noëlla Nabonnand.** Reine Marie-Henriette × Bardou Job.	*Nabonnand 1901.*	Rouge cramoisi velouté onglet blanc. — fl. tr. gr. 1/2 pl. en coupe, odor.; tr. vig.
Stéphanie et Rodolphe Madame Barthélemy Levet × ?	*Level 1880.*	Jaune nuancé orange. — fl. gr. pl.; tr. vig.
Souvenir de Madame J. Metral Madame Bérard × Eugène Fürst.	*Bernaix 1888.*	Rouge cerise vif nuancé cramoisi. — fl. tr. gr. tr. pl. imb. odor.; tr. vig.
o **Souvenir de Madame Léonie Viennot.** Gloire de Dijon × ?	*Bernaix 1897.*	Du jaune jonquille au rose de Chine nuancé cochenille au rouge. — fl. tr. gr. tr pl.; tr. vig.

✤ ✤ ✤

Race des HYBRIDES DE THÉ SARMENTEUX

✤ ✤

Les caractères botaniques des Rosiers Hybrides de Thé sarmenteux étant les mêmes que ceux des Rosiers Hybrides de Thé non sarmenteux, voir la description de ces derniers (page 76).

Andeken an Moritz von Frolish.	*Hinner 1904.*	Rouge foncé velouté. — fl. gr. pl.
Ards Pillar	*Dickson 1902.*	Cramoisi velouté. — fl. gr. 1/2 pl. en coupe; tr. vig.
Cheshunt Hybrid Madame de Tartas × Princesse Camille de Rohan.	*G. Paul 1873.*	Cerise nuancé foncé. — fl. tr. gr. pl. glob. tr. florif.; tr. vig.
+ **Elie Beauvillain.**	*Beauvillain 1887.*	Rose cuivré. — fl. gr. pl.; tr. florif., tr. vig.
+ **Lady Waterlow**	*Nabonnand 1902.*	Rose saumoné clair onglet safran. — fl. gr. 1/2 pl.; tr. vig.
La France de 89	*Moreau Robert 1889.*	Rouge vif. — fl. tr. gr. tr. pl. en coupe; tr. vig.

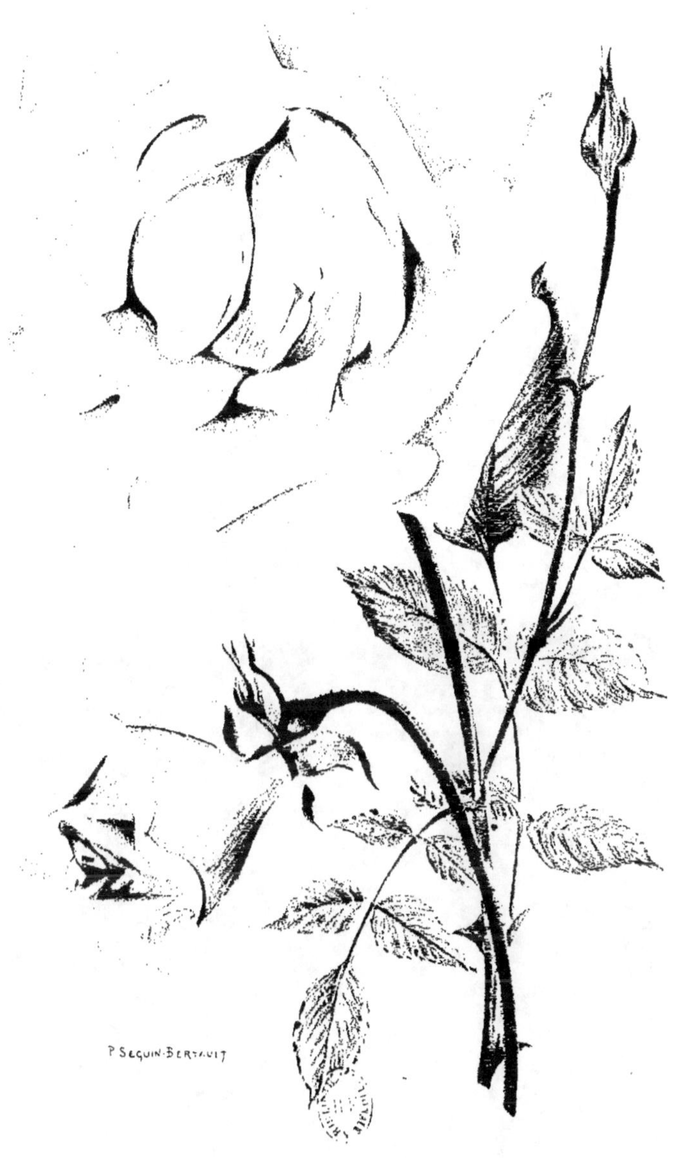

MADAME JULES GRAVEREAUX

Thé sarmenteux

AMAT, éditeur PARIS.   Chromolith. J. L. GOFFART, Bruxelles.

Madame Auguste Choutet . . . . . William Allen Richardson × Kaiserin Augusta Victoria.	*Godard 1901.*	Orange foncé. — fl. tr. gr. tr. florif.; tr. vig.
Mademoiselle Germaine Trochon . . Victor Verdier × Madame Eugène Verdier.	*Pernet-Ducher 1893.*	Carné saumoné centre jaune nankin. — fl. gr. pl. glob.; vig.
Monsieur Désir	*Pernet père 1888.*	Rouge cramoisi foncé violet. — fl. gr. 1/2 pl. odor.; tr. vig.
o **Reine Marie-Henriette** . . . . Madame Bérard × Général Jacqueminot.	*Level 1878.*	Rouge cerise. — fl. gr. pl. en coupe; tr. vig.
+ **Sarah Bernhardt.**	*Dubreuil 1906.*	Carmin écarlate nuancé de pourpre velouté. — fl. tr. gr. semi-double incurvée odor.; tr. florif. tr. vig.
Waltham Climber	*W. Paul 1885.*	Cramoisi rose vif. — fl. gr. pl. imb. tr. odor.; tr. vig.

✢ ✢ ✢

Race des NOISETTE SARMENTEUX

✢ ✢

Les caractères botaniques des Rosiers Noisette sarmenteux étant les mêmes que ceux des Rosiers Noisette non sarmenteux, voir la description de ces derniers (page 86).

✢ ✢ ✢

Groupe A. — NOISETTE ORDINAIRES

✢ ✢

Aimée Vibert . . . . Accident fixé de Repens.	*Vibert 1828.*	Blanc pur. — fl. pet. en rosette, plate; tr. florif. tr. vig.
+ **Céline Forestier**	*Trouillard 1842.*	Jaune pâle brillant ou jaune foncé brillant. — fl. moy. en coupe odor.; vig.
Chromatella. . . . . Lamarque × ?	*Coquereau 1843.*	Jaune foncé extérieur jaune soufre. — fl. pl. gr. glob. odor.; tr. vig. sensible au froid.
Comtesse de Galard Béarn	*Bonnaire 1894.*	Jaune canari clair passant au chrome. — fl. gr. pl.; florif. tr. vig.
+ **Deschamps**	*Deschamps 1877.*	Cerise. — fl. moy. en coupe; tr. florif. tr. vig.
+ **Duarte de Oliviera.** . . . . Ophirie × Rêve d'Or.	*Brassac 1880.*	Rose saumoné fond cuivré. — fl. gr. pl.; tr. flori. tr. vig.
Joseph Bernachi.	*Veuve Ducher 1878.*	Blanc jaunâtre plus foncé au centre. — fl. tr. gr. pl. odor.; tr. vig.
Lamarque.	*Maréchal 1830.*	Blanc jaunâtre centre jaune soufre. — fl. gr. pl. glob. odor.; tr. vig.
+ **Madame Carnot** . . . . William Allen Richardson × ?	*Moreau-Robert 1889.*	Jaune d'or centre plus foncé (coloris variable). — fl. gr. tr. pl. glob. odor.; florif. tr. vig.

+ **Rêve d'Or** . . . .   *Ducher 1869.*   Jaune foncé parfois cuivré ou blanc centre jaune clair. — fl. gr. tr. pl. glob. odor.; tr. florif. tr. vig.
Madame Schultz × ?

Rosabelle. . . . .   *Bruant 1900.*   Rose clair reflété de saumoné. — fl. gr. pl. tr. odor.; tr. vig.
Fortune's Yellow × Madame de Tartas.

+ **William Allen Richardson** . . . . .   *Veuve Ducher 1878.*   Varie du jaune orangé au jaune nankin. — fl. moy. pl. plate; tr. vig.
Rêve d'Or × ?

🐝 🐝 🐝

Groupe B. — HYBRIDES DE NOISETTE

🐝 🐝

o **Madame Alfred Carrière** . . . . . .   *Schwartz 1879.*   Blanc carné. — fl. gr. pl. glob. odor.; tr. florif. tr. vig.

Madame Marie Lavalley . . . . . .   *Nabonnand 1881.*   Rose carminé. — fl. 1/2 pl.; florif. tr. vig.

Reine Olga de Wurtemberg. . . . .   *Nabonnand 1881.*   Rouge écarlate. — fl. tr. gr. pl. odor.; tr. vig.

+ **Virginie Demont-Breton** . . . . . .   *Cochet Pierre 1902.*   Rose avec un soupçon de cuivré passant au rose saumoné. — fl. gr. tr. odor.; tr. florif. tr. vig.

🐝 🐝 🐝

Race des ILE BOURBON SARMENTEUX

🐝 🐝

Les caractères botaniques des Rosiers de l'Ile Bourbon sarmenteux étant les mêmes que ceux des Rosiers de l'Ile Bourbon non sarmenteux, voir la description de ces derniers (page 88).

🐝 🐝 🐝

Groupe A. — ILE BOURBON ORDINAIRES

🐝 🐝

Climbing Souvenir de la Malmaison .   *Bennett 1893.*   Blanc rosé. — fl. tr. gr. tr. pl. plate, odor.; florif. tr. vig.

Monsieur Cordeau . . . .   *Moreau 1892.*   Rouge vif carminé ombré de vermillon. — fl. tr. gr. tr. pl. glob. odor.; florif tr. vig.

Robusta . . . .   *Soupert et Notting 1878.*   Rouge feu velouté. — fl. pl.; florif. tr. vig.

🐝 🐝 🐝

Groupe B. --- **HYBRIDES D'ILE BOURBON**

\+ **Madame Arthur Oger** . . . .   *Oger 1899.*   Rose vif. — fl. tr. gr. tr. pl.; tr. florif. tr. vig.

\+ **Madame Ernest Clavat** . . . . . .   *Veuve Schwartz 1888.*   Rose de Chine ou rose vif onglet jaunâtre. — fl. tr. gr. pl. chiffonnée odor.; tr. vig.

o **Madame Nobecourt** . . . .   *Moreau Robert 1893.*   Rose clair satiné. — fl. tr. gr. tr. pl. en coupe odor.; tr. vig.

\+ **Philemon Cochet** . . . .   *S. Cochet 1895.*   Rose vif foncé. — fl. tr. gr. tr. pl. imb. odor.; tr. vig.

Souvenir de Nemours . . . .   *Hervé 1869.*   Rose tendre. — fl. gr. pl. glob. odor.; vig.

\+ **Zéphirine Drouhin.** . . . .   *Bizot 1868.*   Rouge cramoisi brillant. — fl. gr. pl.; tr. florif. tr. vig.

Race des BENGALE SARMENTEUX

Les caractères des Rosiers du Bengale sarmenteux étant les mêmes que ceux des Rosiers du Bengale non sarmenteux, voir la description faite à ces derniers (page 91).

Groupe A. — BENGALE ORDINAIRES

Climbing cramoisi supérieur. . . . .   *Coquereau 1832.*   Cramoisi luisant. — fl. moy en coupe 1/2 pleine; florif. vig.

o **Climbing Le Vésuve.** . . . .   *Guillot 1904.*   Rouge sang et parfois rouge c. blanc. — fl. gr. pl.; tr. florif. tr. vig.
Accident fixé du Vésuve.

Climbing Nabonnand . . . .   *Camon 1896.*   Rouge pourpre velouté cuivré ombré de jaune. — fl. gr. pl. imb.; tr. vig.

\+ **Empress of China** . . . .   *Jackson 1896.*   Rouge vif. — fl. moy. pl.; tr. vig.

\+ **Madame Couturier Mention.** . . . .   *C. Cochet 1886.*   Pourpre cramoisi. — fl. gr. pl.; vig.

Setina . . . .   *Henderson 1879.*   Rose. — fl. moy. pl. glob.; tr. vig.
Accident fixé d'Hermosa.

137

❧ ❧

Bardou Job. . . . . Gloire des Rosomanes ✕ ?	*Nabonnand 1887.*	Rouge vif ombré velouté onglet blanc. — fl. gr. 1/2 pl.; florif. vig.
Gloire des Rosomanes.	*Vibert 1825.*	. Rouge vif onglet blanc. — fl. gr. 1/2 pl.; florif. vig.
Malton.	*Guérin 1830.*	Cerise — fl. gr. pl.; tr. florif. tr. vig.

◇ ◇ ◇

BANKSIÆ

❧ ❧ ❧

ROSA BANKSIÆ, SES VARIÉTÉS ET SES HYBRIDES

❧ ❧

Arbuste très sarmenteux, surtout dans les contrées chaudes, où ses rameaux atteignent 10 mètres de longueur. *Rameaux* verts, faibles, inermes et glabres, portant seulement parfois à leur base quelques rares aiguillons, crochus, épars. *Feuilles* presque toujours trifoliolées, rarement 5-fololiées; *folioles* d'un beau vert souvent brillant, glabres, elliptiques-lancéolées, presque persistantes. *Stipules* libres, filiformes, promptement caduques. Serrature peu profonde. *Fleurs* en inflorescence pauciflore, simples ou doubles, accompagnées de bractées caduques. *Fruits* presque sphériques, brillants. La floraison a lieu en mai-juin.

Cette espèce originaire de l'Asie, est peu rustique et périt facilement dans le nord de la France. Croisée au Japon avec le R. lævigata, *Mich.*, elle a donné naissance au R. fortuneana, *Lind.* ou Banks de Fortune, lequel un peu plus rustique, est une plante à fleurs doubles d'un certain mérite.

Banks blanc double	*Keer 1807.*	Blanc pur. — fl. pet. pl. odor.; vig.
Banks jaune double	*Damper 1823.*	Jaune clair. — fl. pet. pl. à odeur de violette; vig.
Banks de Fortune. . . . . Banksiæ ✕ Lævigata.	*Fortune.*	Blanc crème. — fl. moy. pl.; tr. vig.

◇ ◇ ◇

GALLICÆ

✵ ✵ ✵

Race des HYBRIDES REMONTANTS SARMENTEUX (très peu).

✵ ✵

Les caractères botaniques des Rosiers Hybrides remontants sarmenteux étant les mêmes que ceux des Hybrides remontants non sarmenteux, voir la description faite à ces derniers (page 102).

Albert La Blotais	*Moreau Robert 1881.*	Pourpre velouté noirâtre. — fl. gr. pl. glob. odor.; tr. vig.
Climbing Jules Margottin	*Gramston 1874.*	Rouge cerise vif tr. vig. — fl. gr. pl. glob. imb. odor.; tr. vig.
Climbing Monsieur Boncenne	*Schwartz 1885.*	Pourpre noir velouté. — fl. gr. tr. pl. imb.; tr. vig.
Climbing Victor Verdier	*G. Paul 1871.*	Rouge vif nuancé carmin. — tr. vig. — fl. gr. pl. glob.; tr. vig.

✵ ✵ ✵

Race des HYBRIDES NON REMONTANTS SARMENTEUX

✵ ✵

Paul's Carmine Pillar	*G. Paul 1896.*	Carmin rose œil blanc. — fl. tr. gr. simple; tr. florif. tr. vig.

◇ ◇ ◇

CANINÆ

✵ ✵ ✵

ROSA RUBIGINOSA, SES VARIÉTÉS ET SES HYBRIDES

(*Syn. :* Églantier odorant).

✵ ✵

Arbuste vigoureux de 2 à 3 mètres. *Rameaux* diffus, compacts, vert clair, armés d'aiguillons forts, crochus, nombreux, épars, entremêlés de glandes odorantes sur les rejetons. *Feuilles* à 5-7 folioles, vert foncé sombre, ovales-arrondies ou ovales-lancéolées, souvent glabres en dessus, mais portant toujours en dessous de nombreuses glandes grisâtres. *Serratures* doubles très glanduleuses. Toutes ces glandes répandent une forte odeur de pomme reinette lorsqu'on les froisse, d'où, le surnom d'Eglantier odorant donné à cette espèce. *Fleurs* solitaires ou en inflorescence très pauciflore, roses à pétales échancrés. *Fruits* ovales ou ovoïdes presque toujours couverts de soies raides, couronnés par les sépales redressés et persistants. Spontané en France et parfaitement rustique.

Flora M. Ivor.	*Lord Penzance 1894.*	Blanc bordé rose. — odor.; tr. florif. tr. vig.
Julia Mannering.	*Lord Penzance 1895.*	Rose perlé. — odor.; tr. florif. tr. vig.
Lady Penzance.	*Lord Penzance 1894.*	Jaune cuivré. — odor.; tr. florif. tr. vig.
Lord Penzance	*Lord Penzance 1894.*	Fauve clair. — odor.; florif. vig.
Lucy Ashton	*Lord Penzance 1895.*	Blanc rosé. — odor.; tr. florif. tr. vig.
Lucy Bertram.	*Lord Penzance 1895.*	Cramoisi centre blanc. — odor.; tr. florif. tr. vig.

◇ ◇ ◇

CINNAMOMEÆ

✢ ✢ ✢

ROSA ALPINA, SES VARIÉTÉS ET SES HYBRIDES

✢ ✢

Arbuste de plusieurs mètres, à rameaux droits, élancés, brun verdâtre, glauques ou pourprés d'un côté, inermes, à l'exception de la base des rameaux secondaires qui portent parfois des aiguillons sétiformes. *Feuilles* 7,9 et même 11-foliolées. *Folioles* ovales-lancéolées, profondément dentées. *Fleurs* solitaires ou par 2 à 4, simples dans le type, doubles dans les variétés horticoles, et dans ce dernier cas souvent inclinées vers le sol. *Fruits* de forme toute particulière, ventrus à la base, pour s'atténuer longuement en un col droit couronné par les sépales du calice.

Le Rosier Boursault est très probablement issu du croisement du R. alpina par une forme du Rosier de l'Inde. Le R. alpina est spontané en France et parfaitement rustique.

Fleurit en juin; ne remonte pas.

Amadis.	*Laffay 1829.*	Pourpre violet. — fl. gr. 1/2 pl. inflorescence pluriflore souvent uniflore; tr. vig.
Gracilis.	*Wood.*	Rose vif. — fl. pl. inflorescence pluriflore; tr. vig.
Madame Sancy de Parabère	*Bonnel 1875.*	Rose vif. — fl. 1/2 pl odor.; inflorescence pauciflore; tr. vig.

◇ ◇ ◇

MICROPHYLLÆ

❧ ❧ ❧

ROSA MICROPHYLLA, SES VARIÉTÉS ET SES HYBRIDES

(Syn. : Rosier à petites feuilles).

❧ ❧

Rameaux glabres, minces, flexueux, à épiderme vert ou brun, portant des aiguillons droits, très aigus et ascendants, c'est-à-dire dont la pointe est tournée vers le ciel (ce caractère ne se retrouve pas dans toutes les variétés horticoles) géminés régulièrement sous les feuilles.

Feuilles 11, 13-foliolées. *Folioles* elliptiques, petites, simplement dentées, glabres. *Pétiole* très profondément canaliculé. *Réceptacle* couvert d'aiguillons spiniformes, qui couvrent également les sépales du calice et donnent au bouton de rose prêt à éclore l'aspect d'une châtaigne (microphylla pourpre ancien). *Fleurs* solitaires ou par 2-3.

Cette espèce, originaire de Chine, résiste assez bien à nos froids ordinaires, ainsi que ses variétés.

Le R. microphylla pourpre ancien est souvent nommé Rose châtaigne.

Ma Surprise.	*Guillot 1872.*	Blanc saumoné. — fl. inflorescence pluriflore; tr. vig.
Triomphe de la Guillotière	*Guillot 1863.*	Rose clair nuancé de blanc. — fl. gr. pl. inflorescence pluriflore; vig.

Roseraie de l'Haÿ

Standard

Roseraie de l' Haÿ.

Standard

Culture, Multiplication, Taille

1º Culture.

La culture du rosier n'est pas aussi difficile qu'elle paraît l'être à première vue, surtout pour les amateurs qui achètent les plantes toutes préparées pour la mise en place, moyen le plus pratique et le plus économique.

Pour le Rosiériste, les complications sont multiples; elles n'existent pas chez le Rosomane qui doit s'en tenir à soigner, comme nous l'indiquons ci-dessous, les arbustes destinés à ses plantations. Le rosier peut être employé sous des formes différentes :

1º En sujets nains, c'est-à-dire greffés rez de terre ou francs de pied;

2º En sujets sarmenteux, appelés improprement grimpants;

3º En sujets demi-tiges (de 0^m,60 à 0^m,80);

4º En sujets tiges (de 0^m,90 à 1^m,30);

5º En sujets pleureurs (très hautes tiges).

Aucune plante ne se prête mieux que le Rosier à la plantation en massifs, plates-bandes, corbeilles, etc... Elle revient à beaucoup meilleur marché que celles faites avec d'autres arbustes ou plantes, d'abord par le prix d'acquisition relativement minime, ensuite par les soins si faciles à donner, enfin par la longévité de ces végétaux.

Des corbeilles de rosiers, soigneusement entretenues et amendées annuellement, peuvent durer environ quinze ans, sauf cas particuliers qui pourraient survenir, comme les attaques du ver blanc, la gelée et toute autre cause impossible à prévoir.

Le Rosier aime la terre franche, un peu fraîche, avec sous-sol perméable; si le sol se compose exclusivement d'argile, il est facile de l'allégir en y mélangeant du sable ou des terres légères, par exemple des balayures de route. Le terrain où on voudra planter des Rosiers devra être défoncé à deux fers de bêche, c'est-à-dire à environ 0^m,50 à 0^m,60 de profondeur, et amendé avec du fumier bien préparé, du terreau ou autres engrais comme les gadoues de ville, etc., etc... Cependant, le meilleur, à notre avis, est le fumier qui a le plus de durée dans la terre et de préférence celui provenant des étables, surtout pour les terrains quelque peu légers. Le défoncement du terrain est une des conditions les meilleures pour la bonne réussite des plantations de Rosiers, aussi engageons-nous les amateurs à ne jamais planter sans avoir fait exécuter ce travail.

La mise en place des Rosiers a lieu ordinairement depuis octobre jusqu'à fin mars, voire même avril, selon que la saison est plus ou moins avancée.

Afin de permettre à la terre de se tasser, il est nécessaire de faire défoncer le terrain au moins deux mois avant la plantation; les gelées ameublissant la terre, l'air et l'humidité pénètrent plus facilement jusqu'aux racines.

Il est de toute nécessité que les achats soient faits dès l'automne, car, non seulement l'amateur aura un plus grand choix, mais encore il sera assuré de pouvoir se procurer toutes les variétés à sa convenance. Quand arrive le printemps, un grand nombre de ces dernières sont déjà épuisées et il est impossible de pouvoir donner satisfaction aux demandes formulées.

Si le terrain n'est pas complètement préparé, il suffira de mettre les rosiers en jauge en attendant qu'il soit possible de les placer à l'endroit qui leur est destiné.

Avant de planter, on devra nettoyer le pied de chaque plante, afin d'en retirer les drageons appelés plus souvent *gourmands,* qui s'y trouvent; cette opération faite, tremper la racine dans une bouillie claire faite avec du terreau de couche bien consommé, étendu d'eau; on remuera chaque fois afin que tous les chevelus en soient complètement imprégnés (c'est le *pralinage*); on peut y ajouter, et nous engageons à le faire, de la bouse de vache, stimulant très bon pour le développement des racines; puis on plantera immédiatement dans la terre préparée, sans enterrer les racines supérieures à plus de 10 à 15 centimètres de profondeur.

Les rosiers nains se plantent à 0^m,40 les uns des autres; les rosiers tiges à 0^m,60 et les grimpants à 1 mètre. Si, par hasard, l'envoi arrivait au moment de la gelée, il faudrait bien se garder de procéder au déballage; mais, au contraire, placer le ballot dans une cave ou tout autre endroit non chauffé et ayant une température moyenne. Laisser ainsi dégeler lentement et ne les sortir au dehors que pour les jauger ou mettre en place.

Les soins à donner après la plantation consistent à arroser, si cette dernière a été faite tardivement, ou s'il survient des hâles; bien fouler

la terre au pied des Rosiers; biner profondément quatre ou cinq fois
dans le courant de l'année autant que possible après une petite pluie.

Pailler fortement le pied avec du fumier d'étable et nettoyer la
tête de ses vieilles fleurs, dont on enlèvera soigneusement les réceptacles.

Pour que les Rosiers soient toujours vigoureux, il est nécessaire
de les arracher tous les trois ans, de supprimer les gourmands le plus
ras possible; redéfoncer le terrain et au besoin y ramener des terres
neuves.

Les variétés sensibles à la gelée devront être garanties du froid
en buttant les nains et en entortillant les têtes des sujets à haute tige,
soit avec des toiles, soit avec du papier imperméable. Lorsque les tiges
sont flexibles, on peut les coucher en ados, et enterrer les têtes jusqu'au
printemps. Ce système est employé au Luxembourg et en Allemagne.

2° Multiplication.

La multiplication du Rosier ne peut être qu'un passe-temps pour
l'amateur. Elle concerne plutôt le praticien. Aussi, passerons-nous vivement sur ce chapitre, en indiquant seulement les différents modes les
plus pratiques.

Le Rosier se multiplie :

    Par semis;

    · Par boutures;

    Par marcottes;

    Par division des pieds;

    Par greffe.

Semis. — Cette méthode n'est guère employée que pour obtenir
des variétés nouvelles. La fécondation artificielle étant presque inconnue de la plupart des amateurs, seuls les semeurs pratiquent ce
mode de multiplication.

On sème également des espèces sauvages qui servent de sujets
pour la greffe : tels sont le *Rosa canina* (églantier), le *Rosa laxa* si employé
maintenant pour écussonner les Rosiers nains; enfin, le *Rosa polyantha*. Les graines sont récoltées vers l'automne, retirées de leur enve-
loppe charnue, et mises en stratification dans des tonneaux, pour être
semées vers le mois de mars. Seuls, le *R. polyantha* ne doit pas être
stratifié, ses graines levant immédiatement.

Boutures. — Les Rosiers peuvent être presque tous multipliés par boutures, sauf cependant certaines variétés, par exemple la Rose du Roi, qui ne réussit pas. Mais, en général, les Bengale, Ile Bourbon, Noisette, Thé, Polyantha, Sempervirens, etc..., donnent de bons résultats.

Autant que possible, il faut choisir des branches ayant un talon, le bourrelet se formant plus facilement.

Les boutures à froid, en plein air, se font en septembre, époque où le bois est bien aoûté. On les repique en terre saine, légère, en leur donnant de fréquents arrosages jusqu'à la reprise, à partir de laquelle les mouillages doivent être moins fréquents.

On peut procéder de la même façon en abritant les boutures sous des cloches ou des châssis. En cette circonstance, on arrose peu, afin d'éviter la pourriture ; et, quand arrive la belle saison, il faut donner de l'air progressivement.

En serre, les boutures sont faites sans chaleur de fond ; on peut commencer ce travail vers le mois de juillet.

Elles sont mises dans des godets de 3 à 4 centimètres et placées sous des cloches ou des petites vitrines.

Les mouillages ne doivent être donnés que dans les cas de nécessité absolue, afin d'éviter la moisissure.

Quand elles sont bien enracinées, on les rempote dans des godets de plus en plus grands jusqu'à leur plantation définitive.

On bouture également les sujets dits *porte-greffes : Indica major, Manelli, Multiflora de la Grifferaie* et *Polyantha.* Cette opération se fait de novembre à décembre. On les coupe généralement sur des pieds-mères. Ces boutures sont taillées à 0^m,35 de longueur, et jaugées en pleine terre ; elles forment ainsi leur bourrelet, puis sont mises en place au printemps pour être greffées vers août-septembre.

Nous ne parlerons pas du bouturage herbacé qui n'est employé par les horticulteurs que pour la multiplication des hautes nouveautés.

Toutes les boutures sont mises en planches en plein air vers le mois de mai, lorsque les gelées ne sont plus à craindre.

Marcottes et divisions. — La multiplication par drageons ou éclats de pied s'explique d'elle-même. Il suffit d'arracher des pousses traçantes ou de séparer des touffes de certains rosiers pour obtenir des sujets à peu près assurés de la reprise.

Pour marcotter un Rosier, il suffit de creuser tout autour une rigole d'environ 15 centimètres de profondeur, d'y coucher ses branches jusqu'au fond en les maintenant avec un petit crochet, puis de combler

1. WILLIAM ALLEN RICHARDSON _ 2. DESCHAMPS

Noisette sarmenteux

AMAT, éditeur PARIS.

Chromolith. J. L. GOFFART Bruxelles.

la rigole avec la terre additionnée de bon terreau. Au bout de quelques
mois, les branches ont pris racines; il n'y a plus qu'à les sevrer en les
coupant au ras du sol. L'automne suivant, on peut lever les jeunes
rosiers pour les planter ailleurs.

Greffes. — Il existe plusieurs sortes de greffes.

Mais, à la vérité, celle qui intéresse le plus l'amateur est la greffe
dite en *écusson*. Elle consiste à enter sur un sujet apte à le recevoir
un morceau d'écorce muni d'un œil (bourgeon) bien constitué pour
reproduire la variété d'où il sort.

L'écusson est posé dans une incision en forme de T; on soulève
l'écorce du sujet avec la spatule du greffoir pour y glisser la variété.
On ligature avec de la laine ou du raphia qu'on laisse généralement
en place jusqu'au printemps suivant.

Cette opération se fait généralement en juillet et en août, voire
même en septembre, selon que les sujets sont propres à recevoir la greffe.

Avant la végétation, au printemps suivant, il faut avoir soin de
procéder à l'ébroussage, c'est-à-dire à la suppression de toutes les
branches du sujet, afin que la sève montante ne soit profitable qu'au
développement de l'écusson.

Mais, nous le répétons, l'amateur a beaucoup plus de bénéfice à
acheter les rosiers tout préparés pour la mise en place; il évite ainsi
un surcroît d'ouvrage à son jardinier qui, n'étant pas toujours spécia-
lisé dans ce genre de multiplication, n'obtient que des résultats médio-
cres.

3º TAILLE.

Il est assez difficile d'établir une règle pour tailler les Rosiers.
La végétation du sujet seule peut guider l'opérateur ; plus une
variété est vigoureuse, plus ses branches doivent être taillées longues, c'est-à-dire environ 20 à 25 centimètres. Au contraire, si la
plante est de moyenne ou faible vigueur, on doit rapprocher les branches le plus possible et tailler à quatre ou cinq yeux.

La taille courte favorise le développement du bois, mais diminue
le nombre de fleurs, alors que la taille longue est en faveur de la floraison; mais, par contre, les roses nombreuses sont légèrement plus
petites.

Lorsque l'on procède à cette opération, il faut avoir soin de débarrasser l'arbuste de toutes les brindilles inutiles qui nuisent à son déve-

loppement et sont incapables de donner de belles fleurs et ne conserver
absolument que les branches fortes assurées de donner satisfaction.

Ceci s'entend pour les rosiers nains et à haute tige. Pour les sarmenteux, il y a lieu de couper annuellement quelques branches principales déjà anciennes et de laisser partir de la base des scions bien
constitués qui serviront de branches de remplacement. Avoir soin de
nettoyer ces rosiers en enlevant tout le bois mort, et les pousses qui
sont trop faibles pour donner des fleurs.

En taillant long, la floraison sera plus hâtive; si on raccourcit
beaucoup, ces rosiers donneront des fleurs plus tardivement.

On peut procéder simultanément à ces deux tailles; de cette façon,
on obtient une durée de floraison beaucoup plus longue, surtout chez
les variétés non remontantes.

Pour ces dernières, telles que les Cent-feuilles, Damas, Mousseux,
Provins, Ayrshire, Sempervirens, Multiflore, etc., etc., il faut tailler
aussitôt la défloraison. Pour les autres catégories, ce travail peut
se faire dès que la végétation est complètement arrêtée et surtout
avant son départ. Nous conseillons d'y procéder vers les mois de
février et mars.

Des Engrais

Des Engrais.

Le Rosier est une plante peu épuisante, sauf en ce qui concerne l'azote.

En effet, il résulte d'analyses et d'expériences, qu'une plantation de Rosiers emprunte seulement, par are et par an, au terrain qui la nourrit, quelque chose comme :

   400 à 500 grammes d'azote;

   100 à 150 grammes de potasse;

   100 grammes environ d'acide phosphorique.

Un excès d'acide phosphorique dans le sol d'une roseraie ne peut qu'être avantageux, l'action des engrais azotés étant dans ce cas plus sensible.

Il n'en est pas de même de la potasse, dont un excès sous forme assimilable peut causer non seulement un ralentissement de la végétation, mais encore des troubles fonctionnels et jusqu'à une sorte de chlorose potassique.

Quant à l'azote, il est de toute nécessité qu'une terre plantée en Rosiers en soit abondamment pourvue, et que ces arbustes en trouvent constamment à leur disposition, sous forme assimilable. C'est, en effet, l'élément dont les Rosiers font la plus grande consommation; pour employer l'expression consacrée, c'est leur *dominante*.

La végétation des Rosiers commençant aux premiers beaux jours, pour ne prendre fin qu'au milieu de l'automne, on conçoit facilement l'importance d'une réserve d'azote, et d'une nitrification régulière et prolongée des substances azotées, dans le sol d'une roseraie.

Ce besoin constant d'azote assimilable — azote nitrique — explique pourquoi les Rosiers affectionnent tout particulièrement les terrains riches en matières organiques, et très profondément labourés.

L'humus agit, en effet, non seulement par les réactions chimiques qu'il provoque, mais encore en retenant les nitrates sur lesquels le pouvoir rétenteur des terres est nul. Dans un sol pauvre en humus, les nitrates et les nitrites sont entraînés en pure perte dans le sous-sol, par les eaux de pluies et d'arrosages.

D'autre part, le défoncement d'un sol lui permet de constituer, par un phénomène bien connu de capillarité, des réserves importantes d'eau ; réserves dont profitent d'abord les plantes en culture, et qui contribuent, en outre, à retenir dans les couches supérieures l'azote nitrifié, puisque, ainsi, une moins grande quantité d'eau contenant toujours des nitrates est entraînée dans le sous-sol.

De plus, le défoncement d'un sol, en l'aérant sur une grande épaisseur, facilite l'action des bactéries de la nitrification essentiellement aérobies, et dont le rôle est de transformer, par une oxydation spéciale, l'azote ammoniacal en azote nitrique.

De ce qui précède, on conclut aisément qu'il est indispensable, lorsqu'on crée une roseraie, ou lorsqu'on effectue une plantation de Rosiers, de faire subir au sol qui doit les porter, un défoncement intéressant toute l'épaisseur de la couche végétale. Profiter de ce travail pour donner une bonne fumure organique au fumier de ferme bien décomposé.

Cette règle est générale.

Engrais phosphatés.

Dans la plupart des cas et même dans des terrains riches en acide phosphorique, il est bon de fournir au sol d'une roseraie des engrais phosphatés.

Nous conseillons de ne pas hésiter, chaque fois qu'un terrain contient moins de 1 gr. 5 par 1.000 d'acide phosphorique, d'enfouir, lors du défoncement dont nous venons de parler, de 20 à 30 kil. par are de scories de déphosphoration.

Suivant la richesse du sol et les résultats obtenus, on pourra ensuite enterrer chaque année, par le labour d'hiver, de 2 à 4 kil. par are de superphosphate d'os ou de phosphate précipité.

Engrais potassiques.

Ne doivent être employés que si le sol est réellement très pauvre en potasse. Les terrains argileux en sont généralement suffisamment pourvus.

Dose : de 2 à 5 kil. de sulfate de potasse par are, appliqués en hiver.

Nous conseillons surtout l'azote organique, râpures de cornes, cornes torréfiées moulues, sang desséché; l'engrais est mélangé au sol par le labour d'hiver ou le défoncement préparatoire.

Comme complément, sulfate d'ammoniaque, légèrement enfoui vers janvier, à raison de 2 ou 3 kil. par are, pour les sols non calcaires, et nitrate de soude *semé sur le sol*, en mars, pour les terrains très riches ou riches en carbonate de chaux.

Engrais magnésiens.

Il est certain que la magnésie joue un rôle d'une certaine importance dans l'alimentation des Rosiers; les expériences en cours sont aujourd'hui suffisamment concluantes pour que nous puissions nous prononcer sinon en toute connaissance de cause, du moins avec assez de certitude pour conseiller l'emploi des engrais magnésiens. Apporter ces engrais lors du défoncement du sol sous forme de carbonate de magnésie à la dose de 25 kilogrammes par are. Dans les terrains plantés, semer à la surface, et enfouir annuellement, par le labour d'hiver, 100 grammes par are de sulfate de magnésie.

La Reine.

Insectes nuisibles

Insectes nuisibles.

Les insectes qui attaquent les rosiers sont très nombreux, mais peu lui sont spéciaux. A part un anthonome et quelques tordeuses dont les chenilles vivent dans les boutons de rose ou bien encore quelques larves de tenthrèdines qui minent les feuilles, de même que plusieurs petites tinéites, la plupart d'entre eux vivent sur un grand nombre de rosacées et causent parfois de grands ravages sur les arbres fruitiers et même aussi, parfois, sur les arbres forestiers. Mais, pour ne pas vivre uniquement sur les rosiers, ils n'en sont pas moins redoutés des rosiéristes et des amateurs de rosiers. C'est d'ailleurs avec raison, et si les dégâts de ces insectes ne prennent généralement que peu d'importance, c'est que les rosiers sont l'objet de soins assidus, et que la plupart des insectes qui viennent l'attaquer sont rapidement combattus et détruits.

Voici ceux qu'on peut y rencontrer le plus fréquemment; nous les ferons connaître en suivant l'ordre zoologique et nous indiquerons les moyens les plus pratiques à employer pour les détruire.

Coléoptères.

Le Hanneton commun (*Melolontha vulgaris*) est trop connu pour le décrire. On détruit les hannetons à l'état adulte en secouant les rosiers le matin de bonne heure, lorsqu'ils sont encore à moitié engourdis par la fraîcheur de la nuit. Il est bon d'étendre au-dessous des branches que l'on secoue une étoffe blanche : nappe ou large carré de toile de couleur claire.

La larve du hanneton ou *ver blanc* est détruite dans le sol par le sulfure de carbone qu'on y injecte à raison de 20 à 30 grammes par mètre carré, en l'introduisant à une profondeur d'environ 25 centimètres dans des trous faits au plantoir, à moins qu'on ne dispose d'un *pal injecteur*. On peut détruire aussi beaucoup de ces larves en plantant entre les arbustes des salades (de la laitue surtout); les vers blancs en sont friands et, quand on voit ces salades jaunir, on peut les arracher

avec la certitude d'en trouver au milieu de leurs racines un certain
nombre.

La Cétoine dorée (*Cetonia aurata*) se trouve souvent dans les
roses ouvertes; elle en mange les organes floraux, surtout les étamines.
Elle a à peu près la grosseur d'un hanneton et est d'un beau vert métallique brillant et quelquefois bronzé. On la trouve en juin.

La Cétoine stictique (*Oxythyrea stictica*) est moitié plus petite,
noire avec des reflets bleuâtres et des points blancs sur le corselet et
les élytres. Elle mange surtout les étamines des roses.

La Trichie française (*Trichius gallicus*) et la Trichie à bandes
(*Trichius fascialus*) sont jaunes marquées de taches carrées noires; leur
taille est à peu près la même que celle de la Cétoine stictique. On les
trouve aussi dans les roses.

La Trichie noble (*Trichius nobilis*) est presque aussi grande que
la Cétoine dorée et comme elle d'un beau vert métallique; mais sa forme
est plus dégagée.

Les larves de cétoines vivent de matières végétales en décompo-
sition; on les rencontre dans le terreau, les fumiers, etc. Il est assez
facile de les trouver et de les détruire. Elles ressemblent au ver blanc;
posées sur le sol, elles rampent sur le dos. Il ne faut pas négliger de ramasser les cétoines adultes qu'on trouve dans les fleurs, pour les écraser.

L'Anthonome de la ronce (*Anthonomus rubi*) vit dans les boutons de roses. La femelle commence par percer le bouton avec son
rostre et, dans le trou, elle introduit ensuite son œuf, après quoi, elle
ronge le pédicule du bouton, n'en laissant qu'une petite partie intacte
par laquelle il reste suspendu. Il se fane bientôt et sert alors de nour-
riture à la larve. Il faut enlever des rosiers tous ces boutons fanés, et
ramasser ceux qui tombent, pour les brûler; ils contiennent tous une
larve ou une nymphe.

L'anthonome de la ronce est un petit charançon de couleur noir
violacé; il mesure environ 3 à 4 millimètres.

ORTHOPTÈRES.

Le Perce-oreille ou Forficule (*Forficula auricularia*) mesure
1 centimètre et demi. De même que le hanneton, cet insecte est trop
connu pour qu'il y ait lieu de le décrire; il a une prédilection marquée
pour les pétales de roses fraîches. On le prend facilement au moyen de
pièges formés simplement de tubes creux faits de fragments de canne
de Provence, bambou, tiges de sureau, dont on a enlevé la moelle, etc.,

ou simplement de cornets de papier qu'on fixe aux branches des arbres qu'il fréquente; il est nocturne et se réfugie pendant le jour dans ces abris où on le trouve blotti le matin, en les visitant de bonne heure.

Hyménoptères.

La Mégachile du rosier (*Megachile centuncularis*) (fig. 1) est une abeille solitaire qui, par sa taille et sa couleur, rappelle l'abeille domestique. Elle découpe dans les feuilles des rosiers (fig. 2) des rondelles ovales avec lesquelles elle construit des nids où vivent ses larves. Ces

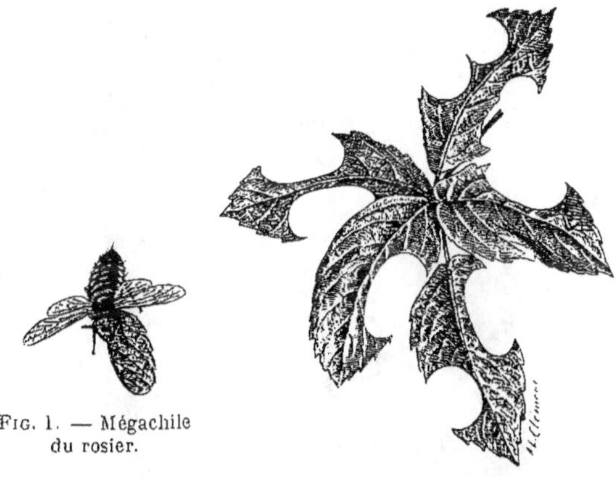

Fig. 1. — Mégachile
du rosier.

Fig. 3. — Cellule de
la Mégachile du
rosier.

Fig. 2. — Feuilles découpées par la
Mégachile du rosier.

nids sont formés de cellules ayant la forme et le volume d'un dé à coudre ordinaire (fig. 3); elles sont placées les unes au bout des autres dans les cavités du sol ou les trous des lézards, dans de vieux murs, des trous de mulots, etc., et peuvent occuper une longueur atteignant jusqu'à 50 centimètres.

Chaque cellule est approvisionnée d'une pâtée formée de miel et de pollen, puis reçoit un œuf. Elle est ensuite fermée par des rondelles de feuilles découpées exprès et à la mesure voulue. Lorsqu'une femelle adopte un rosier pour s'y approvisionner, elle revient continuellement y prélever ses rondelles, et il n'y reste quelquefois pas une seule feuille intacte.

Plusieurs espèces de Tenthrèdes vivent aux dépens des rosiers : ce sont des insectes dont la taille dépasse rarement 2 centimètres d'en-

vergure. Les unes ont des larves qui mangent les feuilles et ressemblent.
à des chenilles ; elles ont reçu le nom de *fausses chenilles ;* on les distingue au nombre de leurs pattes qui est supérieur à seize, chiffre qui
n'est jamais dépassé chez les vraies chenilles ; les autres ont des larves
qui vivent dans les tiges, ou dans l'épaisseur des feuilles et sont dites
mineuses ; elles ressemblent aux larves de certains coléoptères. Nous
citerons :

La TENTHRÈDE VERTE (*Tenthredo viridis*).

La TENTHRÈDE DIFFORME (*Tenthredo difformis*).

La TENTHRÈDE DE LA ROSE (*Athalia rosæ*) (fig. 4 et 5).

La TENTHRÈDE DES ROSES (*Hyloloma rosarum*).

La TENTHRÈDE A AILES BLANCHES (*Nema-
tus albipennis*).

La TENTRÈDE A CEINTURE ROUSSE (*Emphytus rufocinctus*), espèces
dont les larves rongent
les feuilles.

FIG. 4. — Tenthrède
de la rose.

FIG. 5. — Larve de Ten-
thrède de la rose.

FIG. 6. — Larve de la
Tenthrède à fourreau.

La TENTHRÈDE A DEUX POINTS (*Blennocampa bipunctata*), dont la
larve vit à l'intérieur des pousses et y creuse des galeries.

La TENTHRÈDE PHTISIQUE (*Thyllocus phtisicus*) dont la larve se
trouve dans les bourgeons du rosier. Elle hiverne dans une coque
soyeuse, et la nymphose a lieu au printemps.

La TENTHRÈDE A CEINTURE (*Emphytus cinctus*), dont la larve se
développe dans le canal médullaire des tiges sectionnées par la taille.

La TENTHRÈDE A FOURREAU (*Lyda inanida*), dont la larve vit dans
un fourreau qu'elle se construit avec des feuilles de rosier qu'elle coupe
en lanières (fig. 6). Ces lanières enroulées en spirale sont réunies avec
des fils de soie.

A citer encore :

La TENTHRÈDE NOIRE (*Tenthredo Œthiops*), dont les larves rongent
seulement la partie *supérieure* des feuilles.

La Tenthrède chétive (*Blennocampa pusilla*), espèce de plus petite taille et dont la larve ronge seulement la face *inférieure*, et la Tenthrède a pattes blanches (*Cladius* ou *Phœnusa albipes*), de très petite taille, et dont la larve vit dans le parenchyme des feuilles.

On peut détruire les larves de tenthrèdes qui mangent les feuilles par les mêmes méthodes que les chenilles vraies ; une des formules les plus recommandées est l'émulsion de pétrole composée comme suit :

Savon noir	2 kilos.
Carbonate de soude	1 »
Pétrole	3 litres.
Eau	100 »

(A employer en pulvérisations).

Les pulvérisations à base de nicotine donnent également de bons résultats.

Il faut enlever les feuilles minées, ainsi que les pousses et tiges qui contiennent des larves, et les brûler.

Enfin, on peut attirer les adultes en enduisant des planches ou des plateaux avec un mélange de mélasse et de colle forte, où ils viennent s'engluer.

Les rosiers portent parfois des galles chevelues de couleur verte et rose, dépassant souvent la grosseur d'une noix. Elles ont reçu le nom de *bédéguars* et sont produites par la piqûre que fait un petit hyménoptère noir, le Cynips de la rose (*Rhodites rosæ*) qui mesure 5 millimètres de long (fig. 7). Il introduit ses œufs dans les rameaux au moyen de sa tarière, et à l'emplacement de chaque piqûre, une excroissance ne tarde pas à se

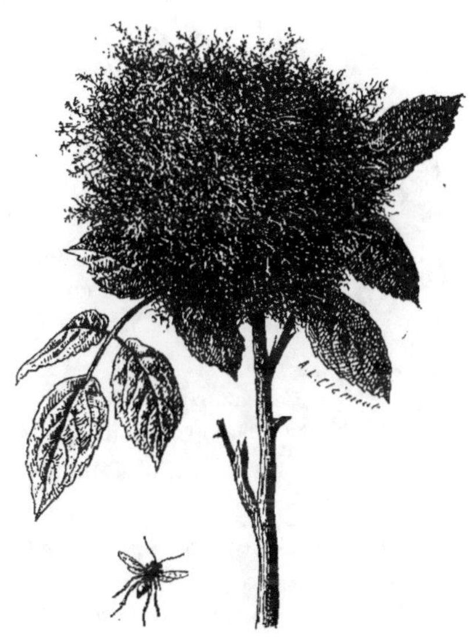

Fig. 7. — Cynips de la rose et bédéguar.

développer, c'est le *bédéguar*, à l'intérieur duquel on trouve plusieurs loges contenant chacune une larve ; couper et brûler toutes ces galles.

Les Fourmis sont surtout attirées sur les rosiers par les pucerons dont elles recherchent les déjections sucrées qui sont connues sous le nom de *miellat*. Pour les éloigner, il suffit généralement de détruire les pucerons par les procédés que nous indiquons plus loin; les anneaux gluants dont nous parlerons à propos des *Hybernies* sont également applicables contre les fourmis.

LÉPIDOPTÈRES.

Aucun papillon diurne ne vit sur les rosiers, mais on y trouve les chenilles d'un grand nombre d'espèces nocturnes.

Le GRAND ET LE PETIT PAON DE NUIT (*Saturnia Pyri et Saturnia Carpini*), le BOMBYX DU CHÊNE (*Bombyx Quercus*), s'y rencontrent parfois; leurs chenilles, quoique atteignant une forte taille, sont peu redoutables; leur grosseur même les rend faciles à découvrir et elles vivent isolées, en très petit nombre sur un même arbuste.

Le BOMBYX LIVRÉE (*Bombyx neustria*) (fig. 8) est plus nuisible; il mesure 3 centimètres d'envergure et est de couleur jaunâtre ou rous-

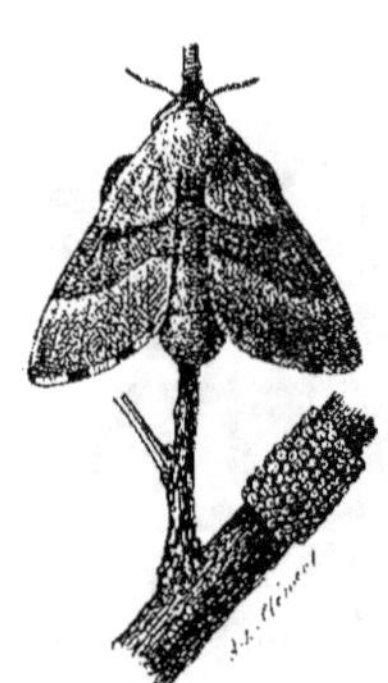

FIG. 8. — Bombyx livrée femelle et sa ponte ou bague.

sâtre. La femelle dépose ses œufs en les réunissant en spirale autour des rameaux où ils sont fixés par une matière gommeuse. Ces pontes hivernent; elles portent le nom de *bagues;* il est important de les enlever en opérant la taille. La chenille atteint 4 centimètres de long: elle est brune avec des raies longitudinales blanches, rouges et bleues (d'où son nom de livrée). Elle vit en société sous une toile commune pendant le jeune âge; on peut alors la détruire facilement.

Les LIPARIS sont également très nuisibles aux rosiers; leurs œufs sont réunis en une seule ponte et recouverts de poils que la femelle détache de son abdomen pour les abriter contre les intempéries.

Le LIPARIS CUL-BRUN (*Liparis chrysorrhæa*) (fig. 9) mesure 32 millimètres d'envergure; il est blanc, sauf l'abdomen qui est brun; sa ponte est allongée, recouverte de poils marron et porte le nom de *velours.* Les chenilles éclosent en septembre et passent l'hiver dans des nids à l'extrémité des rameaux pour en sortir au printemps et filer de nouvelles toiles. Elles sont brunes avec deux raies dorsales rouges, des taches blanches sur les côtés, et des tubercules rouges sur les anneaux postérieurs. Le cocon est transparent; le papillon en sort au mois de juin.

Les nids doivent être enlevés *pendant l'hiver* et brûlés. Les pontes et les cocons doivent être également recherchés et détruits par le feu.

Le LIPARIS DISPARATE (*Liparis dispar*) ainsi nommé parce que le mâle est brun, alors que la femelle, qui est d'ailleurs beaucoup plus grosse, a une coloration générale presque blanche, est également très nuisible ; sa ponte, arrondie et jaunâtre, ressemble à un fragment d'amadou. Les œufs n'éclosent qu'en mai après avoir hiverné ; c'est donc *en hiver* qu'il faut rechercher ces pontes et les racler ou les couvrir de goudron avec un pinceau.

Les chenilles des liparis, en général, peuvent être détruites par des pulvérisations arsenicales ou d'émulsion de pétrole.

FIG. 9. — Liparis cul-brun femelle pondant.

L'ORGYE ANTIQUE ou *Bombyx étoilé* (*Orgya antiqua*) (fig. 10 et 11) est moins nuisible. Le mâle a environ 3 centimètres d'envergure ; sa couleur est fauve avec une tache blanche du côté externe aux ailes supérieures. La femelle de couleur grise n'a que des moignons d'ailes ; son abdomen est très gros ; la ponte a lieu sur le cocon même. La chenille est reconnaissable aux cinq aigrettes ou pin-

FIG. 10. — Bombyx étoilé mâle.

FIG. 11. — Bombyx étoilé femelle avec son cocon et sa ponte.

ceaux de poils dont elle est ornée ; son dos porte quatre brosses de poils jaunes ; sa couleur générale est grise avec tubercules rouges ; elle se rencontre aussi bien sur les rosiers que sur les arbres fruitiers, mais est généralement peu nuisible.

Un assez grand nombre de noctuelles vivent aussi sur les rosiers, parmi lesquelles nous citerons :

La NOCTUELLE PSI (*Acronycta psi*).

La NOCTUELLE TRIDENT (*Acronycta tridens*).

La Noctuelle de la patience (*Acronycta rumicis*).

La Noctuelle gothique (*Tæniocampa gothica*).

La Noctuelle ambigue (*Tæniocampa ambigua*).

La Noctuelle analogue (*Cosmia affinis*).

La Noctuelle pyramide (*Amphipyra pyramidea*), etc.

Les chenilles de noctuelles vivent isolément, et leurs dégâts sur les rosiers s'étendent ordinairement peu. On les détruit la plupart du temps par le ramassage, qui suffit le plus souvent, en observant qu'elles sont généralement *nocturnes* et que le mieux est de les chercher le soir avec la lanterne. Les chenilles des Noctuelles opèrent généralement leur nymphose dans le sol après s'y être aménagé une loge entourée d'une coque terreuse à paroi interne lisse.

Les Phalènes ou Géomètres sont encore plus fréquentes que les noctuelles sur les rosiers. Leurs chenilles ont reçu le nom d'Arpenteuses; elles le doivent à la manière dont elles progressent. Elles n'ont des pattes qu'aux deux extrémités de leur corps, de sorte qu'elles sont obligées pour marcher de se courber en boucle, de se replier en quelque sorte, pour rapprocher les pattes antérieures des pattes postérieures, et semblent alors mesurer l'espace qu'elles parcourent; pendant le repos, elles se tiennent droites, formant avec la branche qui les porte un angle plus ou moins aigu et, comme elles sont ordinairement plus ou moins vertes ou brunes, elles ressemblent à de petits morceaux de bois ou à de jeunes tiges, et se dissimulent parfaitement par leur *mimétisme*. Nous citerons, parmi les phalènes qu'on rencontre le plus fréquemment sur les rosiers :

La Phalène hérissée (*Biston hirtaria*) qui a 4 centimètres d'envergure. Sa chenille est verdâtre ou brun gris avec des raies rosées, et deux lignes noires sur les côtés. Elle se chrysalide dans le sol vers le mois de septembre.

La Phalène velue (*Phigalia pilosaria*) dont le mâle est un peu plus grand que celui de *hirtaria*, et dont la femelle n'a que des moignons d'ailes. Sa chenille, jaune et striée, s'enterre pour se chrysalider à la fin de juillet.

Fig. 12. — Phalène du Bouleau.

La Phalène du bouleau (*Amphydasis betularia*) (fig. 12) qui atteint 4 centimètres 5 d'envergure et a les ailes blanches pointillées de noir. La chenille, verdâtre ou brunâtre avec quelques mamelons saillants s'enterre vers la fin de l'été.

La Phalène dentelée (*Ennomos*

denlaria) de même dimension est de couleur jaune grisâtre, marquée de brun. Sur le disque des ailes on observe un point noir pupillé de blanc. La chenille est verdâtre, marquée de noir, et se chrysalide dans la terre vers le mois d'octobre.

La PHALÈNE RHOMBOÏDALE (*Boarmia rhomboïdaria*). Mesure 36 millimètres d'envergure; elle est gris cendré marquée de noir. La chenille brun clair marquée et bordée de noir hiverne et se chrysalide au printemps.

La PHALÈNE EFFEUILLANTE (*Hybernia defoliaria*) (fig. 13 et 14) et la PHALÈNE PROGEMMAIRE (*Hybernia progemmaria*) dont les mâles mesurent 35 et 40 millimètres et dont les femelles sont aptères. Le mâle de la

FIG. 13. — Phalène effeuillante mâle.

FIG. 14. — Phalène effeuillante femelle.

FIG. 15. — Chenille de Phalène effeuillante.

première vole en *novembre* et *décembre;* celui de la deuxième en *février* et *mars.* La chenille de *defoliaria* est ferrugineuse (fig. 15), celle de *progemmaria,* brun jaunâtre avec des raies rouges.

La PHALÈNE HYÉMALE (*Cheimatobia brumata*) est très connue, sous le nom de Cheimatobie (fig. 16), à cause des dégâts qu'elle cause aux arbres fruitiers. Elle mesure 30 millimètres d'envergure et a, comme les précédentes, une femelle aptère; sa chenille, tantôt verte, tantôt jaune, s'enterre fin mai ou commencement de juin, et le papillon éclôt en novembre ou décembre.

Comme les femelles de ces dernières phalènes sont aptères, elles ne peuvent atteindre les branches des rosiers pour y pondre qu'en grimpant après la tige. Pour les en empêcher, on enduit ces tiges sur une certaine hauteur de matières gluantes diverses qui les retiennent et les empêchent d'aller plus loin; c'est l'*anneau gluant,* pour la préparation duquel on emploie souvent le mélange suivant :

FIG. 16. — Chématobie mâle et femelle.

161

Poix blanche . . . . 1 kilogramme.
Térébenthine . . . . 500 grammes.
Huile de lin . . . . 500 grammes.
Huile d'olive . . . . 600 grammes.

qu'on applique au pinceau.

On peut employer aussi l'appareil Decaux, sorte de petite caisse carrée sans fond, dont on entoure la base de la tige du rosier; des bandes de zinc placées obliquement en haut des quatre côtés empêchent les femelles de les franchir.

La Phalène baie (*Cidaria badiata*).

La Phalène violette (*Cidaria derivata*).

La Phalène rousse (*Cidaria russata*).

La Phalène fauve (*Cidaria fulvata*).

Et d'autres encore vivent à l'état de chenille sur les rosiers; leurs mœurs et leur évolution ne présentent pas au point de vue agricole un intérêt particulier.

On peut détruire les chenilles des phalènes lorsqu'elles sont nombreuses par des pulvérisations à base de pétrole, d'arsenic ou de nicotine, dont les formules sont très connues. Mais d'autres lépidoptères appartenant au grand groupe des Micro-Lépidoptères doivent encore être signalés. Ce sont, entre autres :

La Pyrale des roses (*Tortrix rosana*) (fig. 17) brune avec des lignes sinueuses foncées; elle mesure 20 millimètres d'envergure.

Fig. 17. — Pyrale des roses.

Fig. 18. — Pyrale de Bergmann.

La Pyrale de Forskael (*Tortrix Forskaelana*) et la Pyrale de Bergmann (*Tortrix Bergmanniana*) (fig. 18) qui mesurent environ 15 millimètres d'envergure et vivent de la même manière. Leurs chenilles se tiennent à l'extrémité des jeunes pousses entre des feuilles qu'elles

roulent et lient avec des fils de soie, rongeant au milieu de ce paquet
les feuilles tendres et même les boutons.

La Pyrale contaminée (*Tortrix contaminata*) dont la chenille vit
dans des feuilles pliées et liées avec de la soie.

La Pyrale variée (*Tortrix* ou *Penthina variegana*) dont la chenille
ronge les pousses et les boutons des rosiers dès le commencement de
la végétation.

La Pyrale ocellée (*Penthina ocellana*)
(fig. 19) dont la chenille vit dans les boutons des
roses à l'intérieur desquels elle se transforme ordinairement, si ce n'est quand le bouton se forme
et tombe; il arrive alors qu'elle en sort et se méta-
morphose alors en terre entre les débris végétaux
qu'elle réunit avec des fils de soie.

La Pyrale d'Hoffmansegg (*Tortrix Hoffman-
seggana*) dont la chenille vit comme celle de Berg-
mannania à l'extrémité des jeunes rameaux.

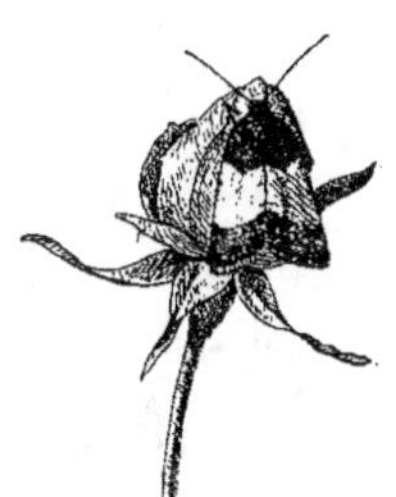

Fig. 19. — Pyrale
ocellée.

La Teigne du hêtre (*Chimabacche fagella*)
dont la femelle a les ailes courtes terminées en pointe; le mâle a
28 millimètres d'envergure.

La chenille d'une petite teigne vit pendant l'hiver dans les bourgeons non développés des rosiers et se file en avril un petit cocon soyeux:
c'est la chenille de :

La Teigne morose (*Tinea morosa*) dont le papillon brun terne
avec une petite tache jaune terne aux ailes supérieures, mesure 12 millimètres d'envergure.

D'autres lépidoptères de taille plus petite encore vivent dans le
parenchyme des feuilles; elles sont dites mineuses, telles les *Elachista*
qui mesurent un peu plus de un demi-centimètre, et les *Nepticules;*
l'une de ces nepticules les plus communes est :

La Coléophore (*Coleophora griphipenella*). Mesure 9 millimètres
d'envergure. Chenille dans un fourreau aplati jaune verdâtre.

La Nepticule de la Cent-feuille (*Neplicula
centifolillea*). Son envergure ne dépasse pas 4 millimètres.

La Nepticule anomale (*Neplicula anomanella*)
(fig. 20).

Enfin, un autre lépidoptère encore nuit aux rosiers,
c'est :

La Ptérophore rhododactyle (*Pterophorus Rho-*

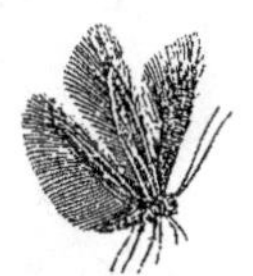

Fig. 20. — Nep-
ticule anomale
(très grossie).

dodactylus). Le papillon mesure 21 millimètres. Ses ailes, profondément divisées, sont rougeâtres; ces divisions et les franges qui les bordent leur donnent l'aspect d'un groupe de petites plumes. La chenille est vert clair, velue, vit dans une sorte de fourreau soyeux et entoure les boutons de rose en y creusant un trou.

Pour détruire tous ces petits lépidoptères, il faut rechercher les chenilles, enlever pour les brûler, les feuilles et boutons attaqués, et chasser les papillons ou les attirer par des lumières.

HÉMIPTÈRES.

Plusieurs hémiptères, tous de petite taille, nuisent aux rosiers. Ce sont :

La CICADELLE DU ROSIER (*Typhlocyba rosæ*) qui pique la face infé-rieure des feuilles où sa piqûre produit des taches jaunes. Cet insecte est jaune ou verdâtre, et quelquefois blanchâtre, et mesure 4 millimè-tres de long; il vole et saute.

FIG. 21. — Puceron du rosier (très grossi).

Le PUCERON DU ROSIER (*Aphis ou Siphonophora rosæ*) (fig. 21) qui est vert, et se trouve sur les jeunes tiges à la base des boutons.

Le PUCERON DES ROSES (*Aphis ou Mysus rosarum*) qui est vert jaunâtre et se trouve sous les feuilles.

Le KERMÈS ou COCHENILLE DU ROSIER (*Aspidiolus rosæ*) dont les coques sont d'un blanc crayeux.

On détruit les cochenilles et les pucerons avec des pulvérisations en employant les émulsions en pulvérisations l'un des liquides suivants :

Savon noir.	500 grammes.
Poudre de Pyrèthre	1 kilog.
Eau.	12 litres.

Ou :

Savon noir.	1 partie.
Alcool amylique	1 partie.
Eau.	10 à 15 parties.

(En badigeonnages à l'automne).

Pour les traitements d'hiver contre les cochenilles, on peut avoir
recours à la formule suivante, très usitée en Californie, et qui, paraît-il,
donne d'excellents résultats :

Faire bouillir pendant trois heures dans 15 litres d'eau :

Chaux	5 kg.
Soufre	3 kg. 300.
Sel	2 kg. 500.

Compléter avec de l'eau, 100 litres, et pulvériser à chaud.

A cette dernière formule, on peut ajouter un peu de teinture d'aloès;
ou bien encore, en pulvérisations :

Eau	1 litre.
Jus riche de tabac. . . .	10 centimètres cubes.
Soufre	10 grammes.
Carbonate de soude . . .	2 grammes.
Alcool amylique	2 grammes.

L'addition d'alcool dans les insecticides est très utile quand il
s'agit de détruire des pucerons ou des cochenilles dont le corps est
presque toujours gras ou cireux, ce qui empêche souvent les insecticides de les mouiller. Boisduval recommandait pour la destruction des
pucerons la décoction des feuilles de noyer, et l'on emploie souvent
une solution à 1 pour 100 de savon noir et 1 pour 100 de nicotine. Pour
les chermès, il est bon de tailler de bonne heure et de brosser avant le
départ de la végétation. Tous les débris provenant de la taille et du
brossage seront soigneusement brûlés, et le sol subira un traitement
pour détruire les insectes qui tombent et se réfugient dans ses anfrac-
tuosités. Dans les serres, les fumigations de tabac rendent de grands
services pour détruire les pucerons.

ARACHNIDES.

Pour compléter cette nomenclature, nous signalerons deux acariens
que Boisduval désignait sous les noms de :

Acarus rosarum et *Acarus puccinia*. Cet auteur faisait remarquer
qu'il n'a jamais rencontré ces deux acariens que sous des feuilles
dont la face inférieure était couverte d'*Uredo rosæ* et de *Puccinia rosæ*.

On peut les détruire avec les mêmes pulvérisations que pour les pucerons.

Aux formules diverses que nous avons données, on pourrait en ajouter beaucoup d'autres, et l'on verrait que, dans les dosages des produits employés, les auteurs ont indiqué des chiffres parfois très différents. M. Nanot, par exemple, donne la formule suivante :

Pétrole ordinaire.	1 litre.
Savon noir	3 kilos.
Eau	100 litres.

dans laquelle le pétrole est en quantité moindre que dans les formules de plusieurs autres auteurs. Dans celle de Riley, qui est classique, on prépare d'abord avec :

Eau	4 litres.
Savon	250 grammes.
Pétrole	6 litres et demi.

Une émulsion crémeuse à laquelle on ajoute de 10 à 20 volumes d'eau suivant la saison et aussi suivant la nature des insectes à détruire. C'est qu'en effet l'action des insecticides varie suivant les conditions dans lesquelles on opère. Il faut, dans leur emploi, tenir compte de la température ; par un temps chaud, les liquides se concentrent rapidement et l'absorption par les feuilles est plus active. Il faut aussi tenir compte de la délicatesse des organes traités ; les bourgeons et les jeunes pousses, par exemple, demandent beaucoup de ménagement, tandis que les écorces, au contraire, sont très résistantes. En sorte qu'il est nécessaire, dans la plupart des cas, de faire un essai préalable sur quelques rameaux avant l'emploi général. En outre, il est rare qu'un seul traitement suffise, et il est presque toujours nécessaire d'en faire un deuxième et souvent même un troisième. Ce qui n'empêchera pas les insectes provenant des propriétés voisines d'envahir de nouveau les plantes traitées si, dans une même région, il n'y a aucune entente pour une action commune.

Maladies des Rosiers

Maladies des Rosiers

Nous croyons devoir donner quelques renseignements sommaires sur les maladies les plus répandues qui attaquent le Rosier. Leurs caractères et apparences sont, en général, bien connus; les traitements propres à les combattre le sont, malheureusement, beaucoup moins.

Les maladies du rosier sont dues, le plus souvent :

1° à des végétaux parasites, ordinairement des champignons, d'où le nom de maladies cryptogamiques ou parasitaires.

2° à des causes dépendant du sol, de la température, de la nutrition qui influent sur les fonctions physiologiques de l'arbuste et en compromettent la santé, et que l'on peut appeler fonctionnelles.

MALADIES CRYPTOGAMIQUES

D'une façon générale, la plus grande partie des champignons qui s'attaquent au rosier, développant ordinairement tout leur appareil végétatif au sein même de ses organes, sont très difficiles à détruire; c'est pourquoi il y a lieu d'employer surtout des traitements préventifs. Les bouillies cupriques semblent tout indiquées :

Bouillie Bordelaise.

Sulfate de cuivre	1 kilog.
Chaux vive	1 kilog.
Eau	100 litres.

Bouillie Bourguignonne.

Solution (	Sulfate de cuivre	1 kilog.
n° 1 (	Eau	2 litres.

167

Solution (Carbonate de soude.   1 kilog. 500
  n° 2 (Eau. . . . .   2 litres et demi.

On mélange ces deux solutions et on complète à 100 litres.

Les bouillies ont le grand inconvénient de tacher les feuilles; aussi, serait-il préférable d'employer le verdet neutre qui dose environ 32 pour 100 de cuivre. La dose employée est de 1 kilog. par 100 litres d'eau.

ROUILLE DU ROSIER. — (*Phragmidium subcorticium*). Fig. 1, 2 et 3.

Forme Æcidium. — La rouille produit au printemps sur les feuilles, pétioles, jeunes rameaux et sépales, de petites pustules circulaires pulvérulentes, d'un jaune orangé de formes et de dimensions variables. Les organes atteints sont généralement déformés.

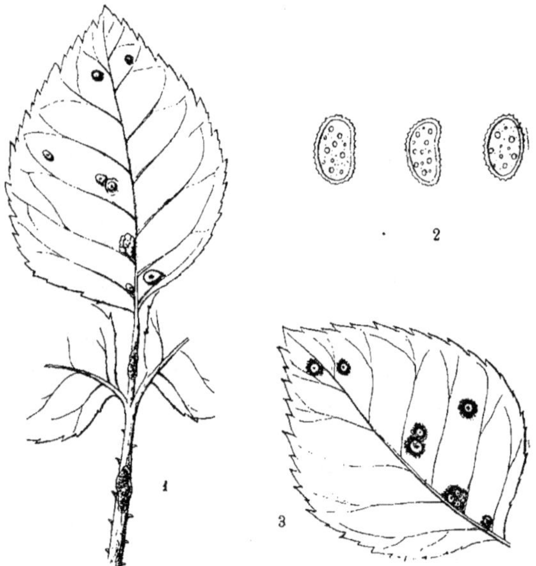

FIG. 1. — Foliole attaquée par *Phragmidium subcorticium;* forme *Æcidium.*
1. Face inférieure. — 2. Æcidiospores isolées. — 3. Face supérieure.

Forme Uredo. — En été et en automne, on trouve à la face inférieure des feuilles, de petites taches formées d'une sorte de poussière jaune orangé, dues à la présence du même *Phragmidium,* mais sous sa forme dite urédosporique.

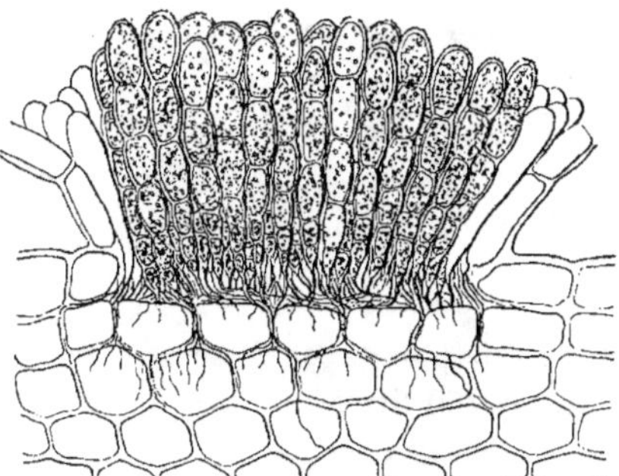

FIG. 2. — Foliole attaquée
par *Phragmidium subcorticium ;* forme *Æcidium.*
Coupe d'une pustule (Æcidie).

Forme Téleutosporique. — En été et en automne, on le trouve sous forme d'une poussière noirâtre.

Les feuilles attaquées par les formes urédosporique et téleutosporique se fanent et tombent rapidement. Le plus répandu sur le rosier

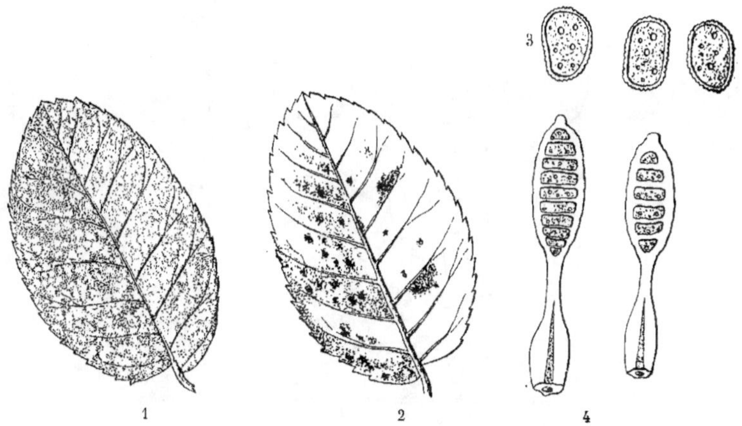

FIG. 3. — Folioles attaquées par *Phragmidium subcorticium.*
1. Face supérieure. — 2. Face inférieure. — 3. Urédospores. — 4. Téleutospores.

est le « Phragmidium subcorticium ». Il y a aussi le « P. tuberculatum » et le « P. fusiforme », ce dernier seulement sur Rosa alpina. Maladie fréquente, mais peu dangereuse, en raison de son développement tardif ; mais elle donne une désagréable coloration au feuillage.

Traitement. — Combattre cette maladie en détruisant les spores d'hiver. On y arrive en badigeonnant les tiges et les branches du rosier avec une dissolution de sulfate de fer ainsi composée :

Eau	100 litres.
Acide sulfurique	1 kilog.
Sulfate de fer	5 kilog.

Le traitement d'été le plus favorable est le traitement à la bouillie bordelaise à 2 kilog. par 100 litres.

BLANC DU ROSIER. — (*Sphærotheca pannosa*) fig. 4.

Syn. : Oïdium leucoconium.

Ce parasite, sous sa forme conidienne, couvre les feuilles et les jeunes rameaux d'une poussière blanche. Il apparaît au milieu de l'été

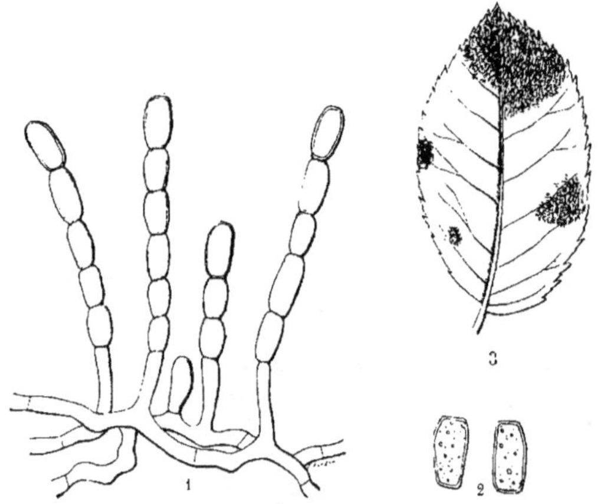

Fig. 4. — Foliole attaquée par *Sphærotheca pannosa*.
1. Mycélium et conidies du Sphærotheca *pannosa*. — 2. Conidies isolées.
3. Face inférieure d'une foliole.

et se développe jusqu'aux gelées. Les rameaux envahis sont arrêtés dans leur développement ; les feuilles sont froncées ; les fleurs, dont le calice en est recouvert, ne s'ouvrent pas. Certaines variétés sont particulièrement sensibles à cette maladie.

Traitement. -- Il consiste : 1° en soufrages : les pratiquer aussitôt les premières atteintes de la maladie. C'est autant que possible par les journées chaudes que les soufrages doivent être faits, leur action est d'autant plus grande que la température est plus élevée. On choisira, pour opérer, un temps calme et le matin de préférence lorsque les organes sont encore un peu humides de rosée, afin d'augmenter l'adhérence du soufre.

2° En pulvérisations au pentasulfure de potassium (foie de soufre) à raison de 3 grammes par litre d'eau. (Ne pas dépasser 3 grammes par crainte de brûlures).

Un soufrage préventif est à recommander et également le passage des rameaux à la bouillie bordelaise à raison de 2 kilogrammes par 100 litres, comme traitement d'hiver à renouveler tous les quinze jours.

FUMAGINE OU SUIE. — (*Capnodium Persoonii*).

Les feuilles et les rameaux du rosier sont couverts d'un enduit noir plus ou moins adhérent, sec et friable, visqueux et gluant pendant les périodes pluvieuses. Cet enduit est constitué par le mycélium et les fructifications de champignons extérieurs à la plante, qui ne se développent que sur le miellat émis par les pucerons et cochenilles. Très nuisible à la plante, en ce qu'il entrave les fonctions de la feuille, respiration et assimilation chlorophyllienne, qui s'ajoute aux dégâts causés par les insectes.

Traitement. — Il consistera tout d'abord dans la destruction des pucerons et cochenilles au moyen d'insecticides appropriés.

Jus de tabac riche.	5 grammes.
Savon noir.	10 grammes.
Eau	1 litre.

(en pulvérisations).

Faire suivre d'un lavage à l'eau sur le feuillage et d'une pulvérisation de bouillie cuprique qui, dans ce cas, serait efficace contre la germination des conidies. Le pentasulfure de potassium (foie de soufre) à la dose de 2 grammes par litre semble également efficace.

Mildiou du rosier. — (*Peronospora sparsa*).

Ce parasite provoque sur les feuilles et les sépales des rosiers cultivés de petites taches brunes, puis jaunes au centre, et portant à la face inférieure un velouté grisâtre peu abondant et peu visible. Cette maladie assez grave est heureusement peu répandue. On ne l'a observée jusqu'à ce jour que sur les rosiers en serre.

Traitement. — Il est à supposer qu'en cas d'apparition de cette maladie dans les serres ou forceries, on pourrait limiter son extension par une aération fréquente et la diminution des arrosages. Dans un air sec, la fructification de ses spores est en effet très difficile et considérablement retardée. Les bouillies cupriques auraient très probablement la même efficacité que contre les autres Peronospora et en particulier le P. viticola.

On supprimera ou du moins atténuera grandement les chances de réapparition de la maladie en coupant ou ramassant et brûlant les organes atteints, empêchant ainsi l'apparition de nouvelles spores.

Pourriture. — (*Botrytis cinerea*).

Cette maladie affecte particulièrement les jeunes rameaux et boutons à fleurs de certaines variétés, surtout lorsqu'elles sont cultivées en serre. Elle se caractérise surtout par la flétrissure et la dessiccation des boutons qui, après leur chute, se couvrent d'une moisissure grise.

Traitement. — Aération pour la culture en serre. Ramasser les organes atteints et les brûler. Les pulvérisations aux bouillies cupriques semblent indiquées. En effet, les conidies de cette espèce sont détruites par la bouillie bordelaise légère. La pourriture grise pouvant atteindre l'intérieur des tiges par les blessures des racines, il importe de stériliser le sol par les procédés gazeux pour en arrêter la propagation ou la réapparition.

Taches des feuilles. — (*Marsonia rosæ*). Fig. 5.

Ce champignon produit fréquemment en été et en automne de larges taches d'un brun rougeâtre sur les feuilles des rosiers cultivés. Ce parasite détermine la chute prématurée des feuilles. Il attaque de préférence les variétés à feuilles non coriaces, peu consistantes, telles que « Rosa hybrida » avec ses variétés : Belle Angevine, Triomphe d'Alençon, et Abel Grant; « Rosa Borboniana » et sa variété Triomphe d'Angers.

Dans les collections, ces espèces peuvent être infestées et leurs voisines indemnes

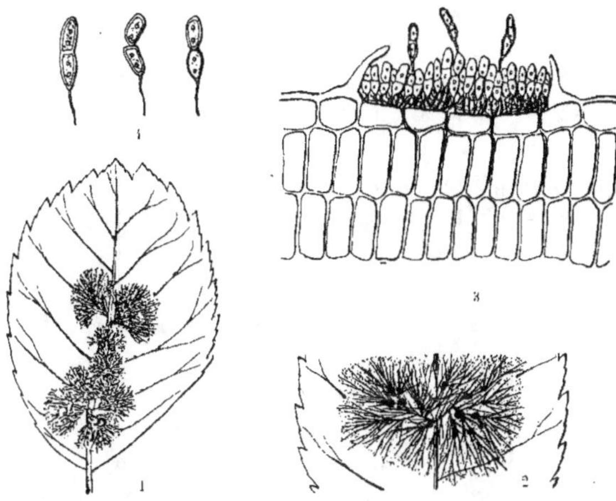

FIG. 5. — Foliole attaquée par *Marsonia Rosæ*
1. Face inférieure. — 2. Une tache foliaire grossie. — 3. Coupe transversale de cette foliole, un niveau d'une tache. — 4. Hyphes sporifères isolés.

Traitément. — Le traitement au pentasulfure de potassium dans les conditions où il est employé contre la fumagine peut être fait avec avantage.

TACHES ROUGES ET TROUS DES FEUILLES. — (*Septoria divers*).

Quelques espèces de ce genre sont parasites des rosiers. Ce sont des champignons à périthèces isolés, complètement plongés dans le tissu des feuilles, s'ouvrant à la face supérieure par une ostiole.

S. rosæ : forme des taches rouges sur les feuilles des Rosa canina, pumila, scandens, sempervirens.

S. rosæ arvensis : vit sur Rosa arvensis, sempervirens et diverses variétés cultivées.

S. rosarum : détermine la formation de taches rouges sur les feuilles vivantes des Rosa pumila, canina et diverses variétés cultivées.

Traitement. — Ces cryptogames peuvent être combattus par le mouillage des tiges, en hiver, par une dissolution de sulfate de fer acide destinée à faire périr les germes latents; et, en été, par des pulvé-

173

risations répétées d'une dissolution faible de pentasulfure de potassium.

Le traitement d'hiver préventif consiste en badigeonnages au sulfate de fer acide.

Ce parasite détermine sur les feuilles du Rosa rubiginosa des taches d'un brun grisâtre, rondes ou irrégulières. A la face inférieure des taches apparaissent tardivement de petites ponctuations brunes dues aux périthèces du champignon.

Traitement. — Cette affection peut être combattue par les mêmes remèdes que la précédente.

TACHES GRISES DES FEUILLES. — (*Pestalozzia divers*). Fig. 6 et 7.

P. Guepini : Ce parasite n'est pas très fréquent sur le rosier; il attaque principalement les camellias, orangers, amandiers, etc. Il est assez répandu dans l'ouest de la France. Les feuilles atteintes portent de larges taches grisâtres entourées d'une marge plus foncée, qui finissent par envahir la totalité du limbe et qui se couvrent de fructifications ponctiformes noires à leur face supérieure.

P. rosæ : Ce parasite, peu répandu,

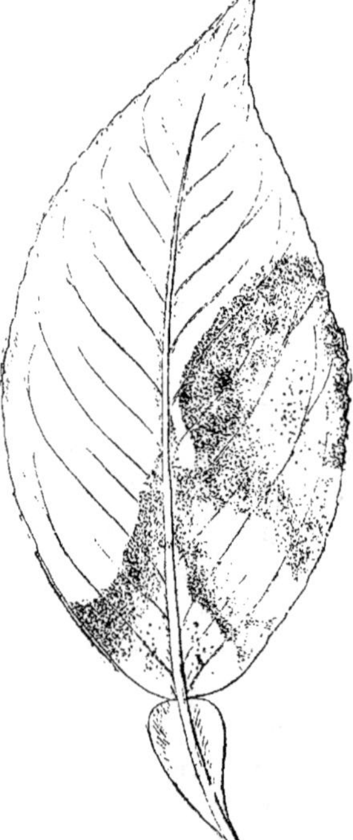

Fig. 6. — Feuille d'oranger envahie par *Pestalozzia Guepini.*

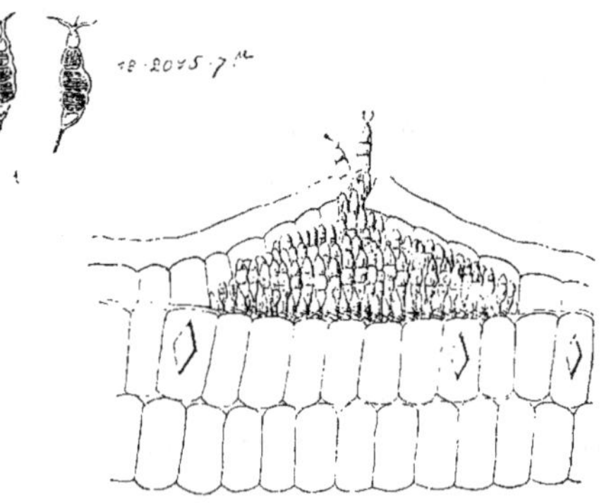

Fig. 7. — Coupe d'une feuille de *Citrus* à travers un stroma de *Pestalozzia Guepini.*
1. Spores cloisonnées.

semble-t-il, et peu dangereux a été signalé en Belgique sur les rameaux
de divers rosiers.

P. compta : Parasite peu dangereux comme le précédent. Est
caractérisé par des filaments sporifères noirâtres sortant du tissu de
la feuille par groupes circulaires inégaux. A été vu en Italie sur des
feuilles languissantes de « Rosa muscosa ».

TACHES JAUNES DU ROSIER. — (*Cercospora rosæcola*). Fig. 8.

Ce parasite détermine sur les feuilles des rosiers des taches arrondies d'un brun violacé, devenant par dessiccation d'un jaune orangé.

Les feuilles attaquées ne tardent pas à brunir et à tomber.

A la surface des taches, de préférence à la face supérieure de la
feuille, se trouvent de petites verrues correspondant aux organes reproducteurs.

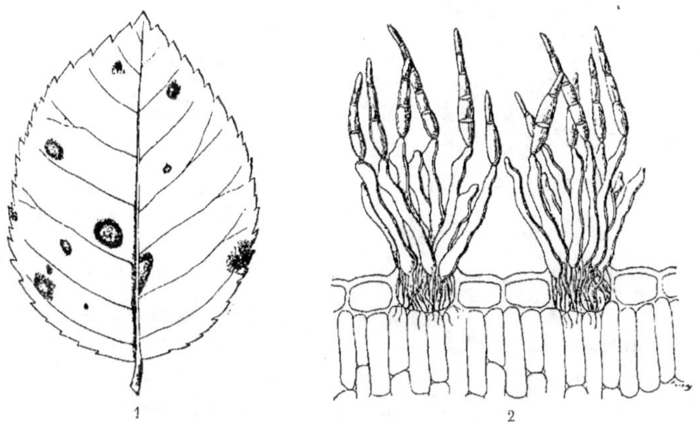

Fig. 8. — Foliole attaquée par *Cercospora rosæcola*.
1. Face inférieure. — 2. Coupe de la face supérieure de la même foliole.

Traitement. — On ne connaît pas de traitement particulier pour
combattre les maladies des feuilles (taches des feuilles) décrites ci-des-
sus. Pour éviter le développement de ces diverses maladies, ramasser
les feuilles atteintes et les brûler et badigeonner le bois d'hiver d'une
solution acide de sulfate de fer (Voir formule page 170).

Contre les Erysiphées ou blancs, dont le mycelium est presque
toujours purement superficiel, le soufre semble être l'agent qui donne
les meilleurs résultats en désorganisant les tissus du champignon; pulvérisations à faire dans les conditions habituelles.

Pourridié. — (*Agaricus melleus*).

Dans cette affection, les racines sont enveloppées par une sorte de feutrage blanc s'étendant sous forme de cordonnets : le blanc exhale une très forte odeur de champignon. C'est le blanc des racines du rosier dû à un champignon parasite : l'Agaricus melleus ou Armillaria mellea. Ce champignon attaque également le bois mort et produit à la base

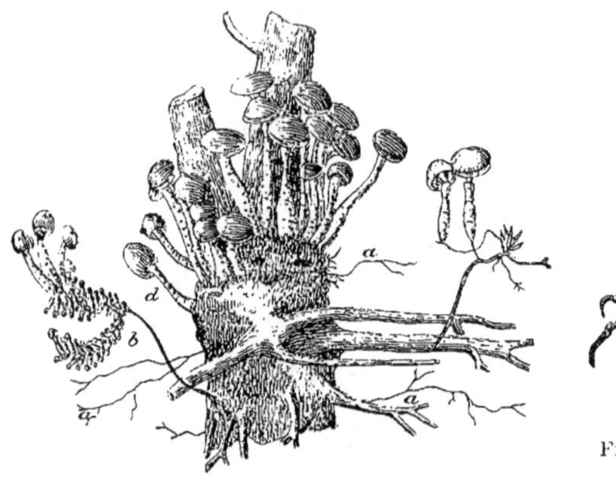

Fig. 9. — Partie d'un tronc d'arbre tué par l'*Agaricus melleus* dont le mycélium sous-cortical et rhizomorphe a produit des champignons.

Fig. 10. — Cordons rhizomorphiques de l'*Agaricus melleus*.

1. Entourant une racine. — 2. Développé entre le bois et l'écorce.

des rameaux atteints une masse de chapeaux ressemblant à des agarics et qui sont bien connus de tous les jardiniers.

Cette maladie est un des plus grands ennemis des rosiers et il est indispensable avant de planter de nouveau des jeunes tiges dans un endroit contaminé de faire une stérilisation très sérieuse du sol, de façon à empêcher le développement du parasite.

A cet effet, la stérilisation du sol par l'hydrogène sulfuré ou le gaz Clayton s'impose.

Tumeur des tiges des rosiers. — (*Botryosphœria diplodia*).

Les tiges portent des taches elliptiques noirâtres bordées de lignes concentriques plus foncées. Il se développe ultérieurement une sorte de tumeur brunâtre. Cette maladie est due à l'invasion d'un champignon : le Botryosphœria diplodia.

176 ↵

On a de grandes chances d'en prévenir l'apparition par les badigeonnages d'hiver avec le sulfate de fer acide.

Chancre du rosier. — (*Coniothyrium Fuckelii*).

Cette maladie a été longtemps attribuée à des causes accidentelles : frottement de branches entre elles, contusions, piqûres d'insectes, et son origine parasitaire et cryptogamique était, en fait, difficile à reconnaître, le champignon qui la cause étant microscopique.

Le chancre se déclare sur la tige ou sur les branches principales du rosier, détruit les tissus en s'agrandissant et finit par faire périr la partie infestée.

Traitement. — Il consiste à nettoyer la plaie à fond, à parer les bords de l'écorce jusqu'au vif, puis badigeonner la plaie avec une bouillie cuprique ou la frotter avec de l'oseille, ensuite l'enduire avec du mastic à greffer.

Ou, encore, dans l'application, l'hiver, d'un badigeonnage avec solution de sulfate de fer acide en ne dépassant pas 3 grammes par litre.

Mousses et Lichens.

Sans vivre de la sève et des matériaux vivants du rosier, les mousses et lichens n'en sont pas moins nuisibles à cet arbuste. Ils se développent parfois sur les tiges et branches des rosiers plantés dans des terrains humides et insuffisamment aérés.

Il est facile de les détruire soit en les grattant à l'aide d'une brosse, soit en badigeonnant ou en pulvérisant fortement les parties envahies avec une solution de chaux ou de sulfate de fer.

Solution sulfate de fer.

Eau	100 litres.
Sulfate de fer	6 kilog.

Lait de chaux.

Eau	100 litres.
Chaux vive	10 kilog.

On constate parfois, assez rarement il est vrai, que les racines et le collet des rosiers portent une plante parasite rose violacé d'assez forte taille, dont les fleurs sont blanchâtres ou violacées : c'est l'Orobanche du Lierre.

Il n'existe pas de moyen pratique pour se débarrasser de ce parasite.

❧ ❧ ❧

MALADIE FONCTIONNELLE

❧ ❧

Chlorose. — Cette maladie, commune à de nombreux végétaux cultivés, consiste dans une décoloration plus ou moins accentuée du feuillage et en un affaiblissement consécutif de la végétation. L'excès de calcaire, de potasse, les terrains froids et humides en sont souvent la cause.

Traitement. — Assainir par des drainages les terrains humides. Le sulfate de magnésie est très recommandé contre la chlorose du rosier; l'employer à raison de 100 à 200 grammes par mètre carré.

On a constaté que les sels de potasse étaient plutôt nuisibles au rosier et amenaient la chlorose. On devra donc en exclure l'emploi.

De la Fécondation artificielle

De la Fécondation artificielle [1]

Considérations générales.

Les plantes, comme les animaux, sont doués d'organes spéciaux, destinés à la reproduction de l'espèce. C'est la fleur, chez les végétaux, qui renferme ces organes reproducteurs.

Une fleur complète, la rose, par exemple, dont nous nous occupons exclusivement ici, se compose de quatre verticilles : 1º le *calice*, généralement de couleur verte, formé de cinq pièces [2] nommées *sépales;* 2º la *corolle* ou partie brillante de la fleur, composée de cinq feuilles modifiées et colorées, nommées *pétales;* 3º les *étamines* ou *organes mâles*, dont l'ensemble constitue l'*androcée;* 4º les *carpelles* ou *organes femelles*, dont la réunion forme le *pistil* ou *gynécée*.

Les *étamines* se composent chacune d'un *filet* et d'une *anthère*, qui renferme le *pollen* ou poussière fécondante. L'organe femelle comprend : les *ovaires* qui, fécondés, deviendront les graines; les *stigmates*, qui reçoivent le *pollen*, et les *styles* qui relient les stigmates aux ovaires.

La figure ci-dessous représente une rose simple, coupée longitudinalement pour laisser voir les divers organes qui la composent. Ce sont :

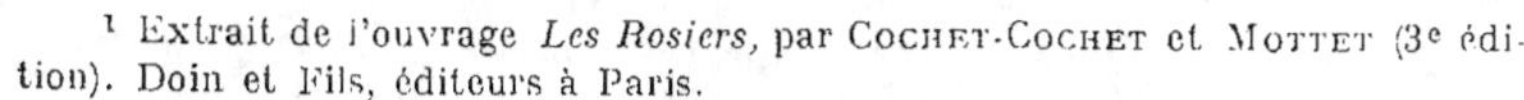

1, Les sépales du calice;

2, Les pétales composant la corolle;

3, Les étamines (A, filet, B, anthère);

4, Le pistil ou organe femelle (C, ovaires, D, styles, E, stigmates);

5, Le réceptacle contenant les ovaires.

---

[1] Extrait de l'ouvrage *Les Rosiers,* par Cochet-Cochet et Mottet (3e édition). Doin et Fils, éditeurs à Paris.

[2] Le *Rosa sericea* n'a, par exception, que quatre sépales et quatre pétales; c'est le seul Rosier qui soit à fleurs tétramères.

Nous avons pris comme exemple la rose à corolle simple. Chez toutes les fleurs complètes, on retrouve, dans le même ordre, les quatre verticilles; mais le nombre des pièces qui les composent varie avec les familles, les genres et les espèces.

La rose est dite hermaphrodite parce qu'elle renferme les organes mâles et femelles. Par opposition, on nomme : fleurs unisexuées, celles dont les organes mâles et les organes femelles sont placées séparément, dans des fleurs distinctes, tantôt sur la même plante et on dit celle-ci *monoïque* (telles sont les fleurs des Cucurbitacées, du Noisetier, etc.), tantôt sur des plantes différentes, et on les dit *dioïques* (Chanvre, Dattier, etc.).

Rôle et mission des différents organes précités.

Le *calice* n'a d'autre utilité que de protéger la fleur lorsqu'elle est jeune et encore close.

La *corolle* protège les organes mâles et femelles contre les agents destructeurs et elle *facilite la chute du pollen sur les stigmates*. Peut-être aussi attire-t-elle, par ses brillantes couleurs, les insectes qui butinent de fleur en fleur et portent sur leurs ailes et leur corps la poussière fécondante d'une fleur sur une autre, créant ainsi, inconscients messagers d'amour, des *hybrides* et des *mélis* dans leurs courses vagabondes.

Les *étamines* portent au sommet de leur filet les anthères qui renferment le *pollen*. Leur présence et leur forme sont faciles à constater dans toutes les roses simples, à l'aide d'une loupe.

Chaque grain de pollen renferme une substance granuleuse, semi-liquide, dite : *fovilla,* et qui joue le rôle actif dans la fécondation des *ovules.*

L'organe femelle reçoit sur les *stigmates* cette poussière fécondante ; la *fovilla* descend par l'intermédiaire du style jusqu'aux ovules, où elle pénètre dans le *sac embryonnaire* par l'ouverture du *nucelle.*

Comment s'opère la fécondation.

Nous n'avons à nous occuper ici que du Rosier : prenons donc la rose comme exemple. Choisissons la fleur à corolle simple d'une espèce quelconque, dont les organes mâles n'ont pas encore été transformés en pétales, par l'œuvre de l'homme. Examinons cette fleur, par une belle matinée, au moment où elle vient de s'épanouir.

Les pétales déployés laissent voir les *anthères* complètement fermées ; les *stigmates* secs ou peu humides paraissent à l'état de repos. Bientôt, sous l'influence de la chaleur et des rayons solaires, la *déhiscence,* c'est-à-dire l'ouverture des anthères, se produit ; la poussière fécondante apparaît sous forme d'une masse granulée, encore trop humide pour permettre aux grains de pollen qui la composent de quitter les *loges* qui les renferment. La vie semble alors se manifester dans l'organe femelle : le stigmate se couvre d'une liqueur visqueuse, souvent légèrement acide [1].

Encore quelques instants et l'anthère ouverte laisse tomber quelques grains de *pollen* sur le stigmate, alors apte à les recevoir.

Plongé dans la liqueur du stigmate, le grain de pollen se gonfle; sa membrane s'allonge sur un point, forme *hernie*, puis se déchire et laisse échapper la *fovilla* qui pénètre dans le tissu du stigmate, est entraînée dans le style et jusque dans l'ovule. C'est alors que se passe l'acte même de la fécondation, dont les détails aujourd'hui bien connus sont cependant beaucoup trop complexes pour trouver place ici.

Chacun sait maintenant, contrairement à ce que beaucoup d'auteurs ont avancé jadis, que le *grain de pollen entier* n'est pas entraîné dans *l'ovule;* il s'en dégage un boyau pollinique qui pénètre seul dans les canaux du style pour atteindre le sac embryonnaire. Sa membrane vide reste sur le stigmate, où il est facile de la retrouver après la fécondation.

D'après ce qui précède, le lecteur a déjà deviné en quoi consiste la fécondation artificielle; le voici :

1º enlever les étamines d'une rose, choisie comme *mère*, avant la déhiscence des anthères;

2º apporter le pollen d'une autre rose, prise comme *père*, afin de mélanger les deux éléments.

DES INSTRUMENTS NÉCESSAIRES POUR PRATIQUER L'OPÉRATION.

L'opérateur doit avoir sur lui différents instruments. Personnellement, nous avons réuni dans une trousse : une paire de petits ciseaux, une pince d'horloger très fine, quelques tubes de verres soudés à la lampe par un bout et destinés à contenir le pollen, une demi douzaine de petits pinceaux bien doux et de différentes grosseurs, quelques très petites boîtes de carton destinées à recevoir provisoirement le pollen et à l'y laisser sécher un peu; une fiole minuscule contenant quelques gouttes d'eau pure ou légèrement miellée, un canif, quelques aiguilles; enfin, une forte loupe et un de ces microscopes simples, dits *microscopes horticoles*, d'une valeur de 2 ou 3 francs, d'un grossissement très

---

[1] Nous avons remarqué que, chez certaines fleurs, cette liqueur rougit légèrement le papier de tournesol.

faible, mais pouvant cependant rendre de grands services à l'amateur
pour l'étude sommaire des grains de pollen.

1° Castration de la fleur femelle ou enlèvement des étamines.

L'enlèvement des étamines de la fleur à hybrider doit toujours
être pratiqué *avant la déhiscence des anthères*. On coupe les filets avec
les ciseaux, en tenant si possible la rose dans une position inclinée, afin
que, pour plus de sûreté, les anthères, même encore closes, ne touchent
pas le stigmate.

Si toutes les anthères ne tombent pas facilement, on enlève avec
les pinces celles qui pourraient rester dans l'intérieur de la rose.

Dans la presque totalité des cas, la déhiscence des anthères ne se
produit qu'après l'*épanouissement complet de la fleur*, mais, dans certaines roses, elle a lieu alors que la corolle n'est pas encore ouverte.
Il ne faut pas craindre, dans ce cas particulier, d'ouvrir *mécaniqnement*
la rose, et de pratiquer la castration comme nous venons de l'indiquer,
mais alors avant l'*anthèse*. Si quelques grains de pollen étaient aperçus,
avec la loupe, sur le stigmate ou dans son voisinage, on les enlèverait
avec une aiguille ou un pinceau légèrement humide.

On peut couper les pétales s'ils gênent l'opération, car, tant que
les organes sexuels ne sont pas blessés, la fécondation peut parfaitement
avoir lieu.

L'opération terminée, il est prudent de couvrir la fleur d'un sachet
de gaze ou même de papier, pour empêcher l'apport d'un pollen étranger
par les vents ou par les insectes, lorsqu'on tient à n'avoir aucun doute
sur la paternité de l'hybride créé.

2° Apport du pollen de la rose choisie comme père.

La castration se pratique le matin, à la première heure, mais
l'apport du pollen se fait seulement lorsque le stigmate est recouvert
de l'enduit visqueux, déjà mentionné. Lorsque cette liqueur fait défaut
dans une variété sur laquelle l'hybridation réussit difficilement, on y
supplée en touchant le stigmate, au moment de l'apport du pollen,
avec un pinceau chargé d'un quart de goutte d'eau légèrement miellée.
Le pollen est appliqué aussitôt.

L'apport du pollen peut se faire tout simplement en touchant
les stigmates au moment voulu, avec les anthères ouvertes de la rose

SOUVENIR DE PIERRE LEPERDRIEUX

Rugosa

AMAT éditeur PARIS.   Chromolith. J. L. GOFFART. Bruxelles.

père. On peut encore charger de grains de pollen un pinceau, en le passant sur les organes mâles de cette dernière rose et en toucher ensuite le stigmate. Personnellement, et c'est plus expéditif, nous coupons avec les petits ciseaux les anthères des roses choisies comme pères, le matin et avant leur *déhiscence*. Nous les conservons vingt-quatre heures dans des petites boîtes en carton portant chacune le nom de la variété.

Au bout de ce temps, pollen et anthères ont perdu leur excès d'humidité; nous les enfermons alors dans nos petits tubes de verre, moins encombrants à transporter que les boîtes, si petites soient-elles.

A l'aide d'un pinceau, nous prenons du pollen au fond de ces tubes, au moment d'opérer un croisement. C'est beaucoup plus expéditif.

Le pollen *ayant perdu son excès d'eau* peut se conserver (étant tenu au sec et dans un tube bien bouché) pendant plusieurs jours; nous avons obtenu des croisements avec du pollen récolté depuis huit jours. On peut même, paraît-il, le conserver beaucoup plus longtemps encore. On peut tirer profit de cette propriété, lorsqu'il s'agit de croiser deux variétés ne fleurissant pas exactement en même temps.

Nous ne voyons pas la nécessité absolue de couvrir d'une gaze la rose hybridée. Nous avons, en effet, la conviction qu'une fois l'application du pollen faite, la fleur n'est plus apte à en recevoir de nouveau. Cette précaution peut donc être négligée le plus souvent *pour les roses*, sans grand inconvénient. *Il n'en serait pas de même pour les fleurs unisexuées, dont nous n'avons pas, du reste, à nous occuper ici.* Toutefois, il peut être utile de conserver *le sachet* pour protéger le fruit contre les agents destructeurs.

Telle que nous venons de la décrire, l'hybridation n'est, dans l'ensemble des procédés actuellement mis en pratique pour l'amélioration des végétaux en général, qu'un des meilleurs moyens de forcer les plantes à produire de nouvelles formes, parmi lesquelles on choisit ensuite les plus intéressantes ou celles qui répondent le mieux au but cherché.

Aussi bien, tout ce qui peut contribuer à réduire l'incertitude de cette opération, moins peut-être dans le sens du succès de la fécondation elle-même, que dans celui de l'obtention des hybrides possédant les caractères ou mérites désirés, doit-il être mis en œuvre, car, il faut bien le dire, tout croisement doit être effectué, dans un but préconçu, en choisissant les parents qui, par leurs caractères ou aptitudes quelconques, semblent offrir le plus de chances de l'atteindre.

Les quelques indications qui vont suivre pourront donc ne pas être inutiles aux personnes qui désirent se livrer aux pratiques de la fécondation artificielle.

— 183

Nous dirons tout d'abord que le rôle des parents, c'est-à-dire que l'un ou l'autre soit pris comme père ou mère, importe peu, contrairement à ce qu'on croyait autrefois. Ce qui importe, au contraire, c'est la faculté de transmission des caractères, tous ne possédant pas la même force de reproduction.

Une loi nouvellement mise en pratique, quoique découverte il y a plus de soixante ans, par l'abbé G. Mendel, est venue jeter un jour tout nouveau sur cette question de la transmission des caractères, qui rend aujourd'hui possible, dans bien des cas, d'escompter par avance, et cela presque mathématiquement, ce qu'il adviendra d'un croisement.

Nous devons, toutefois, dire que, chez les Rosiers, qu'on ne propage pas habituellement par le semis et dont les variétés cultivées ne sont par conséquent pas fixées, les résultats peuvent n'être pas toujours certains. Nous ne pouvons, malheureusement, faute d'espace suffisant, aborder dans ses multiples détails l'étude de la loi de Mendel, qu'on trouvera d'ailleurs décrite dans certaines publications étrangères et françaises [1]. Voici néanmoins quelques indications essentielles sur sa théorie.

Tout d'abord, il ne faut pas envisager les plantes dans leur intégrité, mais seulement les caractères qu'il s'agit de transmettre. Les uns sont forts à la reproduction par rapport à d'autres qui sont plus faibles. Les premiers sont dits : dominants ou forts, et les seconds récessifs ou faibles. A la première génération, c'est-à-dire les plantes provenant des graines hybridées, ressemblent toutes à celui des deux parents qui possède le caractère dominant. On ne peut donc pas juger le succès d'une hybridation à cette première génération.

Ce n'est qu'à la deuxième, celle que Naudin, qui avait pressenti le fait, avait si bien nommée « variation désordonnée », que les phénomènes d'association ou de dissociation des caractères se montrent dans toute leur ampleur. Pour 100 plantes, 25 pour 100 présentent le caractère faible ou latent et sont complètement fixées ; des 75 autres, 50 pour 100 sont hybrides et 25 pour 100 possèdent le caractère dominant pur, qui seront également fixées à la génération suivante. Les mêmes phénomènes se répètent dans les générations suivantes lorsqu'on ressème les hybrides.

<hr>

[1] Traduction en anglais, par M. W. Bateson : *Journal of the Royal Horticultural Society*, vol. XXVI, part. 1 et 2 (1901).

Traduction en français par M. Chappellier : *Bulletin scientifique de la France et de la Belgique*, t. XLI (1907). Voir aussi : *Espèces et variétés*, par M. Hugho de Vries, traduction en français, par M. Blaringhem.

Tel n'est pas, toutefois, le cas chez les Rosiers, qu'on propage usuellement par un moyen artificiel dès leur première obtention. Il suffira donc de savoir qu'on a autant de chances d'obtenir des nouvelles variétés en ressemant les graines d'hybrides de première génération pour les soumettre à cette période de variation désordonnée, qu'en pratiquant de nouvelles fécondations croisées.

Nous devons maintenant dire quelques mots d'un autre moyen d'obtention de nouvelles variétés, auquel nombre de nos plus belles variétés doivent, d'ailleurs, leur origine.

Nous voulons parler de celles que l'on nomme en jardinage des *variations* ou *sports*, et plus correctement *dimorphismes*, s'il s'agit de différences de formes, et *dichroïsmes*, lorsque la différence porte uniquement sur la couleur des fleurs. Ces variations, assez fréquentes chez les Rosiers, comme, du reste, chez la plupart des plantes amenées à un haut degré de perfectionnement, peuvent commodément être saisies et rapidement multipliées par le simple greffage en écusson des bourgeons du rameau qui les porte.

Il se peut que les mutilations (auxquelles peut être assimilée la taille), dont on a beaucoup parlé ces temps derniers, ne soient pas étrangères à la production des variations par bourgeons.

C'est à un fait du même ordre qu'il faut attribuer l'amélioration, bien connue des praticiens, résultant du choix, comme boutures ou greffons, des rameaux qui ont le mieux remonté.

Ces théories nouvelles et d'autres encore que nous ne pouvons entreprendre de décrire ici, tendent à limiter de plus en plus l'entité spécifique et à la faire pousser jusqu'au bourgeon ou même jusqu'à la cellule.

Terminons en rappelant encore à l'amateur qu'il peut obtenir facilement, par la fécondation artificielle, des variétés nouvelles et méritantes, et citons comme conclusion ce passage de l'ouvrage de Lecoq, sur la *Fécondation des végétaux :*

« Quelque restreint que soit un parterre, quelque exigu que puisse être le coin de terre dont un amateur peut disposer, que d'expériences utiles et d'essais curieux à tenter et que de jouissances à obtenir, quand, par une fécondation artificielle, il aura doté son jardin, ses amis, son pays même d'une création nouvelle, qui devra le jour à ses soins, à son intelligence. Que de plaisirs surtout pour celui qui, s'occupant de plantes de collections, verra naître presque à son gré, des nuances nouvelles,

des coloris imprévus ; qui verra les corolles grandir ou les pétales se mul-
tiplier à l'infini.

. . . .

    « Chacun peut agir dans sa sphère, dans son coin, se taire s'il ne
réussit pas, ce qui est rare, et s'enorgueillir à juste titre si un gain remarquable est venu couronner ses efforts. »

Emplois en groupes, festons, corbeilles
et palissages

❧ ❧ ❧

L'utilisation du rosier comme élément de décoration est un sujet
attrayant et qui semble facile à traiter. Mais le traiter comme il le
mérite est un travail qui demande un ensemble de connaissances, aptitudes, réflexions, goût et talent d'exposition de nature à faire hésiter
plus d'un auteur.

Le travail semble facile parce que l'admirable arbuste qui porte
l'une des fleurs les plus merveilleuses comme dimension, forme, coloris,
suavité de parfum, est lui-même étonnamment varié dans ses dimensions, son port, son feuillage, la succession ou le retour des dates de
sa floraison. Pivoines, pavots, nymphæa, le surpassent en dimension,
duplicature, coloris; la rose trémière se fait appeler ou se laisse appeler
passe-rose; on peut juger excessives les prétentions de cette éphémère
beauté. Aucun de ces genres de plantes n'atteint la variété, la profusion d'aspects qui se rencontrent dans le genre Rosa. Cependant, pour
rendre justice à chacun, reconnaissons que le genre Clematis est riche,
lui aussi, en espèces naines ou grimpantes, printanières ou automnales,
à petites fleurs ou à fleurs très amples, de formes très variées et à floraison parfois remontante, et même que ses fleurs sont parfois vêtues
de bleu. Cette concession faite, il est facile de voir en combien de circonstances le rosier est déjà et peut être utilisé pour la décoration en
groupes ou isolé, employé en buisson, tiges, sarments et lianes, mélangé
à d'autres plantes de tailles et formes diverses. Mais cette multiplicité
même d'emplois et de ressources rend notre exposé minutieux; il est
facile d'oublier certaines utilisations couramment ou exceptionnellement pratiquées, plus difficile encore de suggérer tout ce qui pourrait
être fait. Il faut, en un mot, connaître parfaitement tous les éléments
dont on dispose, savoir ce qui a été déjà fait avec succès en des lieux
parfois fort distants, prendre sur soi d'indiquer des voies nouvelles;
une personnalité hésiterait parfois à se prononcer, l'impersonnalité
d'une commission comprenant des éléments divers osera plus facilement
tenter cette œuvre assez vaste.

Nous tenons à signaler au lecteur un remarquable mémoire présenté au Congrès international des rosiéristes français tenu en 1910 à Paris. Il porte le titre de : *Emploi du rosier dans l'ornementation des jardins* de M. Viviand-Morel [1], et n'est pas moins remarquable par la science parfaite du rosier et des ressources qu'il offre à l'amateur des jardins, que par le charme et l'éclat d'un style très personnel et plein d'élégance et de clarté. La valeur du fond répond aux charmes dont il est paré par l'agrément du style.

Le choix du mode d'emploi de la rose dans un jardin muni ou non d'habitation ou constructions diverses dépend de considérations assez nombreuses.

Celles-ci ne sauraient d'ailleurs conduire à des conclusions absolues, mais donnent des indications sur la logique d'un principe d'ornementation et aussi sur le mode de décoration à préférer.

Les considérations principales, en dehors du budget qu'on peut affecter à l'ornementation par le rosier, peuvent dépendre de circonstances générales à la région qu'on habite, telles que la température moyenne, l'absence d'écarts trop forts dans ses variations, le vent dominant, et de circonstances spéciales : fertilité du lieu choisi, relief, orientation du sol, la manière dont il est garni, toutes choses qui règlent, avec les moyens d'action et le goût du propriétaire, les particularités du cadre destiné à recevoir l'ornementation cherchée.

Nous écrivons, c'est entendu, pour la région parisienne et les provinces qui l'entourent, mais sans exclusion absolue. Dans cette région même et sans s'écarter beaucoup de la capitale, les conditions de température, abri, nature du sol, varient beaucoup.

Au pied des forêts de Montmorency, de Rambouillet, etc., il est facile de trouver des vallons exposés au nord et à l'est, et où le froid prolongé du printemps ou les brouillards très fréquents dans les nuits d'été, constituent un climat local très défavorable à la rose.

Par contre, on peut rencontrer très près des mêmes lieux des localités à sol plutôt léger et profond, exposées aux rayons du soleil du levant et du midi et protégées des vents d'ouest, par le sommet du coteau. Ce sont des conditions particulièrement favorables à la réussite du rosier, et, pour ne citer qu'un nom, ce sont celles de *Fontenay-aux-Roses*.

Si donc l'on dispose d'un terrain fertile, horizontal ou à peu près, on pourra utilement, dans les environs de Paris, grouper principalement

---

[1] Voir compte rendu du Congrès : *Journal de la Société d'Horticulture de France*. Paris, 1910 (*Mémoires préliminaires*, p. 254).

Décor de treillage pour Rosiers sarmenteux.

Roseraie de l'Haÿ.

les rosiers aux expositions de l'est et du sud-est, en des emplacements
protégés des grands vents par les corps de bâtiments, lignes d'arbres, etc...,
pour des plantations où domineront les Hybrides remontants, Hybrides
de Thé et même Thé. Ces derniers accepteront même l'exposition
du midi.

Plus le sol et la localité que l'on a en partage seront froids, et plus
il faudra chercher du côté de l'exposition et de l'abri une compensation
aux conditions désavantageuses. Par contre, aux expositions générales
du terrain déjà chaudes et si le sol est très sableux ou calcaire, on pourra
préférer porter les rosiers dans les parties abritées de la trop vive insolation et chercher d'ailleurs à donner par amendement et culture plus
de consistance et de fraîcheur à la terre qui nourrit l'arbuste.

Suivant que le rosier doit être vu de près ou de loin, on est amené
à le grouper sans mélange pour produire des effets vigoureux ou, au
contraire, à adopter des dispositions multicolores. C'est le principe bien
connu et qu'il est inutile de développer.

Le palissage du rosier sur les habitations, constructions et grands
palissages répondant à l'hypothèse des effets d'ensemble, nous l'exa-
minerons tout d'abord.

Une maison d'habitation même importante et à la condition de
n'être pas sur un plan où la hauteur l'emporte sur la largeur, peut, si
elle est dans un style rustique tel que le normand, plutôt en briques
et bois ou moellons qu'en matériaux blancs et uniformes, gagner beaucoup au revêtement de ses faces par des rosiers grimpants soigneusement
choisis.

Ce pourra même être la surface principale, si elle présente des
balcons, décrochements et saillies, qui pourra être singulièrement em-
bellie par la présence des rameaux fleuris ou seulement feuillés du rosier.

Pour le revêtement par le rosier, le palissage général n'est pas
indispensable; il peut être simplifié pour soutenir çà et là les branches
qui prendront rapidement de la force et de la consistance.

En raison même de cette force, nous conseillerons même de préférer au palissage général par lames de sapin légères, celui qui peut
être établi à grands dessins par des lames de chêne assez fortes et soigneusement peintes. Nous connaissons telles constructions qui, ainsi
revêtues, portent les mêmes rosiers depuis vingt-cinq ans, sans dégâts
sensibles au palissage.

Souvent aux maisons attiennent des bâtiments de communs ou
autres qui les prolongent. Parfois aussi, les bâtiments de service ont
des façades ou des côtés donnant sur le jardin fleuriste. Si l'exposition

est favorable, ils peuvent souvent recevoir des rosiers dans des conditions particulièrement heureuses.

Ici, la pose de treillis deviendra plus exceptionnelle; très souvent le palissage au clou, ou, familièrement, le palissage à la loque, pourra être généralement employé , sauf le cas de bâtiments faisant point de vue devant des allées importantes et qui pourraient recevoir utilement un décor de treillis.

Un rosier Thé mis en plate-bande bien exposée et en sol propice pourra acquérir une bonne vigueur, donner des pousses nouvelles atteignant 1^m,50, 2 mètres, quelquefois plus: donner plus de cent fleurs à la fois. S'il est appliqué à un mur à bonne exposition, ces dimensions, cette floraison, sont tellement augmentées, que, dans deux plantes du même âge, jusque-là semblables, on hésitera à reconnaître deux frères jumeaux. La tranchée faite au pied des murs, le voisinage des pierres plus ou moins accompagnées de débris de plâtre et de chaux, donnent une vigueur incroyable à certains rosiers. M. Margottin père nous citait en exemple la réussite d'une belle variété ancienne, mais délicate, le Chromatella, qui avait pris, en trois ans, chez un client, une dimension telle que le rosiériste hésitait presque à reconnaître le sujet fourni par lui-même.

Beaucoup de Thé réussissent ainsi, surtout sur les faces chaudes et éclairées des bâtiments. Les hybrides du microphylla, en particulier le Triomphe de la Guillotière, réussissent bien dans ces conditions.

Aux expositions moins ensoleillées, parfois même en plein nord, quelques hybrides remontants sarmenteux, des variétés du Rosa alba, des hybrides d'alpina, donnent parfois des floraisons abondantes, avec des adoucissements de la tonalité des plus délicats. C'est ainsi que nous connaissons dans le département du Loiret, au plein nord de bâtiments de communs, des pieds de Madame Sancy de Parabère donnant chaque année des roses exquises.

Si l'on palisse des rosiers sur les murs, on peut désirer en profiter pour obtenir des roses très précoces ou relativement tardives.

Mettre, par exemple, de la rose jaune de Fortune sur un mur au midi, du Wichuraiana ou de ses hybrides sur un mur ou un contre-espalier peu éclairé, peut donner un extrême écart dans les dates de floraison.

Soit dans des cadres restreints ou plus larges, la garniture peut, d'ailleurs, se faire de l'enchevêtrement de deux rosiers, dont l'un donnera une masse plus fournie de beau feuillage, l'autre des fleurs plus grandes ou plus brillantes.

Parfois l'habitation est de dimensions et de style qui ne permet-

Portique rustique.   Roseraie de l'Haÿ.

traient pas la familiarité d'une décoration florale sur sa façade, ou même les faces latérales ou secondaires. C'est affaire de goût et d'appréciation; les résidences luxueuses de l'Angleterre sont cependant presque toutes revêtues de plantes jusqu'au niveau, au moins, du bandeau du premier étage.

Mais, dans ces constructions importantes, il existe souvent une ou plusieurs terrasses superposées faisant la liaison entre la décoration architecturale et la décoration paysagère ou plutôt florale.

L'application du rosier palissé au mur de soutènement de ces terrasses est tout indiquée. Il conviendra de rechercher les races de rosier dont le feuillage est abondant et luisant, comme vernissé, et les rameaux nombreux et bien répartis sans trop d'emportement. La dimension de la fleur est considération de moindre importance.

Dans les faces éclairées et chaudes, Maria Léonida peut trouver une place, si le mur n'excède pas deux mètres de hauteur. Pour d'autres expositions, les hybrides de Wichuraiana et de rubiginosa pourront fournir des éléments utiles, ainsi que les variétés suivantes : Albéric Barbier, François Poisson, François Juranville, Tea Rambler, Lady Penzance, Lucie Bertrain, Tausendschön, Joseph Billard, Pink Roamer, Jersey Beauty, Jean Guichard, Edmond Proust, etc.

A notre avis, mais ceci est affaire de goût, il ne faudra pas rechercher pour cet usage les variétés à corymbes de petites fleurs, dont l'épanouissement mettrait sur la surface occupée une teinte trop intense et monochrome. Rarement, un tel effet serait-il heureux; il faut le réserver à l'association avec des fonds de feuillage ou parfois à des palissages de plus grande envergure que ceux que nous considérons ici.

Dans des jardins en terrain mouvementé, il se peut que constructions, pavillons, fabriques, des différences de pente, motivent des murs de soutènement plus ou moins élevés. Selon leurs dimensions, ceux-ci pourront être traités comme les faces des habitations moyennes ou rustiques ou comme les murs des terrasses.

Parfois, dans les grandes habitations urbaines comprenant un jardin, de tels talus, des murs de maisons voisines, etc., peuvent demander à être ornés ou cachés. Le lierre est souvent le végétal tout indiqué, mais parfois telle muraille ou vue objectionnable peut être cachée non par la décoration qu'on y applique, mais par un écran placé au devant et qui peut être l'arceau ou toute autre combinaison rustique, ou de palissage avec emploi exclusif ou principal du rosier grimpant.

Ceci nous amène à la question intéressante de l'association du rosier à des travaux paysagers décoratifs utilisant le bois, le ciment, le fer, etc...

15

Ces travaux appartiennent plutôt, mais sans exclusion, au grand jardin de style, soit symétrique, soit paysager, où le rosier doit jouer un rôle décoratif important. Ce rôle peut être concentré dans un espace approprié au seul rosier; c'est l'adoption du système de la roseraie.

Quelques créations récentes dans ce genre ont vivement frappé le public dans ces dernières années et provoqué des imitations ou des arrangements nouveaux, soit par rapport à ces créations elles-mêmes, soit aux habitudes anciennes des agencements de roseraies.

Le principe de la roseraie ou du rosetum n'est pas nouveau, en effet, par lui-même. De même que des jardins importants en Angleterre ont leur shrubbery, de même en France, Italie, on y voit assez fréquemment un rosetum.

Celui-ci était généralement un espace géométriquement dessiné et où des allées concentriques entouraient des plates-bandes ne différant parfois que par leur longueur ou l'association de corbeilles de formes peu variées. Cette disposition acceptable au temps de la prédominance du Rosier de Provins de dimension sensiblement uniforme ou même des Hybrides remontants, ne correspond plus aux ressources nouvelles de l'amateur de rosiers, à la diversité des ports et des tailles. Nous y reviendrons un peu plus loin.

Ce qui est assez nouveau en pratique, c'est la fixation de rosiers sarmenteux à des supports d'une assez grande dimension, indépendants de toutes constructions et disposés en vue d'un effet décoratif d'une certaine ampleur. C'est le principe même de la roseraie moderne.

A L'Haÿ et à Bagatelle, on a obtenu de très bons effets décoratifs par des moyens sensiblement différents et répondant logiquement aux conditions auxquelles avaient à satisfaire les deux créations.

Dans la plus ancienne, à L'Haÿ, il y avait lieu de trouver place pour un grand nombre de roses botaniques ou horticoles, et qui devaient être soumises à la vérification de leurs qualités culturales, tantôt en sujets isolés, tantôt en petits groupes homogènes.

De plus, le terrain de la roseraie, quoique important, n'est pas constitué par un cadre régulier ayant des perspectives considérables. Les dispositions adoptées très judicieusement par M. Gravereaux sont donc celles des allées ou lignes de rosiers palissés, encadrant des compartiments de forme et dimension variées, les allées étant couvertes ou bordées de rosiers grimpants en arceaux et les supports divers atteignant une hauteur moyenne de 3 mètres.

Dès le début, d'heureuses dispositions ont été adoptées et subsistent après quinze ou vingt ans d'emploi. D'autres ont été écartées ou perfectionnées.

L'arcade en anse de panier treillagée, extrêmement gracieuse, subsiste en certains points, comme entrée des compartiments; elle ne forme plus une suite continue, car les roses croissant à la partie supérieure du fourreau de treillage échappaient à la vue.

D'élégantes ogives espacées de vingt mètres existent maintenant sur quelques allées. Elles sont constituées d'un cadre en fort treillis de chêne ou de châtaignier avec le renfort d'un fer unique qui lui donne une rigidité suffisante et qui, doublant une lame de bois, est presque invisible, la couleur générale étant le rouge brun qui s'harmonise bien avec les feuillages.

Près du gracieux motif du Temple de l'Amour, la partie consacrée aux rosiers en buissons est encadrée de jolies combinaisons dont l'illustration des figures nous permet de ne pas donner le détail minutieux. En face le bâtiment rustique contenant le bureau de M. Gravereaux et sa collection de documents, un petit parterre gazonné est bordé d'écrans de formes variées en palissage plus léger et plus serré d'un ton gris clair. Portiques, ouvertures de formes diverses garnies de rosiers dirigés en éventail étroit, fuseau, spirale, créent des combinaisons décoratives très variées. L'ensemble de ces panneaux décoratifs est d'environ 4 mètres de hauteur.

Dans une partie moins en vue de la roseraie de L'Haÿ, les rosiers sarmenteux sont dirigés sur des supports très simples et pratiques, qui ne laissent pas d'être fort décoratifs. Des tiges de bois munies de leur écorce et hautes de 3 mètres sont plantées à 2 mètres d'écartement, reliées à leur sommet et à la hauteur d'un mètre par une traverse de même nature un peu plus légère que les montants, la traverse basse étant soutenue en son milieu par un support semblable. Il y a donc, entre les deux montants, en bas, deux cadres de un mètre sur un mètre, et au dessus une ouverture de 2 mètres sur 2 mètres, tout entourée de bois rustique et des souples rameaux du rosier. Un fil de fer peut accompagner la traverse supérieure.

Ou bien, bordant les allées des petits compartiments d'étude, existent des pylônes en fer à trois tiges montantes, reliés par un ou deux cercles du même fer [1]; du cercle supérieur partent des fils métalliques reliant entre eux les pylônes alignés de l'un et l'autre côté de l'allée. Sur ces fils, les rameaux des espèces modérément sarmenteuses, mais

____

[1] Rond, généralement, de 8 à 10 millimètres de section.

dépassant 3 mètres à 3^m,50, peuvent étendre librement leurs extrémités.

A Bagatelle, les conditions sont tout autres. Le cadre est considérable : de la roseraie sise à mi-hauteur entre la pelouse de Longchamps et le plateau du Bois de Boulogne, la vue s'étend, sur un côté, jusqu'aux coteaux de Saint-Cloud, Puteaux, Suresnes. Le terrain, à peu près plan, fermé au nord par la masse importante de l'orangerie, se termine, au sud, par de grands arbres s'élevant sur une pente assez sensible. A gauche, le Bois, garni de massifs d'arbres variés, limite la vue par un épais rideau garnissant une pente assez forte, gazonnée aux abords de la roseraie.

Celle-ci comprend, à partir de l'orangerie, d'assez vastes pelouses coupées de quelques plates-bandes et corbeilles de formes variées, occupées par des rosiers nains (cultivés en forme basse), ou garnies sobrement de rosiers généralement d'espèces botaniques auxquels on laisse soigneusement leur port naturel.

A 150 mètres environ de l'orangerie commence la plantation des rosiers sarmenteux. Ils sont disposés en piliers hauts de 5 mètres environ entre lesquels s'intercalent de nombreux rosiers parasols dépassant parfois 3 mètres de tige. Ces rosiers forment des lignes parallèles à la pelouse centrale ouverte naturellement vers le nord (orangerie) et se terminant au décor central. Celui-ci est formé d'une demi-lune de verdure recoupée de trois allées en patte d'oie. Le centre du fond consiste en supports de bois d'acacia garnis de leur écorce. Des poteaux de trois mètres environ sont reliés à un mètre par une traverse épousant la courbe du dessin, et vers le haut, par une chaînette recouverte d'un boudin de paille formant une guirlande souple où sont rattachés les rameaux flexibles du rosier. Le fond cintré est encastré d'une pergola à trois côtés droits. L'allée qui la parcourt a 2^m,50 de largeur environ. Les montants opposés sont à 3 mètres de distance et à même distance du pilier suivant. Ils sont formés de poutrelles de 8 à 9 centimètres d'équarrissage ; les traverses qui réunissent leur sommet sont des lames de bois plus légères.

Cet ensemble de pelouses, corbeilles basses, rosiers en colonnes, hautes tiges, arceaux, courbes et palissages rectilignes, forme un bel ensemble proportionné au cadre qui l'enserre.

Il faut naturellement un vaste parc pour penser à l'établissement d'une grande roseraie à décor symétrique, mais les exemples d'ornementation que nous y relevons ne sont pas dépourvus d'application dans de moins vastes cadres.

Il peut arriver notamment qu'une grande habitation entourée

Roseraie de l'Hay.

Arceau de treillage pour Rosiers sarmenteux.

d'allées courtes et de massifs non symétriques, ait dans son voisinage
soit un fleuriste traité à la française, soit un jardin de fleurs, où arbres
fruitiers ou légumes fraternisent, et où la forme rectiligne est nécessaire
pour les espaliers et les planches de culture. Le décor non régulier des
écrans de rosiers palissés peut masquer le raccordement toujours délicat entre la disposition paysagiste et la disposition régulière, c'est-à-dire
entre les lignes courbes et droites de ces deux systèmes.

Et, dans le cas de grand cadre régulier autour d'une habitation
de style symétrique, le décor de grands arcs, portiques ou colonnes de
rosiers, peut, avec encore plus de raison, trouver d'utiles et agréables
applications.

Nous attirons l'attention de l'amateur des rosiers sur une disposition plus fréquente dans les jardins anglais que dans les nôtres : celle
de la pergola.

C'est une allée couverte, bordée ou non d'un mur d'appui bas,
de chaque côté, avec tous les deux ou trois mètres, plus ou moins, un
pilier ou un tronc dressé. Chaque pilier ou tronc d'arbre est relié par
une poutrelle légère à ceux qui le précèdent, le suivent ou l'accompagnent de l'autre côté de l'allée.

Vigne, plantes grimpantes ou sarmenteuses escaladent les piliers
et festonnent sur les poutrelles transversales.

Le ciment armé et le fer peuvent remplacer la brique et le bois.

La pergola est motivée quand le jardin, à flanc de coteau ou simplement vallonné, offre d'un seul côté une vue étendue ou intéressante
qui se trouve alors encadrée par des sortes de fenêtres successives d'où
la vue peut varier, car la pergola peut n'être pas un arrangement rectiligne, mais en suivant les accidents du terrain, une série de lignes brisées
ou même en disposition cintrée, quoique cela soit plus rare.

Il est inutile d'insister sur le rôle important que le rosier peut
jouer dans un semblable arrangement. Nous pensons cependant qu'en
règle générale le rosier n'y doit pas figurer seul.

Pour qui voudrait aujourd'hui créer une petite roseraie ou un rosetum restreint, nous conseillerions une disposition ménageant un cinquième de la surface à des rosiers sarmenteux de grande ou moyenne
végétation, palissés ou dirigés sur des supports de bois et fer, avec deux
cinquièmes de gazon pour touffes isolées, et le reste en plates-bandes,
corbeilles et massifs.

Une autre disposition se rattachant à la disposition régulière dans
un cadre assez vaste est la disposition de rosiers devant les massifs
d'arbustes. Ces massifs d'arbustes peuvent flanquer eux-mêmes la base

d'îlots, groupes ou lignes d'arbres. Il faut, en ce cas, se préoccuper de la multiplicité et de la concurrence des racines, et choisir des espèces, races et sujets particulièrement vigoureux en même temps que décoratifs, qui devront être employés en groupes d'une même variété ou en variétés donnant en plus ou moins foncé la même note chromatique.

Les rosiers épars sur les gazons peuvent produire de très bons effets. Les parcs municipaux de Paris, auxquels on peut joindre le Luxembourg, qui a son autonomie, présentent de bons exemples de rosiers isolés. Les Rugosa, hybrides de Rugosa, les Lutea, Pimprenelles hybrides, certains rosiers botaniques américains ou chinois, sont indiqués pour ces emplois suivant la dimension et la forme qu'on recherche. Nous avons donné des indications à ce sujet à la fin du chapitre : rosiers botaniques.

L'hybride de microphylla nommé Microphylla Ma Surprise, le fourreau de Châtaigne, des hybrides de Rosa alpina, entre autres la variété pleine, sans épines, sont très propres à cet usage. Si les sujets sont assez proches d'une allée et non dans une coulée générale de vues, il n'y a plus, en ce cas, lieu d'éviter la bigarrure des coloris.

Pour les rosiers isolés, on admet assez souvent des montures métalliques, en spirale ou autrement, propres à l'attache de rosiers sarmenteux ou seulement à végétation forte; les montures permettent de donner une bonne disposition aux rameaux florifères et, par leur hauteur modérée, peuvent facilement être très bien garnis jusqu'en bas.

Outre son emploi dans les jardins de moindre dimension, le rosier greffé à haute tige ou en parasol, c'est-à-dire à 2^m,50 et 3 mètres, exceptionnellement davantage, est un très bel ornement de décoration comme fort sujet isolé dans une perspective un peu vaste.

Il convient cependant de se préoccuper de l'abri contre le vent. Ses longs rameaux retombants peuvent être facilement froissés par un vent un peu fort. En plusieurs endroits, des rosiers parasols isolés ont été finalement transformés en sujets sur supports qui offrent une bien meilleure résistance.

Nous parlons ici de rosiers à branches retombantes. Le parasol métallique fixe ne présente pas les mêmes inconvénients, mais il faut convenir qu'il est rarement gracieux.

Dans les perspectives gazonnées de grands jardins symétriques, le Rosa rugosa type peut former une succession de buissons largement écartés et qui, en bon terrain, peuvent acquérir 2^m,50 de hauteur sur pareille largeur, présentant en juin leurs belles fleurs rouges, en automne

LES ROSES DE L'IMPÉRATRICE JOSÉPHINE

à la Malmaison

Collection reconstituée et offerte
par M. J. GRAVEREAUX.

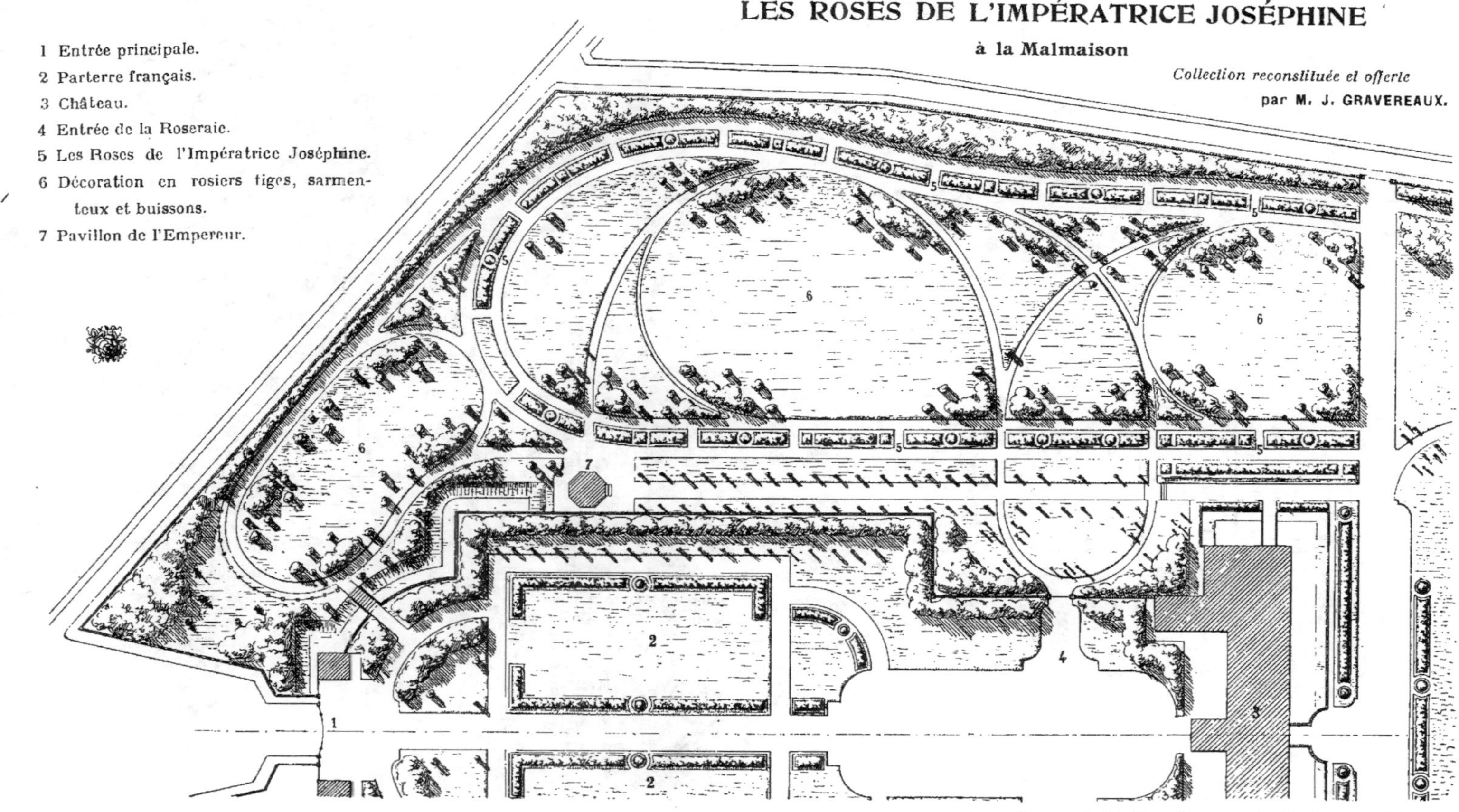

Dessin de M. Eug. Touret, *Architecte-paysagiste*.

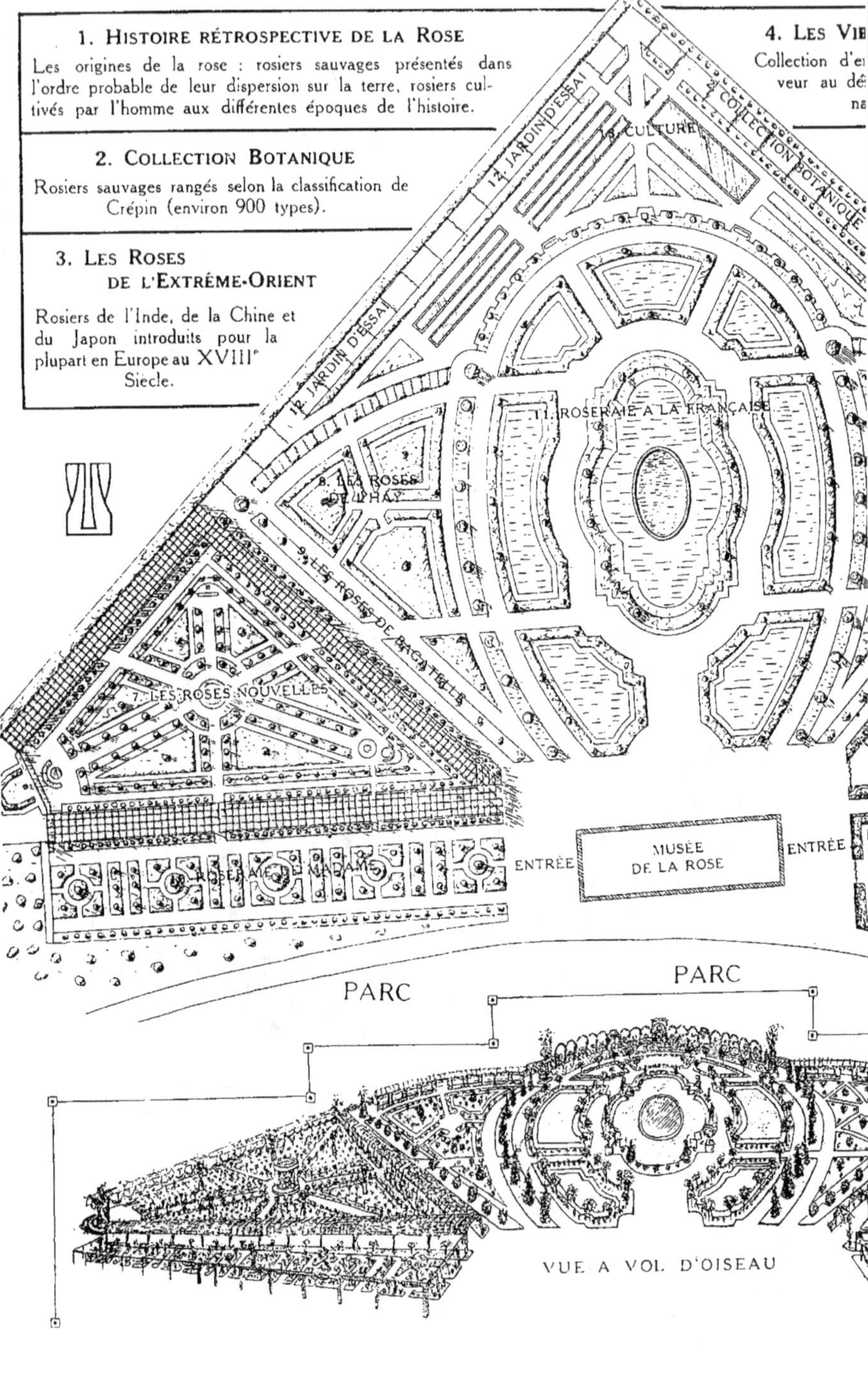
1. HISTOIRE RÉTROSPECTIVE DE LA ROSE
Les origines de la rose : rosiers sauvages présentés dans l'ordre probable de leur dispersion sur la terre, rosiers cultivés par l'homme aux différentes époques de l'histoire.

2. COLLECTION BOTANIQUE
Rosiers sauvages rangés selon la classification de Crépin (environ 900 types).

3. LES ROSES DE L'EXTRÉME-ORIENT
Rosiers de l'Inde, de la Chine et du Japon introduits pour la plupart en Europe au XVIII° Siècle.

4. LES VIE
Collection d'en
veur au dé
na

12. JARDIN D'ESSAI
COLLECTION BOTANIQUE
13. CULTURE
12. JARDIN D'ESSAI
11. ROSERAIE A LA FRANÇAISE
8. LES ROSES DE L'HAY
9. LES ROSES DE BAGATELLE
7. LES ROSES NOUVELLES
ROSERAIE DE MADAME
ENTRÉE
MUSÉE DE LA ROSE
ENTRÉE
PARC
PARC
VUE A VOL D'OISEAU

3. ROSES GALLIQUES	5. LES ROSES DE LA MALMAISON	6. COLLECTION HORTICOLE
615 variétés très en fa-veur au XIXᵉ Siècle et mainte-nant délaissées, à tort.	Reconstitution de la Collection réunie à La Malmaison par l'Impératrice Joséphine.	Réunion des rosiers de culture moderne (environ 7000 variétés), classés par sections, races et groupes.
7. ROSES NOUVELLES	8. LES ROSES DE L'HAŸ	9. LES ROSES DE BAGATELLE
Les meilleures variétés obte-nues ces dernières années par les horticulteurs fran-çais et étrangers.	Variétés nouvelles provenant des fé-condations faites à la Roseraie de l'Hay.	Variétés primées aux concours annuels des roses nouvelles de Bagatelle.
10. ROSERAIE DE MADAME		11. ROSERAIE A LA FRANÇAISE
Sélection des 100 variétés les plus parfaites pour la fleur à couper.		Jardin français composé uniquement de rosiers.
12. JARDIN D'ESSAI		13. CULTURE
Expériences, rosiers en observation, maladies, insectes, etc., etc.		Semis à l'étude, serres, laboratoires.

THÉATRE DE LA ROSE

Théâtre fleuri consacré aux œuvres inspirées par la Rose.

▢ ▢ ▢ ▢

MUSÉE DE LA ROSE

Collection de documents sur le rôle de la rose dans les lettres, les arts et les sciences. Bibliothèque, Herbiers, etc.

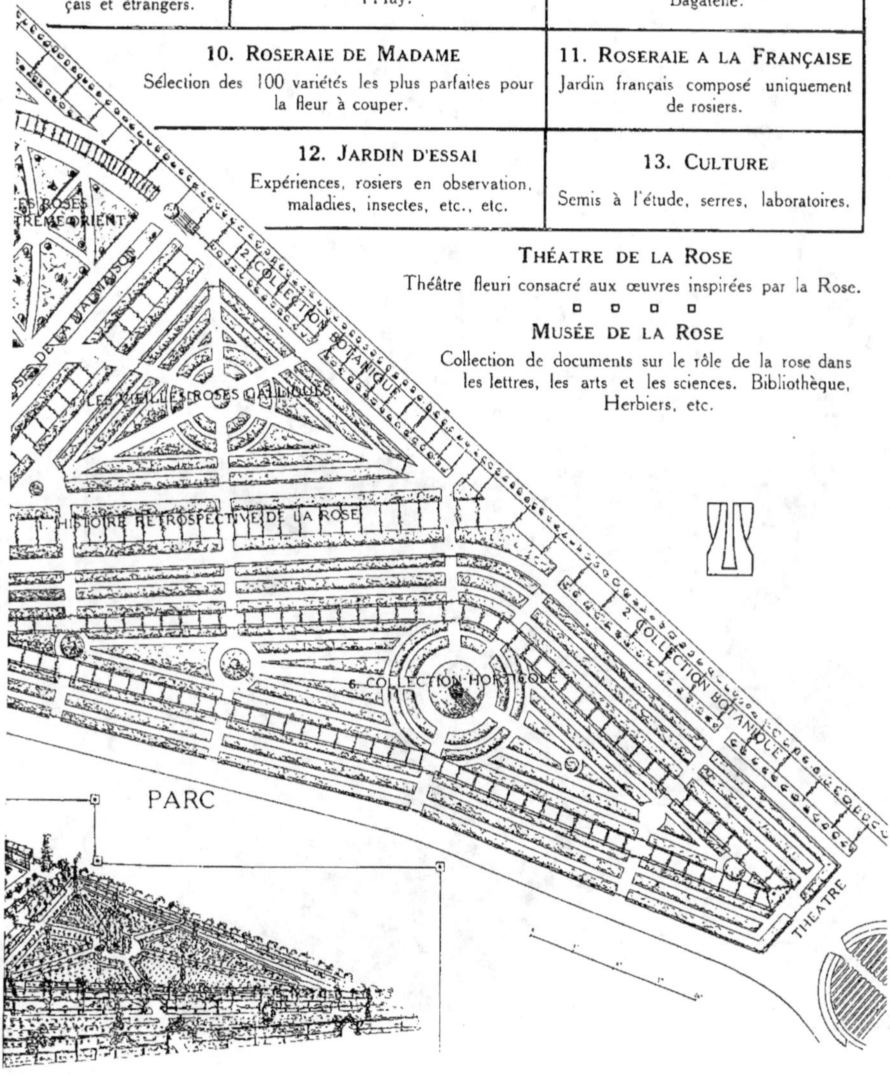

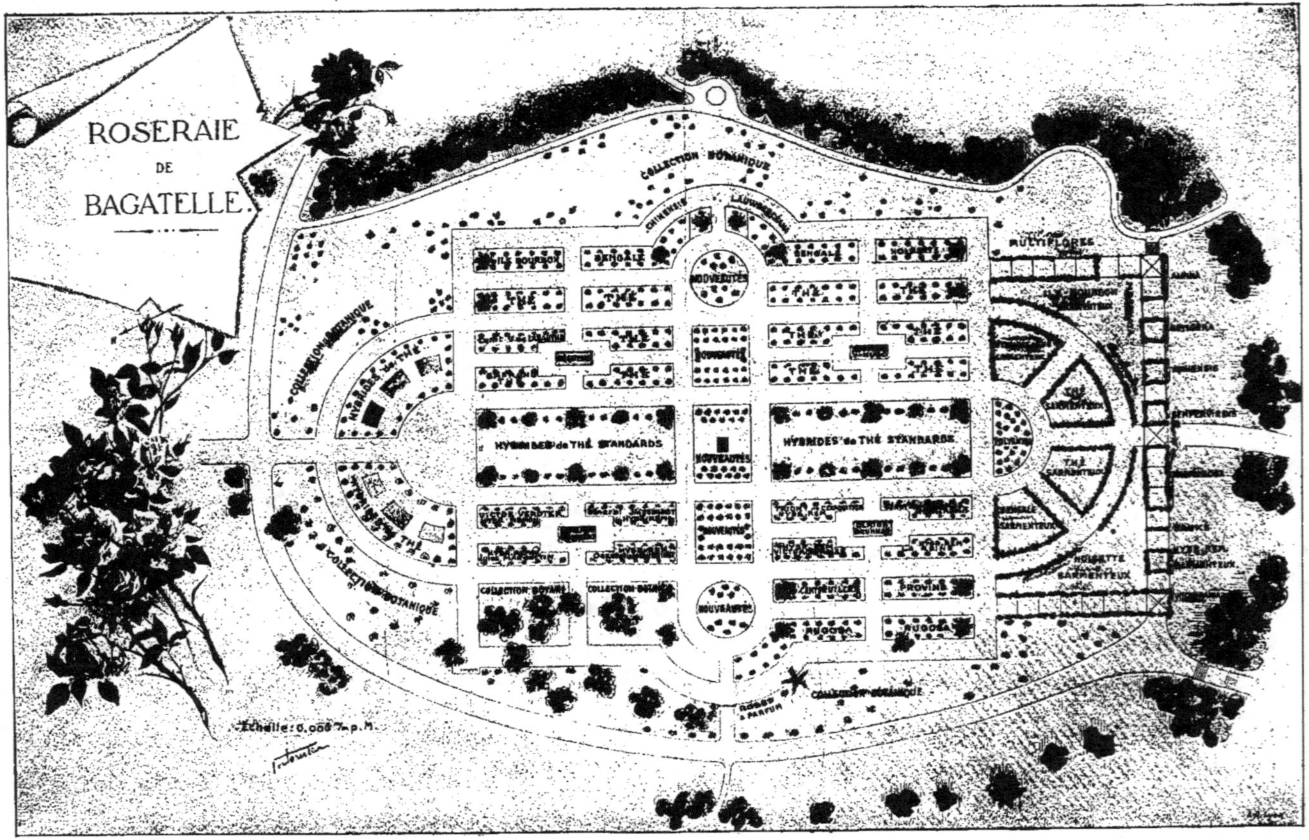

Dessin de M. J. C. N. FORESTIER.

Collections offertes par M. Jules GRAVEREAUX.

leurs fruits écarlates, et toute la belle saison leur magnifique feuillage.

Beaucoup de jardins grands et petits présentent sur des gazons un petit groupe rectangulaire de rosiers d'une seule variété, par six, neuf, douze sujets. Ces sujets nains peuvent être en pots, apportés au moment de la floraison, emportés et remplacés. C'est une des meilleures manières de présenter une variété à son maximum de beauté.

Ces groupes peuvent être placés à plat sur les pelouses, tout auprès de l'habitation, ou sur les talus bordant les allées, quand les pentes s'y prêtent.

Dans les jardins moyens et petits, les formes palissées ont peu d'occasions d'être employées. Cependant, la grille ou porte d'entrée, la maison elle-même, pourront en recevoir et parfois quelques arbres dont la végétation n'est pas trop exigeante. En sol et exposition chauds, du rosier banks à petits bouquets ou le banks de Fortune ou les grandes variétés du rosier multiflore (polyantha), peuvent grimper dans quelques arbres verts ou fruitiers. Ici, l'abondance d'une floraison monochrome et intense n'est plus un défaut. Pour l'aptitude à grimper dans les arbres, nulle race ne dépasse le rosier Ayrshire. On devait d'ailleurs s'y attendre, le rosier arvensis dont il sort abondant dans les bois clairs et bordures de bois.

Quelquefois le jardin est fermé d'une palissade qui, établie avec des matériaux assez forts, espacés et renforcés de fils de fer, peut devenir une haie fleurie garnie de rosiers sarmenteux si elle est haute, d'autres variétés si elle est basse.

Mais le procédé de décoration d'un jardin moyen ou petit est surtout la corbeille, le massif, le mélange du rosier à d'autres arbustes, la plantation isolée de quelques sujets en forme basse et la plate-bande pure ou mélangée.

Au sujet des mots corbeille et massif, faisons un emprunt au remarquable *Mémoire* de M. Viviand-Morel sur l'emploi du rosier dans l'ornementation des jardins : « Le substantif massif s'est peu à peu substitué à celui de corbeille ; on l'emploie un peu dans le même sens, au moins pour les plantes de petites dimensions. Ces deux mots n'ont pas tout à fait le même sens : un massif véritable est formé d'arbres ou d'arbustes qui ne laissent pas passer la vue. » Cette remarque est juste et les éléments de ce qu'on devrait nommer massif sont à chercher dans des formes et variétés différentes de ce qu'on emploiera avec le plus de logique et de succès pour la corbeille.

La corbeille est donc généralement une plantation de rosier en forme basse, indépendante des massifs, entourée de gazons ou d'allées.

L'origine même de son nom indique qu'elle aura des formes arrondies, à commencer par les formes circulaires, l'ellipse, les formes diverses régulières ou fantaisistes.

A cette disposition doit s'appliquer la règle essentielle de l'emploi des couleurs dans une scène paysagiste. Une corbeille ou un massif placés à une certaine distance de l'habitation ou du lieu d'où on l'observe le plus naturellement, doit présenter ou une seule couleur ou une combinaison simple de couleurs bien tranchées. Faute de cette règle, la corbeille ou le massif ne représentera qu'une tache confuse.

Supposons au contraire, à l'entrée du jardin, près de la maison, un talus très rapproché. L'adoption d'un seul rosier en masse serait monotone; l'œil peut s'attacher aux nuances chatoyantes de variétés multiples. A une distance intermédiaire, les corbeilles pourront être composées de plusieurs variétés plantées ou concentriquement ou en compartiments et bandes.

Voici le texte du *Mémoire* Viviand-Morel :

« 1º Dans les grands jardins et parcs, pour produire une sensation intense, les massifs de rosiers seront plantés d'une seule variété, choisie parmi les sortes décoratives vigoureuses, branchues dès la base; on pourra les border d'une variété plus naine et d'une nuance qui rehausse l'éclat de sa couleur;

« 2º Dans les petits jardins ou ceux de moyenne étendue, les corbeilles pourront être formées de variétés de même végétation, différentes de forme et de couleur;

« 3º Si le massif est unique, on pourra mettre quelques grandes sortes au centre et les moyennes autour. »

Ces excellents préceptes sont à retenir et demandent quelques développements encore.

La petite corbeille proche de la vue du spectateur doit, comme il est dit, être composée, au moins dans ses parties analogues, centre, partie intermédiaire, bordure, de plantes de dimensions et végétation similaires et de coloris variés. Cela n'exclut pas le mélange des races. Hybrides remontants, Hybrides de Thé, Thé de végétation modérée, Bengale, quelques Ile Bourbon et autres peuvent figurer à la partie centrale. Les variétés moins développées en deçà des premières, les plus petites au pourtour; mais une corbeille polychrome peut parfaitement être entourée d'une bordure d'une seule variété et par conséquent monochrome, et souvent elle y gagnera; cette bordure pourra être plus foncée ou de ton plus vif que l'ensemble. Des corbeilles de coloris mélangés peuvent être bordées de un à trois rangs serrés de

Bengale Lawrenceana qui seront, au printemps, taillés à la cisaille, comme du buis, et donneront toute la saison une profusion de fleurettes.

De même, de petites corbeilles proches de l'habitation peuvent souvent être composées d'une seule espèce centrale, entourée d'une seule autre variété, cela surtout si la corbeille est petite et si elle est rectangulaire.

On devra éviter de trop surélever le sol de la corbeille, la végétation souffrirait dans les parties trop bombées. La gradation des hauteurs devra être obtenue plutôt par les différences dans la hauteur des variétés, ou leur greffage plus ou moins près de terre.

Le massif composé de rosiers dont certains, suivant la définition adoptée ici du mot massif, peuvent atteindre 2 et 3 mètres au point culminant du massif, peut être isolé ou adossé, de dimension et de forme quelconques. Mais nous examinons en ce moment la série des motifs décoratifs vus à brève distance et devons conclure immédiatement que le massif devra être constitué presque toujours de plantes de couleurs différentes et aussi variées que possible. Ce sera faire une œuvre de goût et même d'art que de mélanger heureusement les coloris voisins pour éviter le rapprochement dans une partie du massif de nuances rapprochées, mais de gamme différente, ou de contrastes trop heurtés. Ainsi, les roses lilacé clair ne s'harmonisent pas avec des roses claires aussi de la série carnée ou dorée, si la tonalité est analogue. De même, les contrastes souvent heureux ne doivent pas être excessifs; cela est affaire de goût.

On peut compter sur de jolis effets en rapprochant le blanc carné et le rose clair; le rose et le rouge teinté; le jaune soufre et le grenat.

Mais voici une règle fondamentale qui n'a presque pas besoin d'être énoncée. Si, dans un massif de plantes de coloris variés, on veut obtenir un effet brillant et chatoyant, il faut que les coloris très clairs, le blanc pur si on le peut, soient largement représentés. Le jaune d'or, en proportion moindre, rehausse singulièrement l'éclat de l'ensemble. Ajoutons que l'effet très brillant n'est pas toujours celui qu'on doit chercher dans les massifs, corbeilles et plates-bandes, même destinés à être vus de près.

Une remarque s'impose au sujet de l'analogie de feuillage et de port dans les massifs, quelles que soient leurs dimensions. On doit éviter de mettre dans les plantes de même hauteur des races très feuillues à côté de roses à feuilles rares et menues. C'est une difficulté pour introduire dans les massifs, surtout isolés, des plantes de la série Lutea.

Des plantes vigoureuses, dans un massif, peuvent avoir tout ou partie de leurs branches soutenues en été par des supports légers, bambous ou autres.

Les espèces vigoureuses des hybrides remontants sont tout particulièrement désignées pour former le fond des massifs un peu importants.

Ici, nous nous trouvons en présence de la question importante dans la forme du rosier, de son greffage à haute, moyenne ou basse tige. En concédant que la forme la plus naturelle du rosier, suivant son espèce ou sa race, est la forme buissonnante ou la forme sarmenteuse, nous n'en déclarons pas moins que le rosier greffé sur tige a une foule d'utilisations logiques et ne doit pas être exclu des plantations d'ornement. Cependant, son emploi nous semble se concentrer à la plate-bande et surtout au fleuriste, plus rarement à la corbeille et encore plus rarement au massif.

Pour les vues décoratives un peu éloignées, nous comprenons la boutade de l'architecte paysagiste : « Je n'aime pas à voir des manches à balai dans mes perspectives. »

Dans les jardins petits, moyens et parfois assez importants, l'apparence peu esthétique du rosier tige peut s'atténuer. S'il n'y a point de vues éloignées où la rigidité du sujet se heurte aux formes arrondies des massifs, et de plus, si l'habitation n'est occupée qu'au cours de la belle saison, l'objection de forme perd de sa valeur. Or, en été, la tige rigide des sujets peut être masquée par le feuillage du rosier un peu plus proche et plus bas qui la précède ou parfois par les plantes fleuries ou feuillues qui s'intercalent dans le massif.

Donc, dans un massif de rosiers purs isolé, l'emploi des tiges au centre est logique et admissible, mais il nous semble qu'il vaut mieux s'en tenir aux demi-tiges et échelons inférieurs.

Dans un massif adossé, les conditions changent. Le massif est adossé parce qu'il y a derrière des arbustes, arbres, un talus, parfois un mur. Les rosiers les plus éloignés de l'allée ont besoin d'acquérir une plus haute taille, l'emploi des tiges plus ou moins hautes, de légères armatures de bambous ou de métal pour maintenir des rameaux puissants, bien d'autres dispositions enfin peuvent être envisagées.

On peut aussi rechercher, surtout en massif adossé de dimensions amples, la possibilité d'intercaler à des rosiers forts assez espacés un fond d'arbustes ou plantes à fleurs en grappes et légères. On pourrait citer des clématites série erecta, plusieurs autres espèces à petites fleurs des Sorbaria, tels l'Aitchisonii et l'assurgens, peut-être des Buddleia ou des plantes élevées fleurissant en grappes comme les digitales et grandes

[texte très effacé, en grande partie illisible]

[…] nous comparerons la […] voir des manches […]

[…] en partie assez importants. L'ap[…] channer. S'il n'y a point […] faç[…] le ale aux formes arron[…] qu'au cours de […] en été, la tige […] de rosier un peu […]

[…] les tiges au […] mais il nous semble qu'il vaut mieux […] en arrière les verticales intérieures.

[…] un massif d'abustes, les conditions changent. Le massif est […] plus que […] à l'arrière des arbustes nobres, un talus, parfois […] les plus éloignés de l'allée a besoin d'acquérir […] pas le de faire. L'emploi des tiges plus ou moins hautes, de légères […] au front […] se mêle pour maintenir les rameaux puis[…] […] d'autres dispositions enfin peuvent être envisagées.

On peut ainsi particulier, surtout au centre massé de dimensions […] la possibilité d'intercaler à des rosiers forts assez espacés un […] d'arbustes ou plantes à fleurs en grappes et légères. On pourrait […] des fleurs […] encore, plusieurs autres espèces à petites fleurs des corbeilles, tel l'Aledisodi et l'assurgen, peut-être des Buddleia ou des plantes vivaces […] en grappes comme les digitales et autres […]

Roseraie de l'Haÿ.

Décor de treillage pour Rosiers sarmenteux.

campanules, apportées en pots et remplacées à la défloraison. Il y a
bien des combinaisons à chercher.

Le massif adossé peut être en terrain plat ou en pente. S'il est en
forte pente, il peut naturellement être constitué d'éléments de taille
plus rapprochée moins différents. On tombe alors dans l'hypothèse de
la corbeille en pente et de la banquette.

Un mode d'arrangement applicable soit en vue de l'habitation ou
un jardin à lignes droites, est le suivant : bande d'une longueur facul-
tative (nous connaissons un alignement de 150 mètres recoupé de pas-
sages d'allées) et de 5 à 6 mètres de largeur, un peu bombée au centre.
Dans la longueur, haie de Thuya d'Orient tondue deux fois l'an et formant un mur très régulier de verdure large de 60 à 70 centimètres
et d'environ 1^m,80 de haut. A un mètre au plus, parfois à 60 centimètres
de ce mur et de chaque côté, rosiers non sarmenteux, mais à végétation
un peu plus forte, en lignes à 2^m,50 ou 3 mètres d'écartement, et greffés
en tiges basses à 25 ou 30 centimètres du sol. Au devant, une ligne de
rosiers en forme basse, à un mètre de la ligne précédente, les sujets occupant les créneaux de la ligne intérieure, par devant encore, à 60 ou
70 centimètres des précédents une ligne de rosiers nains de faibles dimensions et une bordure de buis, puis l'allée droite. La rose, dans ces conditions, se verra sur fond de verdure uniforme. La logique veut qu'un
semblable alignement soit dirigé nord-sud, pour que les quatre ou six
lignes de rosiers aient une lumière à peu près équivalente.

La plate-bande est une combinaison généralement mais non obli-
gatoirement rectiligne, de longueur non déterminée, mais d'une largeur
moindre que celle de la corbeille rectiligne qu'elle dépasse par contre
en longueur.

Toute plate-bande est faite pour être vue de près, mais n'est presque
jamais très rapprochée de l'habitation. Elle est plutôt adaptée à la
décoration du jardin à planches rectilignes demi-fruitier et demi-fleu-
riste, bordé au moins d'un côté d'une allée principale et d'une allée
moindre ou d'un contre-espalier de l'autre. La présence du rosier à
haute et demi-tige y est toute naturelle, mais la difficulté de masquer
les tiges des sujets est une raison qui l'exclut du voisinage de l'habitation, si elle est occupée en hiver. Dans le jardin masqué des vues,
et au fleuriste, le rosier sur tige fleurit tout à portée des yeux — et des
narines — du promeneur, qui n'a pas lieu de s'en plaindre. La plate-
bande courbe avec plantations ou non de rosiers tiges, peut se présenter au jardin non décoratif — cela est assez rare — mais sa place est
tout indiquée au rosetum, si l'on en crée un dans un coin du jardin.

Naturellement, les rosiers de la plate-bande étant destinés à être vus de près, seront aussi mélangés que possible de couleurs. (Si la plate-bande était unicolore, ce serait une ligne de rosiers destinés à la perspective.) Ici, il y a peu d'inconvénient à rapprocher des espèces de feuillage même très différent, on passe d'un rosier à l'autre sans chercher un effet d'ensemble.

Rarement la plate-bande doit être composée uniquement de rosiers tiges; plus souvent, elle doit comporter des rosiers en buissons ou être composée de deux ou trois rangs sans admettre des formes trop différentes de hauteur. C'est du rosier en plate-bande que jouit le mieux le véritable amateur. C'est un tête-à-tête entre l'adorateur et son idole.

Des rosiers en haute, basse tige, buisson, espalier, peuvent être plantés au fleuriste que nous supposons placé dans un clos ou compartiment isolé, et pourvoir aux bouquets et décorations intérieures de la maîtresse de maison. Mais ici, nous ne nous rattachons que par un fil un peu ténu au sujet de notre chapitre. Ce n'est plus l'emploi décoratif du rosier, mais de la rose elle-même. Comme lieu où s'approvisionner de rameaux fleuris de rosier, la plate-bande suffit généralement sans création d'emplacements spéciaux. Si on voulait le faire cependant, on pourrait ménager quelques bouts de plate-bande ou corbeilles rectilignes, dont le premier rang serait en demi-tiges; le second rapproché, mais alterné, en tiges.

En dehors des emplois en vue perspective ou rapprochée, le rosier peut être planté en conditions diverses, mélangé à d'autres plantes en corbeilles et plates-bandes, au jardin alpin dans les rocailles, chemins creux, vues restreintes du jardin paysager ou du wild garden, etc.; palissé sur le sol, de préférence dans les parties en pente où on obtiendra des effets charmants, surtout avec les hybrides de Wichuraiana.

Le mélange du rosier aux arbustes et plantes herbacées élevées a été envisagé en traitant du massif. Le mélange de plantes herbacées et d'arbustes bas peut exister dans la corbeille de rosiers, d'où le rosier greffé en haute tige sera souvent exclu. Si l'on avait cependant à former près de l'habitation une corbeille au moyen de rosiers à hautes tiges, le sol pourrait être garni d'une plante d'un coloris modeste, mais couvrant bien le sol, le réséda. Dans ce mélange de plantes herbacées et d'arbustes bas, le rosier peut dominer comme nombre avec un fond d'une ou deux plantes couvrant plus immédiatement le sol ou se présenter isolé au milieu de plantes variées. Si une plante couvre le sol et qu'elle soit florifère, on peut avoir ou non des rosiers différant eux-mêmes de coloris. Nous pensons qu'on le peut et le doit généralement.

La banquette en pente est une transition pour examiner l'utilisation intéressante du rosier dans le jardin alpin.

La place du rosier dans le jardin alpin est tout indiquée parce que lui-même est, dans plusieurs de ses espèces, une plante alpine ou sub-alpine ou un habitant des escarpements de rochers.

M. Viviand-Morel rappelle le délicieux effet d'une colonie de rosier primprenelle s'étendant aux confins de la forêt de Fontainebleau, à la lisière de fraîches prairies. Dans les falaises bretonnes, les grès des montagnes vosgiennes, cette espèce forme de ravissants petits tableaux. En Savoie et au Mont Dore, le rosier à feuilles rouges, le rosier cannelle, la rose des Alpes se présentent souvent avec une grâce que l'on voudrait imiter dans leur culture. On le peut un peu mieux au jardin alpin qu'au jardin ordinaire, surtout si ce dernier est à plat.

Dans le jardin alpin, le rosier devra généralement dominer les plantes de taille plus restreinte ou traînantes, et être placé au sommet ou à la partie haute des rocailles.

Il sera d'autant plus intéressant par son contraste qu'il aura des rameaux plutôt arqués que dressés, un feuillage distinct par la nuance, son amplitude ou son caractère, une fleur assez grande relativement. Ainsi les espèces ou variétés affines au moschata, Wichuraiana, lævigata, rubrifolia, gallica, seront bien placées un peu au-dessus des autres plantes; les foliolosa, pimprenelle, monophylla, pourront trouver place plus bas près des Cistes, Hélianthèmes, etc.

Le rosier sur talus garni ou non de rocailles peut y être disposé seul, en sujets et en petits groupes espacés. La réunion de plantes très multiples au jardin alpin tient parfois à des nécessités de grouper beaucoup de plantes sur l'espace dont on dispose plutôt qu'au soin d'imiter la nature.

Le chemin creux étant, si l'on veut, un double talus, ce qu'on vient de dire s'y applique. Avec un double talus, on sera amené à espacer les végétaux. Si le bas des talus est très abrupt ou si l'on veut dissimuler un mur d'appui, on peut, au lieu d'y palisser du rosier, planter au-dessus un rosier à branches retombantes tel que le Wichuraiana.

L'arvensis, certaines variétés du gallica, du sempervirens, du setigera, donnent aussi facilement des branches plus ou moins retombantes.

Dans les coins du jardin paysager où l'on cherche des effets naturels aussi vraisemblables que possible, il sera très agréable de trouver des sujets isolés ou groupés du rosier. A la différence des sujets isolés dans les perspectives, on évitera les variétés très doubles et l'on évitera aussi de les diriger vers une forme régulière et compacte. Les

16

rosiers Provins demi-doubles, les espèces botaniques de tous pays
mais surtout nos propres races françaises, pourront être utilisées pour
des scènes naturelles. On pourra mettre les Rosa rubiginosa, setigera,
les pimprenelle, les alpina, lutea, Beggeriana, rugosa, en plein décou-
vert; les canina, sericea, mélangés aux arbustes ou au devant des massifs naturels; les arvensis à demi-ombre ou plantés dans les massifs
mêmes, mais près des bordures. Pour que les rosiers aient leurs formes
naturelles, il conviendra de les débarrasser chaque printemps du bois
qui vieillit sans toucher aux autres rameaux.

On passe du jardin paysager où la culture est discrète au wild
garden, où l'on cherche à copier les jolies scènes naturelles en cachant
tout à fait la main du jardinier. Là, les rosiers seront plutôt en colonies
qu'en sujets épars, on laissera encore plus l'arbuste se former au gré
des forces naturelles qui le dirigent, et souvent atteindra-t-on des résultats inespérés.

Nous avons à peine mentionné quelques rosiers très décoratifs, le
rosier de Banks, le Rosa lævigata nommé souvent rose camellia et sa
variété anemonen rose, le rosier de Lady Macartney (rosa bracteata),
parce que ces espèces risquent de périr, au moins dans leur partie
aérienne, dans la région parisienne, quand le froid atteint 10 à 12 degrés.
Mais, dans nos départements de l'ouest, du sud-ouest et de la côte
provençale, ils rendent des services éminents. Les Banks escaladent
les arbres même élevés, les Lævigata mêlant leurs rameaux aux branches plus basses des arbres ou se cultivant en colonnes ou arceaux,
le Bracteata en belles touffes isolées, parfois en haies entières et très
défensives. Ces deux dernières espèces présentent des fleurs grandes et
d'un blanc très pur.

Sur la côte de Provence, le Rosa gigantea garnit même en des situa-
tions bien abritées et chaudes, le fronton de quelques vérandas ou des
murs bien exposés.

Plusieurs espèces de rosiers, surtout des Thé, sont très appréciées
dans les jardins d'hiver, et y donnent de très belles fleurs à une époque
où la saison n'est pas commencée en pleine terre ou déjà terminée.
Certaines espèces y acquièrent de très grandes dimensions et réussissent mieux qu'en plein air. Les variétés surtout adaptées à la culture
sous verre en pleine terre et plantation permanente sont : Climbing
Niphetos, Cl. Liberty, Cl. Kaiserin Augusta Victoria, Madame Jules
Gravéreaux, François Crousse, etc.

Pour certaines associations décoratives, nous trouvons le rosier
associé à d'autres plantes qui sont parfois des arbustes plantés en bor-

Décor de treillage pour Rosiers sarmenteux.

Roseraie de l'Haÿ.

dure de massifs d'arbres, ou bien le rosier, sans mélange d'autres plantes, est planté en groupe serré. Le sol dans ces conditions le nourrira-t-il? Oui, si on y pourvoit. Disons, en quelques mots, ce qui convient comme stimulant au rosier. Il lui faut une assez bonne fumure azotée, une quantité correspondante d'acide phosphorique; ni chaux ni potasse ne semblent utiles à sa végétation.

Dans les places où le traitement est possible, il s'accommodera très bien d'engrais de vacherie demi-frais ou mis frais à fermenter. De la magnésie sous forme de sulfate à la dose maximum de 200 grammes au mètre carré, sera ajoutée à cet engrais, appliquée en couverture et recouverte d'un paillis court, que l'on arrosera très modérément, mais assez souvent. Ainsi, la couche peu profonde du sol, là où les racines du rosier sont les plus nombreuses, demeurera fraîche et nutritive. Le rosier sarmenteux ou en buisson devra être surveillé avec soin et débarrassé, un peu avant la chute des feuilles, des branches qui sèchent ou faiblissent. Dans les sujets isolés sur pelouse, talus, etc., on devra, à la fin de l'automne ou du printemps, enlever les rameaux fatigués — pour les rosiers botaniques, en général, il ne faut pas de taille. Pourtant, les Rugosa peuvent être parfois épointés ou raccourcis sur les branches vives.

Nous venons, autant qu'il nous a été donné de le faire, de citer des exemples de décoration par différentes espèces ou races de rosiers, et en des conditions aussi variées que possible. Nous avons cependant la conscience d'avoir été fort incomplets : les rosiers sont si nombreux, si divers, qu'une foule d'ingénieuses et heureuses utilisations existent pour cette admirable espèce. Nous souhaitons de voir encore des tentatives suivies de succès ouvrir des voies nouvelles et fécondes. Elles profiteront à tous et amèneront à la rose un surcroît d'admirateurs.

209

Emplois du Rosier et de la Rose
dans la maison

✧ ✧ ✧

Après avoir examiné le rôle décoratif du Rosier au jardin ou palissé
sur la maison d'habitation, il est naturel de rechercher en quelles circonstances il contribuera à la décoration intérieure. Presque toujours
ce sera par ses fleurs, mais il n'en sera pas toujours ainsi.

Le Rosier en pot, bac ou jardinière, peut être un motif de décoration
intérieure.

En bac ou jardinière, il peut orner de grands vestibules clairs et
encore mieux les balcons, que ceux-ci soient des galeries couvertes ou
des avancées en pierre devant les fenêtres.

Dans ces dernières conditions, le rosier trouve ce qui lui manque
le plus dans les pièces intérieures : un air pur, pas trop sec et surtout
la lumière. Souvent, il trouve de plus une grille en fer qui lui servira
de support.

Pour la décoration des balcons, les espèces sarmenteuses sont évidemment préférables aux autres, la dimension restreinte du récipient
dont elles disposeront modérera l'allongement de leurs rameaux. Des
Thé un peu sarmenteux peuvent trouver place à côté des hybrides
de microphylla, multiflores, de la Rose de Wichura, du Bengale cramoisi supérieur, etc.

Pour les grands vestibules, les conditions seront déjà moins bonnes.
Ce sera aux mêmes sections qu'il faudra recourir. L'abondance de fleurs
petites ou moyennes est plus à rechercher que la dimension. Des rosiers
en jardinière ou palissés sur supports légers peuvent encore faire un
assez bon effet, même après défloraison, s'ils ont un joli feuillage, comme
Maria Léonida ou les hybrides de Wichuraiana.

Parfois des rosiers occupent la partie centrale de grands divans
ou y entourent une grande plante verte.

Soit qu'ils soient produits par boutures ou greffes sur racines ou
collet d'un sujet approprié, les rosiers destinés à l'appartement doivent
avoir été cultivés à froid, au moins dans les derniers mois de leur préparation, et rempotés en pots de plus en plus grands avec épointage

au besoin, mais non section brusque des racines principales. Malgré les soins préparatoires, malgré les soins d'entretien, ils seront toujours dans des conditions très défavorables; aussi la rose coupée, bien plus que le rosier, est-elle la grande ressource pour la décoration intérieure.

Aux grands et moyens vestibules, elle peut figurer sous bien des formes et modes divers.

De grandes gerbes de la même variété avec grandes fleurs rondes et doubles peuvent être disposées en des récipients plutôt métalliques qu'autrement et remplis d'eau ou mieux de sable mouillé où les rameaux peuvent être piqués dans telle direction que l'on voudra. Le vase rempli d'eau peut avoir un couvercle à mailles métalliques ou ajourages présentant le même avantage.

Des vases plus modestes, de faïence de Vallauris ou autres, peuvent recevoir des rameaux de rosier plus réduits de taille, de forme variée, de variétés mélangées.

Des supports à fleurs, souvent à décor de bambou, sont employés chez les fleuristes et dans les grandes maisons de campagne pour recevoir, à diverses hauteurs, jusqu'à $1^m,80$ parfois, mais généralement moins haut, des gerbes de fleurs qui pourraient être uniquement des rameaux fleuris de rose.

Tandis que, du vase rond ou arrondi posé sur le sol, on verra le plus souvent partir des rameaux rigides terminés par une très grosse fleur, on peut prévoir la décoration des supports faits plutôt par des rosiers à rameaux souples et même arqués, comme les rosiers Thé, Noisette, hybrides d'Ile Bourbon et même des multiflores. On trouvera dans les variétés récentes de cette dernière section des races de coloris variés, parfois à fleurs simples, et qui n'en offrent pas moins une résistance notablement supérieure à celle des races anciennes.

Soit qu'elle soit placée en grands vases, supports ou récipients variés, la rose gagnera très souvent à se voir associer des tiges, hampes, rameaux de plantes diverses formant quelque contraste avec son feuillage : tiges d'Eulalia et autres graminées à feuilles étroites et longues, têtes de Roseau des marais, tiges fleuries de Spirées, de Stevia, de Reine des prés, de Gypsophiles et toutes autres floraisons légères, ou, du côté des feuillages, des fougères, rameaux d'arbustes à feuillage coloré ou découpé, des fruits à aigrettes; les combinaisons de ces mélanges sont variées à l'infini.

Enfin, sur des paravents et palissages volants, on fixe parfois des branches fleuries de rosiers sarmenteux; le récipient qui les nourrit ou les abreuve pouvant être dissimulé.

Mais la place de la rose est surtout au salon [1]. Là, elle trônera, en grandes gerbes disposées à peu près comme nous l'avons indiqué, mais surtout en grands, moyens et petits bouquets, soit qu'elle y forme tout l'élément, soit qu'elle y prédomine et y soit associée.

[1] Voici les éléments dont pourra disposer éventuellement une maîtresse de maison parisienne :

Depuis novembre, provenance du Midi, en grands rameaux coupés :

Ulrich Brunner,	La France de 89,
Mildred Grant,	Kaiserin Augusta Victoria,
Frau Karl Druschki,	Gloire lyonnaise,
Madame Gabriel Luizet,	Maréchal Niel.
Captain Christy,	

Le Midi fournit surtout à partir de décembre, provenant du plein air :

Safrano,	Comtesse de Paris,
Marie Van Houtte,	Général Schablikine,
Paul Nabonnand,	Her Majesty.

De janvier-février en mai, provenance anglaise, grands rameaux :

Madame Abel Chatenay,	Richmond.
Liberty,	

A partir de mai, les environs de Paris fournissent en abondance le marché des variétés suivantes :

Hybrides remontants :

Baronne de Rothschild,	Général Jacqueminot,
Captain Christy,	Her Majesty,
Catherine Soupert,	Paul Neyron,
Éclair,	Ulrich Brunner,
Eugène Furst,	Mistress John Laing,
Frau Karl Druschki,	Madame Gabriel Luizet,

Thé :

Belle lyonnaise,	Perle des jardins,
Christine de Nouë,	Reine Marie Henriette,
Colonel Juffé,	Safrano,
Gloire de Dijon,	Maréchal Niel,
Madame Jules Gravereaux,	Papa Gontier.
G. Nabonnand,	

Hybrides de Thé :

Caroline Testout,	La France,
Kaiserin Augusta Victoria,	Madame Abel Chatenay.
La France de 89,	

Noisette :

Aimée Vibert,	William Allen Richardson.
Madame Carnot,	

En dehors de très grands bouquets faits de rameaux rigides et qui veulent une base d'un certain volume, il convient de prévoir que, fort souvent, la forme du vase sera le cornet, le bouquet s'y forme pour ainsi dire de lui-même : la divergence des tiges qu'il comporte l'y dispose naturellement. Grand et sensiblement évasé, il recevra surtout des branches un peu rigides ; plus resserré de forme, il demandera surtout des rameaux plus légers et plus arqués.

C'est dans les Hybrides remontants, les Hybrides de Thé, que l'on trouvera surtout les éléments de décoration des grands cornets évasés ; les formes un peu amples, en olive ou en amphore seront dans le même cas.

Ce qui importe par dessus tout dans les vases qui n'ont pas la forme générale du cornet, c'est que leur goulot soit progressivement élargi et

Ile Bourbon :

Madame Isaac Péreire,	Souvenir de la Malmaison,
Reine des neiges,	Zéphirine Drouhin.

Cent-feuilles : Cent-feuilles, mousseux et cristata.
Mousseux remontants : Eugénie Guinoisseau.
Bengale : Bengale Ducher.
Sarmenteux : Crimson rambler et quelques variétés simples et doubles du multiflore.

Voici les rosiers vendus habituellement en pots sur le marché en saison :

Hybrides remontants :

Baronne de Rothschild,	Madame Gabriel Luizet,
Captain Christy,	Magna Charta,
Clio,	Merveille de Lyon,
Frau Karl Druschki,	Mistress John Laing,
Général Jacqueminot,	Paul Neyron,
Jean Liabaud,	Triomphe de l'Exposition,
John Hopper,	Ulrich Brunner.
Jules Margottin,	

Thé :

Gloire de Dijon,	Madame Bérard.

Hybrides de Thé :

Caroline Testout,	La France,
Étoile de France,	La France blanche.
Kaiserin Augusta Victoria,	

Noisette : William Allen Richardson.
Ile Bourbon : Madame Isaac Péreire et Souvenir de la Malmaison.
Polyantha : Madame Norbert Levavasseur et Mistress W. Cutbush.
Pernetiana : Soleil d'or.

SOUVENIR DE GUSTAVE PRAT
Hybride de Thé

A.MAT. éditeur PARIS.　　　　Chromolith. J. L. GOFFART Bruxelles.

ne forme pas un brusque rétrécissement, il deviendrait alors difficile de maintenir les tiges dans une bonne divergence, à moins de recourir à la ressource du double grillage placé sur le goulot, ou au goulot en verre mobile s'emboîtant à l'intérieur de celui du vase.

Le vase en cornet étroit peut avantageusement avoir son récipient relevé par un pied de même substance ou encastré dans une monture métallique qui relève le cornet et donne au vase plus de hauteur. Les formes des rameaux seront alors, avons-nous dit, plus légères ou plus arquées.

Il sera très naturel de mêler aux roses des fleurs diverses. Ce que nous avons dit pour la garniture des supports bambous s'applique aussi bien ici. Si la rose est employée seule, il convient d'apporter une attention particulière aux associations de nuances et aux rapprochements des formes pleines ou légères, rigides ou courbes, etc.

L'art du bouquet est très individuel et l'on peut faire souvent des compositions d'autant plus attrayantes qu'elles sont plus fantaisistes.

Il y a cependant un certain nombre de règles ou, si l'on veut, de procédés qui peuvent servir de guide à la personne même expérimentée.

Ainsi, le bouquet, suivant la place qu'il occupera sur tel meuble, devant telle tenture, s'il est fait pour n'être vu que d'un seul côté ou au contraire de tous côtés, devra être conçu et exécuté différemment.

On peut obtenir des résultats fort jolis par des combinaisons très simples. Bouquets d'une seule variété avec son feuillage ou mélange de verdures plus déliées, capillaires, asparagus; bouquets de variétés de même gamme, tel un rouge doré accompagné d'un rose doré; d'un rose plus pâle et enfin d'un rose très pâle, ayant tous un reflet cuivré ou doré, etc. C'est ce qu'on appelle le système du camaïeu. On peut grouper des couleurs voisines et passer aux combinaisons du contraste, soit dans la couleur, soit dans la forme [1].

C'est dans les rosiers Bengale, Thé, Noisette, Multiflores, que l'on trouvera surtout les éléments des bouquets de moyenne dimension. Les rameaux pourront provenir des plates-bandes, massifs, groupes divers du fleuriste ou du jardin un peu distants de l'habitation.

Quant aux corbeilles, massifs qui l'avoisinent, on verra s'il convient d'y puiser ou de leur laisser toute leur parure.

Des roses très doubles, à rameaux trop courts pour le bouquet

[1] On pourra consulter avec profit l'ouvrage *Les Bouquets,* par Mme LACOIN DE VILMORIN, Paris, librairie et imprimerie agricoles, 1904.

peuvent être parfois présentées en récipient bas, en forme de coupe, bourse, renversées sur un peu de mousse, serties de quelques capillaires.

La rose peut seule, ou associée à quelqu'une de ses sujettes, décorer la table de la salle à manger. Elle forme alors de grandes corbeilles longues, où une seule variété, parfois deux variétés inégales de taille, mais choisies dans la même gamme chromatique, pourront être associées; il en sera de même pour les corbeilles rondes et plus petites placées en bout de table. De telles décorations sont presque toujours, à la ville, l'œuvre du fleuriste, qui réussit la plupart du temps à faire une œuvre artistique. A la campagne, le jardinier chef ou la maîtresse de maison devra faire cette décoration, pour laquelle les Thé et hybrides de Thé sont les plus appropriés avec quelques beaux rosiers, tels que les Rugosa, les Provins, en saison favorable, etc. Des récipients bas à dessus grillagé ou ajouré facilitent la pose des fleurs. Les bouts de table peuvent être des bouquets en cornet élevés et très légèrement composés, de façon à ne pas masquer la vue des convives. De ces cornets peuvent descendre des festonnages légers reposant par leur extrémité sur la nappe.

Sur la nappe également peuvent sinuer des verreries basses dites rivières, et qui recevront dans leurs rigoles des roses qui pourront être moyennes, demi-doubles ou très doubles, mais avec tige coupée près de la fleur qui devra faire très peu de saillie. Suivant la décoration générale de la table, les roses des rivières pourront être de nuances vives et variées, mais le plus souvent elles gagneront à être de teintes adoucies et à comprendre le blanc pur dans leurs combinaisons.

Parfois, des petits bouquets individuels sont mis devant chaque convive dans un porte-bouquet souvent en forme de tube étroit. La garniture en est généralement réservée à l'œillet. Des roses à petites fleurs, telles que celles de certains polyantha hybrides, Perle d'or, Cécile Brunner et d'autres, peuvent y trouver place.

Souvent enfin, sur la nappe même, des roses sont posées autour des pièces et garnitures centrales. Ce rôle est à peu près réservé aux rosiers Thé, qui ont le plus de grâce de forme, les coloris les plus variés et l'excellence du parfum.

Dans les pièces accessoires, souvent la rose est disposée isolée ou rassemblée par deux ou trois sur des tables, guéridons, etc. On emploie souvent des vases disposés avec une ouverture étroite, et quelques ouvertures latérales qui permettent de placer instantanément le petit rameau fleuri, qui s'y trouve maintenu. On peut aussi utiliser les formes basses, coupes et jattes dont nous avons parlé à propos du salon.

Souvent, le feuillage seul du rosier suffirait à composer un bouquet en y faisant entrer celui de certaines espèces ou en le cueillant quand il se colore, à l'automne; mais le fruit du rosier est souvent singulièrement décoratif par son coloris vif et sa forme. Dès la fin de juin, quand certaines espèces n'ont pas commencé leur floraison, on peut déjà couper des branches ravissantes sur le Rosa sericea à fruits rouges, la baie est aussi brillante qu'une cerise. Le rosier à feuillage rouge est charmant, soit en rameaux fleuris, soit en rameaux chargés de fruits bien rouges, en octobre. Les rosiers à feuilles rugueuses ont aussi des fruits admirables. Le microphylla et son hybride avec le rugosa ont un fruit d'une forme épineuse très caractéristique et décorative, etc.; la rose fourreau de châtaigne est très attrayante en boutons, etc.

En des circonstances de réceptions plus solennelles, bals, etc..., les draperies, encadrements de portes, peuvent être garnis de roses coupées, épinglées ou fixées de diverses façons aux étoffes. Ce sont généralement, à la ville, des roses pleines assez développées et d'une seule variété, blanches ou rose pâle aux mariages, etc... On pourrait, à la campagne, prévoir la garniture avec des fleurs de dimensions moindres, admettant plus de feuillage et la combinaison de deux, trois variétés et exceptionnellement davantage.

Nous ne pensons pas avoir prévu même la plupart des exemples de la décoration par la rose dans la maison. Ceux que nous avons mentionnés montreront, du moins, combien son utilisation est fréquente et précieuse.

TABLE ALPHABÉTIQUE

DES VARIÉTÉS DE ROSES CITÉES

avec leurs synonymes (1)

∽ ∽ ∽

(1) Les synonymes sont en caractères italiques.

TABLE

DES INSECTES NUISIBLES

TABLE

DES MALADIES CRYPTOGAMIQUES
ET FONCTIONNELLE

TABLE DES MATIÈRES

IMPRIMERIE DE MONTLIGEON (ORNE). — 1681-5-12.

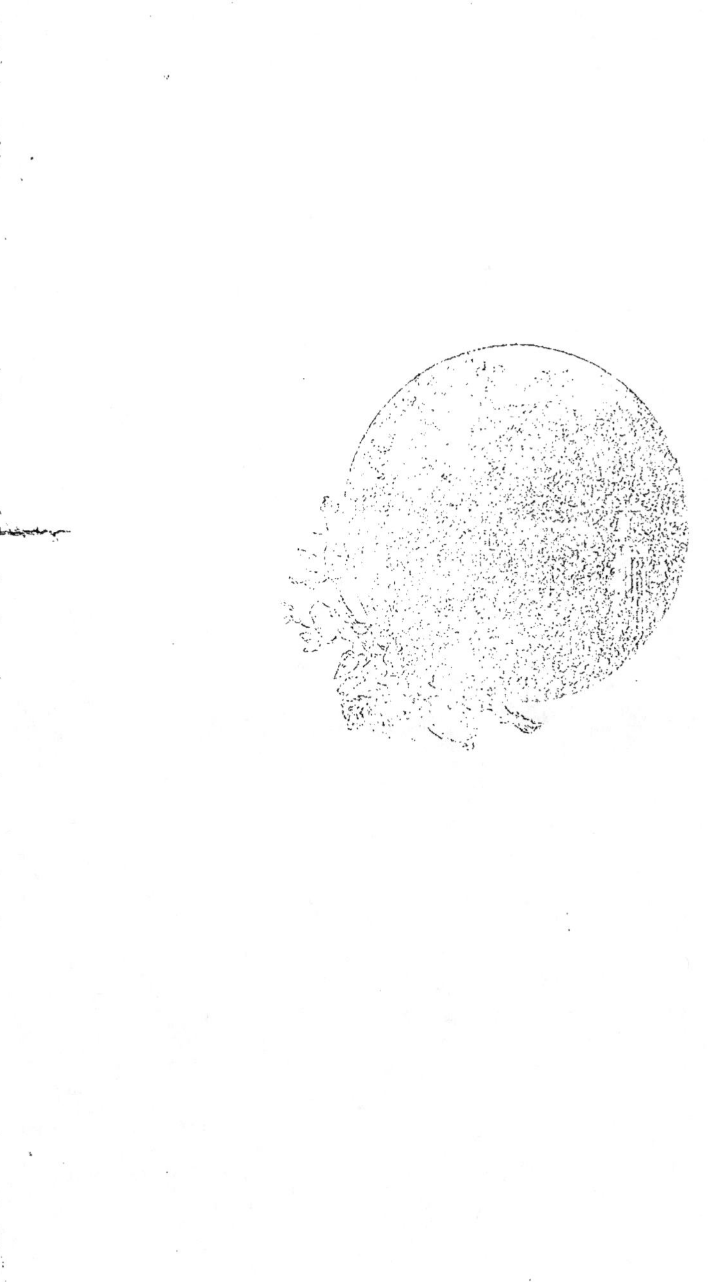